# 洞庭湖区水系连通分析方法与工程治理评价

李志威　李凯轩　陈　帮
陈叶华　钱　湛　谭　岚　著

中国水利水电出版社
www.waterpub.com.cn

· 北京 ·

## 内容提要

本书以洞庭湖区水系连通为研究对象，采用实地调研与观测、遥感解译、水文资料分析、数值模拟和典型工程案例分析等多种方法，对洞庭湖区水系连通的分析方法和工程治理评价进行了系统性研究。全书主要内容包括：洞庭湖区水系变迁与驱动，自然水系连通度分析，"三口"水系河道演变过程与分水量规律，蓄洪垸内水系连通度分析，水系连通工程规划和可行性方案，水系连通工程与水资源-社会经济的关联性与适配性，水系连通工程水量-水动力-水质数值模拟与预测，典型水系连通工程的综合评价。

本书可供从事河湖治理、水环境与水生态修复和水系连通工程规划与建设的科技人员、工程项目管理人员阅读，亦可供高等院校相关专业师生参考。

**图书在版编目（CIP）数据**

洞庭湖区水系连通分析方法与工程治理评价 / 李志威等著. -- 北京 : 中国水利水电出版社, 2021.7
ISBN 978-7-5170-9798-3

Ⅰ. ①洞… Ⅱ. ①李… Ⅲ. ①洞庭湖－湖区－水系－研究 Ⅳ. ①P942.640.78

中国版本图书馆CIP数据核字(2021)第148454号

| | |
|---|---|
| 书　名 | **洞庭湖区水系连通分析方法与工程治理评价**<br>DONGTING HU QU SHUIXI LIANTONG FENXI FANGFA YU GONGCHENG ZHILI PINGJIA |
| 作　者 | 李志威　李凯轩　陈　帮　陈叶华　钱　湛　谭　岚　著 |
| 出版发行 | 中国水利水电出版社<br>（北京市海淀区玉渊潭南路1号D座　100038）<br>网址：www.waterpub.com.cn<br>E-mail：sales@waterpub.com.cn<br>电话：(010) 68367658（营销中心） |
| 经　售 | 北京科水图书销售中心（零售）<br>电话：(010) 88383994、63202643、68545874<br>全国各地新华书店和相关出版物销售网点 |
| 排　版 | 中国水利水电出版社微机排版中心 |
| 印　刷 | 北京虎彩文化传播有限公司 |
| 规　格 | 184mm×260mm　16开本　10.5印张　256千字 |
| 版　次 | 2021年7月第1版　2021年7月第1次印刷 |
| 定　价 | **58.00**元 |

# 前言

洞庭湖区位于我国长江中游荆江以南，是全球重要湖泊沼泽湿地，处在长江经济带的中心地带和湖南“一湖四水”交汇的生态经济区域。长期以来受荆江–洞庭湖关系的持续变化和人类活动的双重影响，湖区内常态化和趋势性的低枯水位严重制约了经济社会的可持续发展，对局部地区的防洪安全、供水安全、粮食安全和生态安全造成严重威胁。湖区部分河湖淤积萎缩，日益衰减，堤垸内渠系、内湖和哑河由于建成年代久远，建设标准低，规划布局不当，加之长期以来缺少资金投入，渍堤单薄，沟渠淤塞严重，水流不畅，水资源调配功能下降，导致旱涝灾害频繁发生。同时，由于水体不活，水环境质量和水体降解能力急剧下降，湖区水系水污染严重，水生态环境日益恶化。特别是三峡工程运行后，洞庭湖区“三口”水系分流进入洞庭湖的水资源量逐年减少，“三口”河道断流，更加剧了上述问题的严重性和紧迫性。

洞庭湖区经过长期的水系综合整治，目前已初步形成具有一定连通性的庞大水系格局，基本能够满足经济社会发展对灌溉、防洪、供水和航运等方面的需求。但是随着江湖关系的调整和人类活动影响的加剧，部分地区水系连通性减弱、水体污染加剧和水生态功能退化等问题仍然突出。尤其随着人民生活水平的提高，对良好水生态环境日益增长的需求和当前水环境不断恶化的现实矛盾更加突出，一方面导致水资源、水环境承载能力不断下降，另一方面也对城镇化建设产生掣肘，迫切需要加快推进以“水系完整性、水体流动性、水质良好性”为目标的洞庭湖区水系连通的综合治理技术和理论体系构建。

基于上述背景，湖南省交通水利建设集团有限公司于2018年牵头申报并获批了湖南省科技重大专项项目“江河湖库水系连通智能环保清淤关键技术与装备研究及示范”(2018SK1010)，其中子课题一“水系连通联合保障关键技术研究”，由长沙理工大学、湖南百舸水利建设股份有限公司和湖南省水利水电勘测设计研究总院共同承担和完成。该课题的主要研究内容包括以下5个方面：①揭示洞庭湖区水系格局形成、驱动及演变机制；②阐明洞庭湖区的水系连通格局与水资源配置、防洪抗旱能力、水环境治理与水生态修复的关联性和适配性；③研究确定洞庭湖区水系连通强度、连通方案和连通途径；④构建一套洞庭湖区水系连通的数学模型；⑤构建与洞庭湖区域经济社会发展指标和生态文明建设要求相适应的水系连通评价指标体系与计算方法。

该课题的主要参与人员通过现场调研、资料收集、理论分析和数值模型等综合研究手段，分析了洞庭湖区水系格局的历史变迁和现状，建立了水系格局和连通性评价体系，实现了自然水系和人工渠系的水系空间结构及其连通性的定量评价，提出了蓄洪垸内农田渠系连通性优化的合理对策。分析了洞庭湖区“三口”水系河道的形态变化规律、冲淤过程、分水量变化规律和最小生态流量满足情况，建立了水系连通与水资源及社会经济的关联性、适配性计算方法。基于洞庭湖区已规划和在建的水系连通工程，建立了指标体系与综合评价方法，并构建了水系连通工程水量-水动力-水质数值模拟与预测的模型及方法，以此分析典型水系连通示范工程的实施效果。已取得关于洞庭湖区水系连通工程的治理技术和工程评价方法，可为洞庭湖区的水系连通规划、水生态修复、水环境治理、河湖生态调度以及水系综合整治提供有力参考。

本书正是对上述内容的总结和提炼，并借此向从事洞庭湖区理论研究和工程实践的同行们分享初步研究成果，以共同探讨和推进洞庭湖区水系连通工程技术和理论体系的不断发展，确保洞庭湖区河网水系的防洪保安全、优质水资源、良好水环境和健康水生态，更好地发挥其社会经济效益和生态环境效益。

参与本书编写的人员有：李志威、李凯轩、陈帮、陈叶华、钱湛、谭岚、李悦。具体分工是：前言，李志威；第1章，李志威、李凯轩；第2章、第3章，陈叶华、李志威；第4章、第5章，陈帮、李凯轩、李志威；第6章，钱湛、李志威、谭岚；第7章，李凯轩、李志威；第8章，陈叶华、李悦、李志威；第9章、第10章，李凯轩、李志威。全书由李志威统稿。

该课题的研究及本书的撰写工作始终得到长沙理工大学胡旭跃教授、沈小雄教授、黄草博士和湖南省水利水电勘测设计研究总院黎昔春教授级高级工程师、姜恒博士等的指导和支持，以及湖南省交通水利建设集团有限公司的姚志立副总经理、姜赛娇总经济师、刘海波副部长、王赞成、姜英豪等项目组成员给予的关心、鼓励和支持，在此一并致谢。

受知识水平和研究时间的限制，本书中对一些问题的认识还不够充分，提出的相关建议和对策还不够完善。尽管多次修改文稿，仍难免有不妥和疏漏之处，敬请读者批评指正。

**作者**

2020年12月于长沙

# 目 录

前言

第1章 绪论 …… 1

1.1 研究背景和意义 …… 1

1.2 水系连通国内外研究进展 …… 2

1.2.1 水系连通的内涵 …… 2

1.2.2 水系连通性评价方法 …… 3

第2章 洞庭湖区水系变迁与驱动 …… 5

2.1 洞庭湖区域概况 …… 5

2.1.1 地形地貌 …… 6

2.1.2 气象特征 …… 6

2.1.3 水文特性 …… 7

2.1.4 湖区湿地资源 …… 8

2.2 洞庭湖区水系历史变迁与现状 …… 8

2.2.1 洞庭湖区水系历史变迁 …… 8

2.2.2 洞庭湖区水系现状 …… 11

2.3 洞庭湖区水系演变与驱动要素 …… 13

2.4 本章小节 …… 14

第3章 洞庭湖区自然水系连通度分析 …… 15

3.1 水系格局与连通性评价方法的建立 …… 15

3.1.1 自然水系数据获取 …… 15

3.1.2 水系格局评价方法 …… 15

3.1.3 水系连通性评价方法 …… 16

3.2 水系连通度表征与应用 …… 18

3.2.1 洞庭湖区自然水系格局与连通性分析 …… 18

3.2.2 洞庭湖区水系分区连通性评价 …… 21

3.2.3 规划工程对水系格局及连通性的影响 …… 25

3.3 水系格局及结构连通性优化 …… 31

3.4 典型分区水系功能连通性分析 …… 34
3.5 本章小节 …… 36
第4章 洞庭湖区“三口”水系河道演变过程与分水量规律 …… 37
4.1 藕池河形态变化与冲淤过程 …… 37
4.1.1 数据来源与研究方法 …… 38
4.1.2 水沙数据分析 …… 40
4.1.3 藕池河平面形态变化 …… 44
4.1.4 藕池河河道冲淤变化 …… 47
4.2 松滋河形态变化与冲淤过程 …… 51
4.2.1 数据来源与研究方法 …… 51
4.2.2 水文数据分析 …… 53
4.2.3 松滋河平面形态变化 …… 55
4.2.4 松滋河河道冲淤变化 …… 56
4.3 虎渡河形态变化与冲淤过程 …… 59
4.3.1 数据来源与研究方法 …… 60
4.3.2 水文数据分析 …… 60
4.3.3 虎渡河河道冲淤变化 …… 61
4.4 “三口”水系分水量变化规律 …… 63
4.4.1 数据来源与研究方法 …… 63
4.4.2 “三口”水系水文数据分析 …… 64
4.4.3 藕池河经验公式 …… 66
4.4.4 虎渡河经验公式 …… 69
4.4.5 松滋河经验公式 …… 72
4.4.6 荆江干流枝城经验公式建立 …… 74
4.5 “三口”水系生态基流及其水文连通性 …… 75
4.5.1 数据来源与研究方法 …… 76
4.5.2 “三口”水系生态基流的确定 …… 78
4.5.3 生态基流保证率分析 …… 82
4.5.4 水文连通性定量分析 …… 83
4.6 本章小结 …… 86
第5章 洞庭湖区蓄洪垸内水系连通度分析 …… 88
5.1 数据来源与研究方法 …… 88
5.1.1 研究区域概况 …… 88
5.1.2 数据来源 …… 89
5.1.3 农田渠系连通性评价方法与指标 …… 89
5.1.4 蓄洪垸内水系连通性优化策略 …… 90
5.2 洞庭湖区蓄洪垸内水系连通性评价及优化 …… 90

5.2.1 蓄洪垸内水系连通性评价 …… 90
5.2.2 典型蓄洪垸内水系连通性评价及优化 …… 92
5.3 本章小结 …… 94
**第6章 洞庭湖区水系连通工程规划与可行性方案 …… 95**
6.1 水系连通工程规划背景 …… 95
6.1.1 河湖现状与问题 …… 95
6.1.2 水系连通的必要性 …… 98
6.2 目标与任务 …… 99
6.2.1 水系连通工程实施目标 …… 99
6.2.2 水系连通工程实施任务 …… 100
6.3 水系连通工程规划与实施方案 …… 100
6.3.1 江湖连通 …… 100
6.3.2 河湖连通 …… 101
6.3.3 湖湖连通 …… 103
6.3.4 区位连通 …… 103
6.4 工程总投资估算 …… 108
6.5 本章小节 …… 109
**第7章 洞庭湖区水系连通工程与水资源-社会经济的关联性与适配性 …… 110**
7.1 水系连通工程关联性与适配性的内涵 …… 110
7.2 水系连通工程适配性表征 …… 111
7.2.1 目标函数设定 …… 112
7.2.2 约束条件设定 …… 112
7.2.3 灌溉水资源的适配性计算方法 …… 113
7.3 岳阳市长江补水一期工程的关联性与适配性 …… 115
7.3.1 研究区域与工程概况 …… 115
7.3.2 工程关联性分析 …… 116
7.3.3 工程灌溉适配性分析 …… 117
7.4 本章小节 …… 123
**第8章 洞庭湖区典型水系连通工程水量-水动力-水质数值模拟与预测 …… 124**
8.1 大通湖区水系连通工程数值模拟与预测 …… 124
8.1.1 研究区域与工程概况 …… 124
8.1.2 数据来源与研究方法 …… 126
8.1.3 水动力数值模拟分析 …… 130
8.1.4 水质改善效果分析 …… 134
8.2 芭蕉湖-南湖连通工程数值模拟与预测 …… 136
8.2.1 研究区域与工程概况 …… 136
8.2.2 水动力数值模型建立 …… 137

8.2.3 水动力数值模拟分析 …… 138
8.3 本章小节 …… 141
**第9章 洞庭湖区典型水系连通工程的综合评价** …… 142
9.1 洞庭湖区水系连通工程评价指标体系 …… 142
9.1.1 指标体系构建的基本原则 …… 142
9.1.2 指标选取与体系形成 …… 142
9.2 水系连通工程综合评价方法 …… 143
9.2.1 指标权重的确定 …… 143
9.2.2 指标量化方法的制定 …… 144
9.2.3 综合评分方法的确定 …… 144
9.3 澧县水系连通工程的综合评价 …… 145
9.3.1 研究区域与工程概况 …… 145
9.3.2 工程实施综合评价分析 …… 145
9.4 本章小节 …… 147
**第10章 结论与展望** …… 148
10.1 主要结论 …… 148
10.2 研究展望 …… 149
参考文献 …… 151

# 第1章　绪　　论

## 1.1　研究背景和意义

江河湖库水系作为水资源的载体，是水环境的主要构成部分，更是经济社会发展的重要支柱，其分布格局和连通性对水体循环具有重要意义（崇璇等，2017）。在人类活动与自然过程的共同作用下，河网水系格局与连通性发生着巨大变化，随着人类活动对水系影响逐渐加深，一些区域出现水生态退化、水环境承载能力降低、河网连通性削弱和洪水无法宣泄等问题。这些问题共同影响着河湖水系，使得水系的纵向、横向和垂向连通状态不断变化，并间接成为影响社会经济可持续发展和水生态系统健康稳定的关键制约因素（于璐，2017；杜丽娜，2012）。

针对上述问题，水利部肯定了通过提高河湖水系连通性来完善水资源配置、提高水体自循环效果和加强防御水旱灾害能力等理念的重要性。2010 年 1 月的全国水利工作会议上明确表示河湖连通是提高水资源配置能力的重要途径（陈雷，2010）。2010 年 9 月 30 日在加快水利建设专题会议中，国务院提出“抓紧建设一批骨干水资源配置工程、重点水源工程和河湖连通”，更进一步确立了以河湖水系连通工程来优化水资源配置的方案规划（夏军等，2012）。随后几年，水利部相继出台了《关于推进江河湖库水系连通工作的指导意见》和《江河湖库水系连通实施方案》，这一连串措施彰显着河湖水系连通的重要性。保障河湖水系得以连通，在水利工作中已是必然趋势。

洞庭湖是中国第二大淡水湖泊，承担着调蓄长江中下游洪水的重要作用。洞庭湖古称云梦泽、九江和重湖，位于长江荆江段南岸，北部是长江中游江汉平原，其余三面环山。洞庭湖区内河湖众多，星罗密布，为区内经济社会发展奠定了良好的基础条件。然而自三峡工程运行后，长江荆南“三口”水系入湖水量大幅度减少，非汛期“三口”断流严重，“三口”水系地区局部水资源短缺和水环境恶化情况加剧。在江湖关系演变和人类活动的双重因素驱动下，湖区湿地萎缩和生态风险日益加剧，水系结构及河湖关系受到影响，诸多问题导致水系水体不活，环境自净能力下降，水系连通性显著降低，给区内人民的生产生活和生态环境造成巨大影响（徐宗学等，2011）。

2018 年 12 月，湖南省人民政府办公厅正式发布《加快推进生态廊道建设意见》（湘政办〔2018〕83 号），湖南省省林业局联合省发展改革委于 2019 年 12 月发布了《湖南省省级生态廊道建设总体规划》（以下简称《生态廊道总体规划》），《生态廊道总体规划》明确提出要建设“一湖四水”的中尺度生态廊道，构建起覆盖连续完整、景观优美、结构稳定、功能完备的全省生态廊道和生物多样性保护网络体系。“河湖水系”是生态廊道基础之一，是维系自然生态系统的重要组成部分，也是社会经济发展的重要支撑。随着经济社会的快速发展，河湖水系的连通格局发生重大变化。为贯彻落实习近平总书记深入推动长江经济带发展座谈会和考察岳阳时的指示精神，实现习近平总书记提出的要做好长江保护和修复工作，守护好“一江碧水”的总目标，协同 2019 年湖南省政府发布《湖南省洞庭湖水环境综合治理规划》和《生态廊道总体规划》目标，湖南省水利厅委托湖南省水利水电勘测设计研究总院编制《洞庭湖区河湖水系连通整体方案》，并陆续得到工程施工建设。

目前针对某个地区的水系连通状况做客观的评价分析研究较少，同时水利工程具体调度模式下的水系连通性如何定量评价也仍需完善，不足以为水利工程规划、实施和评价等工作提供有力借鉴。因此，如何针对性地选取合适的评价指标，对各地区的水系格局与连通性建立相应评价体系成为亟待解决的问题。开展洞庭湖区水系格局与连通性的定量评价，可为探讨洞庭湖区现状水系与规划水系的格局、连通性以及闸坝调度模式与连通性的关系等提供理论依据与技术支撑。

## 1.2　水系连通国内外研究进展

### 1.2.1　水系连通的内涵

国外有关河湖水系连通方面的研究开始较早，河流连通性最早由 Amoros 和 Roux（1988）提出，它被定义为河流景观空间结构与功能上的关联性，用来衡量景观单元间的联系程度。对于河湖水系连通性的定义，国外从景观生态学、河流地貌学、水文学和生物生态学等多学科层面出发。在景观生态学中，水系连通被定义为水流从景观的一处转移到另一处的能力（Bracken et al.，2007）。在河流地貌学中，水系连通被定义为河网系统内水流与泥沙的物理连接（Hooke et al.，2006）。水文学上水系连通被定义为径流自源区到干流，再到流域网络的移动效率（Herron et al.，2001）或是将水作为介质的物质、能量、生物等各要素之间的相互转换速率（Pringle，2001；Freeman et al.，2007）。生物生态学中水系连通被定义为物质、能量和生物体伴随着水介质在水圈或水圈各要素之间的互换（Gubiani et al.，2007；Lasne et al.，2007）。Turnbull 等（2008）把水系连通性分作动态连通性和静态连通性。该概念与景观连通性中与河流连续体概念（Vannote et al.，1980）类似，在景观连通性中表现为结构（静态）连通性与功能（动态）连通性（Van Looy et al.，2014；Stammel et al.，2016）。Ward（1989）则从河流的纵向、横向、垂向和时间等 4 个层面对连通性进行定义和探讨研究。

国内对水系连通的研究起步较晚，2009 年以前，只有少数学者进行理论研究（陈云霞等，2007）。自 2010 年水利部重点提出河湖连通是优化水资源配置能力的重要途径后，河湖水系连通的探讨才得到广泛关注。同时，为兼顾我国江河治理的客观需要，国内从宏观的角度对水系连通性的内涵开展了研究工作。长江水利委员会把水系连通性定义为河流干流、支流、湖泊以及其他湿地等水系之间的连通情况，反映水流连续性与水系连通情况（蔡其华，2005）。张欧阳等（2010）将长江流域水系分为河-河、河-湖和河-库等 3 种连通类型，指出维持流动的水流和有可供其相连的通道是满足水系连通性的基本条件。王中根等（2011）将流域内各河流和湖泊等水体构成的脉络相连的水网系统视为水系，脉络相连则指的水系连通性。水系连通被定义为在自然与人力的共同影响下，人

类为满足自身需要采取实施一系列水利工程达到配置水资源目的的行为（唐传利，2011）。窦明等（2011）和李宗礼等（2011）将水系连通定义为将实现水资源可持续利用、人水和谐作为目标，采取一系列水利工程在河流、湖泊、湿地之间实现水力联系，以此达到优化河湖水系格局，建立引排畅通、蓄泄顺畅、丰枯可调、多源互补、可调控的河湖水网体系。邬建国（2007）从景观学角度出发，将水系连通度定义为廊道、网络能够将周围斑块相连在一起的程度。尽管国内外对连通性内涵的解读多种多样，目前仍未达成共识。

### 1.2.2 水系连通性评价方法

国外的研究主要从水文学、河流地貌学和景观生态学等学科对其进行量化分析，目前最为典型的方法有水文-水力学法、景观生态学法、图论法及生物法等。在利用水文-水力学法开展的研究上，Lesschen 等（2009）通过建立水文-水力学模型对径流进行模拟，并探讨径流和沉积动力机制对水文连通性的影响程度。Lane 等（2009）采用水文模型中的河流网络参数讨论其在径流产生和连通性中的重要程度。Karim 等（2012）利用 MIKE 21 水动力模型模拟湿地径流连通时间和空间连通范围，将连通时间长短用于定量连通性的程度。Pfister 等（2010）采用热红外影像解译得到坡地、河岸和河道的水温来分析水流路径与河道横向连通。茹彪等（2013）通过计算河流过流能力建立水文连通性函数来评价水系结构连通性。

在利用景观生态学开展的研究上，Goodwin（2003）和 Kindlmann 等（2008）将水景观中的河流和水系作为廊道和网络。Pascal - Hortal 等（2006）提出整体连通性指数与可能连通性指数的计算方法。岳天祥等（2002）把河湖水系看成不同斑块，并计算不同斑块之间的连通程度来定量河网水系的连通性。徐慧等（2013）结合景观生态学设置了网络连通度、水系环度、廊道密度和河频率等评价指标，分析区域河流连通格局，对水系现状及规划方案进行连通性度量。卢涛等（2008）通过将三江平原沟渠网络结构分成不同取样区，分析其景观结构特征和沟渠网络特征。马爽爽（2013）运用了 ArcGIS 软件提取河网水系，结合景观生态学和水文学，建立水系连通性评价指标体系，并对典型区的格局、连通性和河湖健康三者进行分析。

在利用图论法开展研究上，Cui 等（2009）基于图论和最短路径法分别对高、低两种流量下的河网进行描述。Phillips 等（2011）利用水文连通性函数在图论的基础上将流域中动态的水文连通度、径流和降雨响应作量化。Poulter 等（2008）结合图论法调查人工水系的水网属性来建立电子网络模型。徐光来等（2012）根据不同类型河道的实际输水能力，创立图的加权邻接矩阵来计算河网图顶点水流通畅度，使河网水系连通性分析实现定量化。赵进勇等（2011）和邵玉龙等（2012）针对河道-滩区系统和城市化进程下的水系连通性，结合图论的理论及方法进行分析。杨晓敏（2014）结合河网构造特点，基于图论中边连通度的定义，提出在一定流域尺度下定量评价河网水系连通性的方法。在利用生物法开展研究上，赵筱青等（2013）将生物法与区域扩散阻力法相结合，采用计算生物经过任意景观单元需要克服的最小累计阻力的方法来评价水系连通度。Shaw 等（2016）和孙鹏等（2016）将生物在经过堰、闸和泵等水利设施的能力作为评价河湖水系连通性的方法。

国内外学者虽然从不同尺度和角度入手分析了水系连通性并实现了连通性定量评价，但适合平原河网地区的河湖水系连通性定量评价并不多，对于城市化发展下一定流域尺度内自然-人工复合的水系格局与连通性评价涉及内容较少。而且水系连通概念尚未完全统一，定量化评价方法尚未达成共识，而随着河湖水系连通工程不断地实施，迫切需要为河湖水系连通工程提供理论依据与技术支持。

# 第2章 洞庭湖区水系变迁与驱动

## 2.1 洞庭湖区域概况

洞庭湖区位于我国长江中游荆江段南岸，北部是长江中游江汉平原，其余三面环山。湖区在湖南省北部，接壤湖北省，地理位置处于东经110°50′～113°45′，北纬27°39′～30°20′。洞庭湖区占地总面积达28737km²，其中湖区总面积达18780km²，湖南省占80.9%，约15200km²；湖北省占19.1%，约3580km²。其中天然湖泊面积达2691km²，洪道面积达1418km²。湖区北面有松滋口、太平口、藕池口、调弦口“四口”分泄长江水，西、南两面有湘、资、沅、澧“四水”注入湖内。

历史上洞庭湖面积经历由小变大，再由大变小的演变过程。1896年前后洞庭湖最大水域面积为6000km²，1949年洞庭湖最大水域面积为4350km²。经堵支并流和移堤合垸后，部分湖泊成为洪道，部分湖泊成为内湖，洞庭湖的面积进一步萎缩。洞庭湖区北有松滋口、太平口、藕池口和调弦口（1958年封堵）等“四口”水系分泄长江来水来沙，南有湘江、资水、沅江、澧水的“四水”入汇，经洞庭湖调蓄后，经城陵矶这一唯一出口重新注入长江，从而形成这一独特的江湖连通关系。根据1956—2014年实测水文数据统计，“三口”多年平均年径流量为472.8亿m³，占入湖总水量的23.5%，多年平均年输沙量为10066.7万t，占入湖沙量的80.7%。

1522—1566年，荆江北岸最后一个穴口——郝穴被人为堵塞后，荆江洪水向北分流为主的局面被彻底改变，转为由荆江南岸的虎渡河（太平口）汇入洞庭湖。由于虎渡河的泄洪能力不足，荆江两岸洪涝灾害频发，因此在1567—1572年开浚调弦口，形成“两口”南流（梁亚琳等，2015）。藕池口位于湖北石首天星洲处，1852年荆江藕池堤在小水年溃决，形成藕池口，因未及时修复，至1860年长江发生极端洪水，南堤决口之下冲刷形成藕池河。1870年松滋县黄家铺和庞家湾等地干堤溃口形成松滋口，堵口后修筑不牢，至1873年长江发生极端洪水，大水复溃形成松滋河（苏成等，2001）。自此，荆江松滋、太平、藕池、调弦等“四口”南入洞庭湖的格局基本形成。

1958年调弦口建闸不再分流，华容河淤积废退，荆江“四口”演变成现在的松滋、太平、藕池“三口”分洪汇入洞庭湖。荆江“三口”河道历史演变经历发展、稳定和衰退等3个阶段，发展阶段从溃口漫流演变成固定河槽，进入相对稳定阶段之后，分流比维持稳定，此阶段于1930—1950年基本结束。1950年之后，“三口”河道进入全面衰退期，调弦口堵口、下荆江系统裁弯、葛洲坝枢纽建成和三峡水库等大型水利工程的建设，加速分流比减少的进程，河道淤塞和河槽萎缩严重（黄进良，1999）。随着自然因素的变化和日益增强的人类活动干预，荆江-洞庭湖关系正在经历着显著的变化。

1950年以来，“三口”河道分流量逐年减少，下荆江裁弯前，1956—1966年“三口”

分水和分沙比分别为 29.0%和 35.4%；三峡工程蓄水后，2003—2016 年“三口”分水和分沙比分别减小至 12.3%和 17.9%。由于“三口”河道沿程淤积，对荆江-洞庭湖关系调整产生重要影响，三峡水库蓄水等一系列水利工程未从根本上解除洞庭湖洪水威胁，洞庭湖作为调蓄长江中下游洪水的重要场所的地位并没有改变。

### 2.1.1　地形地貌

洞庭湖区为晚中生代燕山运动引起断陷形成的盆地，在此之前，它属于扬子淮地台江南地轴的一部分（卞鸿翔，1988）。在盆地形成之前，洞庭湖盆地一直处于长期隆起区（江南地轴）上，燕山运动发生时，江南地轴断裂，形成一个大致呈菱形平面的断陷盆地，即洞庭湖区，这标志着江南古陆从此结束。由于断裂带的互相切割和地壳运动，盆地由从东南向西北生成许多凹陷和凸起，依次为湘阴凹陷、麻河口凸起、沅江凹陷、目平湖凸起、常德凹陷、太阳山凸起和澧县凹陷（柏道远等，2010）。这些构造的发育直接影响着洞庭湖区地形演变历史，此类断裂活动对洞庭湖区形态和地层沉积起着主导作用。

在地形上，洞庭湖盆地属于由内向外地势呈现梯级增高的碟形盆地，尤其是东、西、南三面，有明显的环湖层状的地貌结构。洞庭湖区内部属于平原地区，盆地中的滨湖平原湖泊星罗密布，河网交织，地势平坦，海拔高度大致在 50m 以下。中间地区属于环状滨湖阶地，滨湖平原的外延，分布着各式各样的沿湖阶地，高度大致在 50～150m。外部属于波浪起伏的丘陵区，环绕着阶地，高度大致在 200～500m，“四水”尾闾区和部分冲积或阶地隔在其中导致丘陵分布较散；丘陵最外围还有构造剥蚀中低山，东、西、南、北四面分别有幕阜山脉、武陵山脉、雪峰山脉、华容山脉。

### 2.1.2　气象特征

1. 气温

洞庭湖区地处秦岭以南，欧亚大陆东部低纬度地区，在副热带高压、东南季风、西南季风以及西风带环流等共同影响下，呈现气候温暖湿润、四季分明、冬季短夏季长等特点，属于亚热带湿润性季风气候。该地多年平均气温为 16.4～17.0℃，呈现东南高、西南低、自南向北逐渐降低的分布趋势。自 20 世纪 90 年代起，洞庭湖区气温发生突变，以 0.38℃/10a 的速度在升温（廖梦思等，2014）。7 月的月平均气温最高，一般在 20～30℃，主要受副热带高气压控制，极端最高温达 41℃。1 月的月平均气温最低，一般为－2～7℃，冬季，湖区主要受大陆冷气团控制，出现寒潮天气，极端最低气温低于－12℃。9℃以上的多年平均年活动积温在 5600～6800℃，适合农作物的生长所需。

2. 降水

洞庭湖区雨量丰足，多年平均年降雨量为 1200～2000mm，年际降水量变化大。年内最大降雨量达 2337mm（岳阳，1954 年），年内最小降雨量为 806mm（南县，1968 年），年内降雨发生时间由东往西，由北往南逐渐后移。本区降雨量时空分布不均匀，北少南多，西北部湘鄂丛山区域多年平均年降水总量为 1600～2000mm，中部湘中区域与湖区北部多年平均年降水总量为 1200～1300mm。区内多年平均年蒸发量达 1270.5mm，主要集中在 4—10 月，雨热时间大部分同步（贺建林等，1998）。近百年来，湖区降雨量存在季节性差异，冬季降水量呈现上升的趋势，春、夏两季略有增加，秋季略微减少，四季降雨

量存在一个或多个显著的多（少）雨期（彭嘉栋等，2014）。

### 2.1.3 水文特性

目前洞庭湖区主要可分为3个天然湖泊（长度总计201.3km）和8条洪道（长度总计268.1km），共计469.4km，见表2.1。其中天然湖泊特指东洞庭湖、南洞庭湖、西洞庭湖3个湖泊，面积为2625km²。8条洪道包括澧水洪道、沅江洪道、草尾河洪道、资水洪道（吡湖口河、甘溪港河、毛角口河）、湘水洪道（东支、西支）。

表2.1　洞庭湖水域范围及长度　单位：km

| 分区 | 湖泊、洪道名称 | | 起点 | 终点 | 河长 |
|---|---|---|---|---|---|
| 西洞庭湖 | 七里湖 | | 澧县小渡口 | 石龟山水文站 | 29.3 |
| | 澧水洪道 | | 石龟山水文站 | 汉寿县三角堤 | 38.0 |
| | 目平湖 | | 汉寿县三角堤 | 小河咀水文站 | 44.2 |
| | 沅江洪道 | | 常德市德山枉水口 | 汉寿县坡头 | 53.5 |
| 南洞庭湖 | 南洞庭湖 | | 小河咀水文站 | 汨罗市磊石山 | 78.2 |
| | 草尾河洪道 | | 沅江市胜天 | 沅江市北闸 | 49.8 |
| | 资水洪道 | 吡湖口河 | 益阳市甘溪港 | 湘阴县杨柳潭 | 28.6 |
| | | 甘溪港河 | 益阳市甘溪港 | 沅江市沈家湾 | 20.7 |
| | | 毛角口河 | 湘阴县毛角口 | 湘阴县临资口 | 35.6 |
| | 湘水洪道 | 东支 | 湘阴县濠河口 | 湘阴县斗米咀 | 21.1 |
| | | 西支 | 湘阴县濠河口 | 湘阴县古塘 | 20.8 |
| 东洞庭湖 | 东洞庭湖 | | 汨罗市磊石山 | 七里山水文站 | 49.6 |
| 合计 | 4个湖泊、8条洪道 | | | | 469.4 |

1. 河道径流

洞庭湖区多年平均年径流量为2832亿m³，径流主要来自“三口”“四水”和区间（由于1958年冬调弦口堵口建闸，把调弦口水沙量计入区间），分配具有较为明显的不均匀性。据1953—2012年资料统计，来自于“三口”的多年平均年径流量为873亿m³，占30.8%，来自于“四水”的多年平均年径流量为1664亿m³，占58.8%，来自于区间的多年平均年径流量为295亿m³，占10.4%，径流变化主要受“三口”影响。湖区径流量年际之间差异较大，最大年径流量为5268亿m³，最小年径流量为1475亿m³，最大年径流量为最小年径流量的3.57倍，湖区年径流量呈逐渐减少的趋势（梁亚琳等，2015）。洞庭湖区的径流丰枯变化主要受大气环流的周期运动、太阳活动、降水过程等活动影响。

2. 河流泥沙

洞庭湖区承泄“三口”以及“四水”的来水来沙，河道内泥沙伴着径流进入洞庭湖，大量泥沙淤积。湖区年悬移质输沙量为15849万t，泥沙淤积规律是自西北向东南，再折向东北。从城陵矶出洞庭湖，沿程淤积厚度沿程减小，其多年平均年出湖输沙量为3686.1万t，即东洞庭湖淤积较少，西洞庭湖、南洞庭湖北部淤积较多。湖区的泥沙淤积大部分自“三口”而来，“四水”占少部分。其中，长江“三口”泥沙入湖量约占总量的82.3%，输沙期主要在7月，“四水”及其区间的泥沙量约占多年平均入湖泥沙总量的18%，输沙量年内分配极不均匀且不均匀趋势越来越明显，输沙时间集中于 6—7 月。其中，澧水的泥沙大部分淤积在七里湖，其余“三水”的泥沙分别进入东洞庭湖和南洞庭湖，入湖的泥沙大部分沉积在湖内，约有 73%，淤积量多年平均值为 11613 万 t。新中国成立后，洞庭湖区湖床、河道平均淤高约 1m，湖区湖盆逐年提高，周边围湖造田活动加剧湖盆萎缩。

### 2.1.4　湖区湿地资源

洞庭湖湿地在长江中下游占有重要地位，其生态功能不可替代。由于湿地生态条件的差异性和多变性，形成了较为完整又复杂且具有代表性的复合型江河湿地景观系统和生态结构系统。作为我国淡水湖泊地区中面积最大的湿地景观，它还是为数不多的仍保持着和长江进行水体交换的天然湖泊，其生态系统具有重要价值。

洞庭湖湿地有垸区人工湿地和湖泊洲滩天然湿地两部分，其中天然湿地面积为 3967.90km$^2$，主要散布于东洞庭湖、西洞庭湖、南洞庭湖 3 处区域及与该三湖相连的洪道与河道滩地。据调查统计，湖区生长有 873 种植物，洲滩湖泊有 4 个植被类型、43 个植物群系，湿地主要以草本植物为主，有 327 种。主要湿地类型有芦苇滩、湖草滩、白泥滩等。同时，洞庭湖湿地是大量动物的栖息之地，鸟类 59 科，鱼类 114 种，各类脊椎动物、昆虫、浮游生物的种类也很多。洞庭湖区湿地对保持长江流域的物种多样性、蓄滞洪水、调度洪水径流等方面具有重要作用。

## 2.2　洞庭湖区水系历史变迁与现状

### 2.2.1　洞庭湖区水系历史变迁

洞庭湖区河湖水系随着时间的推移其格局不断调整与演变，造成水系变迁的驱动因素随之发生变化。本节通过查阅历史资料，将洞庭湖区水系变化时期分为自然演变时期和人类-自然复合作用时期，分析各时期水系变迁的主要驱动因素，为洞庭湖区格局及水系连通性的研究提供借鉴。洞庭湖区的现状水系并不是靠单个因素的影响演化而成，而是构造运动和江河作用相叠加，及人类活动等多因素影响下演变至今，形成“四水”入湖并承接“三口”来水来沙的格局。依据人类活动对湖区演变影响的重要程度来看，把全新世开始作为分界，把湖区水系演变过程分成两个阶段：自然演变阶段和人类-自然复合作用演变阶段（苏成等，2001）。

#### 2.2.1.1　自然演变阶段

在 200 万年前第四纪早期，在新构造运动的作用下，洞庭湖盆地发生断块差异运动，四周一直间歇性上升，湖盆下降，地形发生断陷形成洞庭湖（黄进良，1999；王秀英，2003）。此时，湖区将洞庭湖作为中心，将湘江、资水、沅江、澧水等“四水”作为主体，生成全新向心状水系。在早更新世时期，洞庭湖坳陷程度较大，周边断裂活动强烈，至早更新世末期，湖盆曾一度上升。中更新世时期，湖盆外围多次发生间歇性上升，内部则微弱下沉，生成多级阶地，此时的湖泊范围较广泛。晚更新世阶段，坳陷活动基本停止，湖泊发生分割、萎缩，南面的湖岸线北移，洞庭湖南北两侧均出现湖滨岗地（周国祺等，1984）。晚更新世后期，人类活动出现于旧石器时期湖区附近。全新世前，演变以地质构

造为主。

#### 2.2.1.2 人类-自然复合作用演变阶段

早期的形成演变过程中，洞庭湖区主要受构造运动和气候变化等因素的影响，其对洞庭湖区水系演变方向起着长期的主导作用。但随着人类文明的发展，特别是19世纪的工业革命时期，人类活动对洞庭湖区水系的影响越来越大。尽管此时自然因素仍对洞庭湖区水系演变趋势有重要影响，但自20世纪以来，人类活动已成为湖区演变的最大影响因素。直至1860年后，洞庭湖区除了承接“四水”外，还要承接藕池、松滋先后溃口形成“四口”所分流而来的长江水量，此时洞庭湖的面积大幅度锐减。到1949年以后，除了自然因素的影响，洞庭湖区水系在多种人为因素影响下的形态发生较大变化。因此，将人类-自然复合作用演变阶段分为清代以前、近代和1949年之后3个阶段。

1. 清代以前

从新石器时代到先秦两汉时期（公元3世纪），地壳处于稳定状态，此时的湖泊处于河网切割时期。距今8000～5000年前，湖面中心是现在的东洞庭湖到沅江河口一带，呈宽为17～33km的东北向长条状的大湖（张晓阳等，1995）。随着时间的推移，距今5000～3000年前，“四水”复合三角洲迅速向湖区推进，前期较大的湖泊被分割为许多个小湖，河网交织密布。距今3000～1700年前，三角洲平原的分流河道受阻塞，河间洼地逐渐发育出许多沼泽湖泊。这期间，人类活动还很少，正是人类了解自然并顺应自然发展的阶段，人类活动随着湖泊的进退而进退，此时的人类尚没有能力大幅度改造自然，对洞庭湖区环境影响并不大。

先秦两汉时期，“四水”先是在洞庭湖平原交汇后再汇入长江。那时的洞庭湖方圆仅260里左右。汉代，湖区西北部北高南低，汛期荆江可能出现大量洪水分流入湖。此间洞庭湖区尽管早已出现湖泊景观，但大型的湖泊水体尚未形成，仍是河网沼泽平原景观。战国时由于江水挟带的泥沙淤积河床，形成以江陵为起点的荆江三角洲（刘瑔，2006）。汉代西洞庭湖（当时的赤沙湖）淤积严重，湘江、资水、沅江、澧水在湖中洪道明显，“四水”汇合至后来的东洞庭湖区。东汉末年，湖区西北部地势由南低北高转为南高北低，这次江湖关系的重大转变直接导致荆江分洪水流不在南泄入湖，而是北泄入江汉平原。

魏晋南北朝隋唐时期（公元3世纪至9世纪初），湖泊处于迅速扩展阶段，湖泊西区大多出露成陆地，湖面偏于东部。该时期人类活动对湖区水系的演变已经有较大影响。东晋时期，湘江、资水、沅江汇合于巴陵头（三江口），澧水在七八十里之外泄入长江。永和年间，为防止江水直迫江陵城南，威胁江陵城安全，江陵城建造了荆江上的第一座堤——金堤，江水被逼南下，自此后江上筑堤增多，洪水位逐渐抬高，当时湖区周围围垦已经有大规模的发展（来红州等，2004）。其间，洞庭湖区出现了重大的变化，一是“四水”下游地区形成了大量的湖泊，最大的为洞庭湖。洞庭湖、赤沙湖、青草湖分别是在汉初东、西、南三泽基础上发育形成的，其中，赤沙湖由于公安故城对江水的制约，江水向东南倾泻而下，导致荆江南岸形成了由景口、沧口两股长江分流会合而成的沧水进入洞庭平原生成赤沙湖，此时湖泊面积约3000km²。二是荆江开始有多口与澧水连通，自此洞庭湖区从沼泽平原演变成洞庭湖。进入唐代后，洞庭湖区的泥沙沉积量没有显著增加，到唐代中期洞庭湖的水体面积达3500km²。

唐后期至清早期（9 世纪中至 17 世纪末），洞庭湖达鼎盛时期。唐末五代开始，东洞庭湖向西扩展，西并赤沙湖，南接青草湖，洞庭湖整体形状类似五边形，“八百里”洞庭因此形成。北宋期间，江湖出现顶托现象，江水倒灌入湖，湖区水情严峻。直至南宋时期，云梦泽已逐渐消退，长江两岸大堤已经建成，但江面狭窄，水位壅高，江水水位高于湖水，遵循河流自然演变规律，长江溃流成河，虎渡河在该时期形成并向南分流。元代，为防治荆江洪水，改宋代的筑堵为疏浚，在江陵路的荆江南北岸开浚六道分洪水口疏泄洪水。进入明代，采用“舍南保北”措施治理水患，杨林、宋穴均阻塞，两岸减少至仅有太平口、调弦口与洞庭湖相连，荆江水沙向南大举倾泻，洞庭湖淤积速度加快，周围出现大规模的围湖造田。但这样一来，至明中晚期，洞庭湖区水灾频发，人们又开始废田还湖，在这一背景下，西洞庭湖和南洞庭湖逐渐扩张，彼时洞庭湖面积达 5600km$^2$。

2. 近代

清代，湖区围垦加剧，导致面积骤减。18 世纪初，洞庭湖面积缩小至 4300km$^2$。由于盲目的围湖造田，造成江湖关系日趋恶化，1852 年荆江口漫溢冲开藕池口，于 1860 年形成藕池河；1870 年松滋口溃口，1873 年形成松滋河。自此，百年来太平（虎渡河口）、松滋、藕池、调弦“四口”南下分流入湖局面彻底形成。“四口”形成后，洞庭湖迎来了一次短暂的回春时期，“四口”分流入湖随之携带了 3 亿 m$^3$ 以上的泥沙入湖，很快导致外湖不断淤高，显得原洞庭湖北岸老垸的低田更低，产生自然的“湖垸互换”。同时，随着北岸淤地和垸田的增多，湖水被驱赶南压，湖体逐渐南移，这种南移一直保持至今。19 世纪后 30 年，湖泊面积扩大达 5400km$^2$。此后，洞庭湖逐渐走向萎缩。由于荆江“四口”入湖的洪水是伴随着泥沙而来的，20 世纪前半叶，由于自发的围垦和洪水溃垸频繁交替发生，湖面周期性的缩小增大，但基本维持在 4000～5000km$^2$ 范围内变动，到 1949 年，洞庭湖面积达 4350km$^2$。

3. 1949 年之后

1949 年之后，湖区开展了 3 次大围垦，分别在 20 世纪 50 年代后期、60 年代和 70 年代，50 年代后期成为围垦外湖最快的时段，围垦面积高达 600km$^2$，至 1978 年湖面为 2691km$^2$（林承坤等，1994）。1949—1958 年，洞庭湖萎缩速率成为有史以来最快的时期。1958 年调弦口封堵建闸控制，“三口”入湖水系格局形成。1959—1966 年期间，洞庭湖萎缩速度减缓。20 世纪期间，由于长江中上游植被遭到严重破坏，水土流失现象严峻，长江含沙量与 1850—1880 年相比有较明显的增多。上荆江采穴河持续围垸锁口，河宽大幅度缩小，因此松滋口水位被抬升，使得松滋口入湖水量激增，入湖水量增多的同时伴随着长江含沙量的增多，加快了洞庭湖的淤积速度。

下荆江在 1967 年、1969 年和 1972 年分别有 3 次人工及自然裁弯。裁弯后，“三口”分流入湖的水沙量削减，下游河床产生淤积，城陵矶出口处河床升高，泥沙出湖难。该时期是湖区第 3 次大围垦的高峰时期，河道分离，围垸修堤，洲滩割据，“四水”入湖，流速骤减，泥沙大量淤积导致洲滩年趋增多，湖面缩减明显。1973 年前，下荆江成功实现人工裁弯，荆江大堤加固完成。此时“三口”入湖水沙的削减量均来自藕池河，松滋口、太平口水量虽有削减但含沙量仍在增长。1987 年后，洞庭湖区洪涝灾害频发，仅 20 世纪 90 年代就发生了 3 次。为整治大洪水频发问题，国家加快建设三峡水利枢纽，实施江河、河湖连通工程及退耕

还湖等措施（陆胤昊，2009）。洞庭湖出口河道自1988年处于冲刷状态。

自三峡工程建成后，对洞庭湖水系的影响日渐加深，进入21世纪，随着三峡大坝的运行，湖区洪涝灾害减少，但其单位面积造成的灾害损失加剧。2002—2010年，"三口"分流分沙呈减弱趋势，水沙入湖格局发生显著变化，湖区淤积速度减缓。其中，"三口"分流比、分沙比、湖区淤积速度分别减少2.33%、2.78%和26.70%，"三口"口门有持续淤积趋势，藕池河与虎渡河因此逐步趋向消亡。2003—2011年，湖区的泥沙预计量减少至3411万t，较多年平均值降低了93.5%（陈虞平，2016）。同时，三峡工程运行过程中导致水库下游水下泄，荆江段河床受到严重冲刷，湖区出湖水沙量于2007年后有略微增加。此外，2006年洞庭湖湖盆由于受到大规模的砂石开挖，湖区从淤积状态向冲刷状态加速转变。2013年以来，"四水"入湖水量变化不明显，"三口"入湖水沙量、"四水"入湖输沙量均有较明显减少（李晖等，2013）。

### 2.2.2 洞庭湖区水系现状

洞庭湖区的水系主要有湘、资、沅、澧"四水"和分泄长江水的松滋河、藕池河、虎渡河、华容河等"四口"水系以及东洞庭湖、南洞庭湖、目平湖、七里湖等"四湖"。

1. "四水"

湘江，起源于兴安县南部白石乡境内海洋山脉的近峰岭。湘江干流是指湖南省境内蓝山县到永州市平岛河段。作为湖南省境内最大河流，湘江全长844km，流域面积达94660km$^2$，多年平均年径流量达696亿m$^3$。湘江流经湖南省永州市、衡阳市、株洲市、湘潭市、长沙市，于岳阳市湘阴县汇入洞庭湖。四大水系中，湘江含沙量占第3位，输沙量占第2位，河流沙量较少。1949年以来，湘江沿岸修建许多拦河坝、输水泵站、电排站等，大幅度提高湘江利用率。20世纪70年代，湘江上游建造了第一座大型水电站——东安湘江水电站，2012年还在涔天河建成蓄容达15.1亿m$^3$的——涔天河水库，湘江水利枢纽的建设和开发是发挥水利资源的重要举措。

资水属长江支流，又名资江，全长653km，流域面积达28142km$^2$，多年平均年径流量达217亿m$^3$。资水由分别发源于城步苗族自治县北青山和广西资源县越城岭的赧水与夫夷水汇合于邵阳县而成。湖南境内流经邵阳、新化、安化、桃江、益阳等市（县），于益阳市甘溪港倾泻而入洞庭湖。资水干流流域成狭长带状，西侧山脉逼近，上、中游河道曲折多险滩。干流上建有多座大型水库与水电站，得到良好的治理与开发。

沅江，也称为沅水，长江流域至洞庭湖的支流，是湖南省境内第二大河流，全长1033km，流域面积达89163km$^2$，多年平均年径流量达393.3亿m$^3$。沅江发源于贵州都匀市苗岭山脉斗篷山，于湖南省常德市汉寿县注入洞庭湖，流经地大部分属崎岖山地，其中沅江在湖南境内占54%。沅江干流上建有主要水利枢纽40处，沅江上有湖南省最大水电站——五强溪水电站，于2000年建成，成为大型的水电开发基地。

澧水，位于湖南省西北部，是湖南省境内最小的河流，干流全长407km，流域面积达18496km$^2$，其中湖南境内为15376km$^2$，多年平均年径流量达131.2亿m$^3$。澧水以桑植杉木界为干流起始点，于常德津市小渡口注入西洞庭湖（七里湖）。澧水洪涝灾害较为严重，1949年以来，大型洪涝灾害发生5次，至2013年年底，其干流上建有12个水电站，水力资源得到大力开发。

2. “四口”水系

松滋河，为“四口”入湖之首，于 1870 年松滋口溃口，1873 年形成。多年平均年径流量达 459 亿 $m^3$，自北向南流经松滋市、公安县、安乡县、澧县汇入松虎洪道注入目平湖。松滋河分流量为“四口”之最，左岸有采穴河分泄松滋河来水来沙。其分江流处称为松滋口，松滋河在此处分流为东、西两支，其中，西支为主流，全长达 134.79km，向南流经澧县汇入澧水，注入七里湖。东支全长 117.35km，向南流经新渡口，至湖南安乡县境内汇于松虎洪道，注入目平湖。自形成以来，松滋河分流量逐渐减少，随着多个河段泥沙淤积加剧，其过流能力日渐萎缩。

虎渡河，进口称为太平口，全长 137.7km，多年平均年径流量达 182 亿 $m^3$。虎渡河成河已久，但在 1788 年、1860 年、1870 年的 3 次大洪水影响下才冲开成如今的虎渡河。虎渡河顺虎西山岗和黄山东麓南下进入湖南省境内，受藕池河的影响，虎渡河下游延伸至小河口与松滋河汇合，在肖家湾处注入目平湖。在下荆江裁弯与 1952 年南闸修建的影响下，虎渡河在南闸内的河道泥沙淤积过多，下游河道过水断面减小，太平口口门水位太高，虎渡河宣泄洪水能力减弱，导致虎渡河断流频发。每年春季，河流两岸农田得不到水灌溉，人民生活也因此受到影响。

藕池河，位于湖南省南县与华容县交界处，河流面积达 15$km^2$，于 1852 年荆江口泛滥冲开藕池口，1860 年正式形成藕池河。藕池河水系紊乱，自长江分泄入口后，再次分为东、中、西三支流注入东洞庭湖和南洞庭湖。藕池东支全长 91km，流经华容县境内，经管家铺、梅田湖进入湖南境内，自注滋口注入东洞庭湖。藕池中支从黄金嘴往西一直南下，经荷花嘴、下游港至下柴市与藕池西支交汇后，在三岔河至茅草街及法水、虎渡处汇合注入南洞庭湖。藕池西支全长 86km，从康家岗出发，沿着荆江分洪区南堤南下，至厂窖镇处与藕池中支汇合注入湖内。自三峡水库建成以来，藕池河进入洞庭湖的来水来沙一直处于衰减状态。

华容河，又称调弦河，全长 55km，湖南省境内流域面积达 1128.8$km^2$，发源于湖北省石首市调弦口，经华容县、君山区，至六门闸注入洞庭湖。1958 年调弦口封堵，华容河自调弦口至旗杆嘴成为内河，调弦口每年开闸放水 70～100d，大量泥沙淤积在华容河，由于河口逐年淤高，冬春华容河成为自排水道，夏秋作为排水入湖的蓄水河床，现状河段几乎丧失调水蓄水功能。

3. 湖区

洞庭湖分别由东洞庭湖、南洞庭湖和西洞庭湖三个主要湖泊组成。东洞庭湖湖泊面积达 1327.8$km^2$，地处华容县、汨罗市和益阳市之间。南洞庭湖面积达 920$km^2$，横跨岳阳市与益阳市之间，赤山与磊石山以南各个湖泊均视为南洞庭湖，主要包括横岭湖、万子湖及东南湖。西洞庭湖面积达 443.9$km^2$，位于益阳市、常德市境内，包括赤山湖以及所有湖泊。早期的西洞庭湖为赤沙湖的一部分，现仅剩目平湖与七里湖。洞庭湖近年由于泥沙淤积与围垦导致湖床淤积，湖容减少，尤其是西洞庭湖，洪涝灾害日渐严重。目平湖承接松滋河、虎渡河大量来水来沙，北部地区淤积问题恶化，湖底淤高明显，水位在一定高度时与沅江、澧水已不能正常流通。七里湖承接澧水与松滋河西支来水来沙，大量泥沙淤积河床。

## 2.3 洞庭湖区水系演变与驱动要素

从洞庭湖水系的历史演变来看，洞庭湖的水系变迁主要归结于构造沉降、泥沙淤积和人类活动等因素。其中，地质构造和泥沙淤积均为自然因素，人类活动为人为因素。早期湖区水系演变取决于构造沉降，泥沙淤积次之；清代以前，人类活动的影响增强，泥沙淤积增多。到近现代，大幅度的围垦和泥沙淤积在水系变迁过程中起关键作用，这一时期的构造沉降影响相对较弱。三大因素中唯构造沉降目前无法人为控制，泥沙淤积与人类活动均可通过人为调节与管理。

1. *地质构造*

自第四纪以来洞庭湖区就有明显的断裂活动，盆地形态与沉积底层受其控制，期间，局部时段与地区曾发生构造抬升，但盆地总体呈沉降趋势。作为一个浅水湖，湖区能留存至今主要是由于自第四纪以来湖区持续保持沉降趋势。若无其他因素影响，湖区的构造沉降运动将使洞庭湖区一直保持扩张趋势。至今，洞庭湖湖盆沉降仍保持 3～10mm/a 的速度，一定程度上减缓了湖体萎缩的现状。

2. *泥沙淤积*

近百年来，湖区过度围垦导致洞庭湖区湖泊面积发生大规模萎缩。大量泥沙随“四口”来水携带入湖，造成湖区洲滩发育，湖盆面积日趋削减。在“四口”分流局面形成之前，湖体的冲淤改变情况主要受“四水”来水来沙的制约。“四水”尾闾为主要的泥沙淤积地，其他区域沉积并不显著，部分区域甚至存在冲刷现象。“四口”分泄长江水的水系格局形成后，由于“四水”的来水来沙比较稳定，“四口”来水来沙就成了洞庭湖演变的主要影响因素。

由于调弦口建闸、下荆江 3 次裁弯和葛洲坝水利工程的建成，导致洞庭湖区的泥沙输入量大幅度降低，“四口”来水所占权重逐渐减小，因此来沙量也随之产生变化。至 20 世纪 90 年代，“四口”和湖盆的年均泥沙淤积量分别为 0.1856 亿 $m^3$/a 和 0.3431 亿 $m^3$/a，沉积率为 73.81%（吴作平等，2002）。目前，东、南、西 3 个湖区淤积速度分别达 9.43mm/a、19.11mm/a 和 12.46mm/a（来红州等，2004）。与构造沉降速度相比，湖盆泥沙淤积速度快许多，洞庭湖区湖床仍维持淤高趋势，湖面仍无法避免地萎缩。湖区开展退耕还湖，围垦活动受到一定节制，泥沙淤积成为影响湖区水系变化的主要因素。

3. *人类活动*

人类活动对洞庭湖区水系的影响自秦汉时期就已存在，此后逐渐增强。历史上，人类对湖区水系的改造主要体现在两个方面：一是围湖垦殖；二是修建大堤、电站等。据史料记载，战国时期就有洞庭湖周围形成的滨湖区被开垦利用的现象，此后洞庭湖区堤垸不断增多。到清代，相关史料记载的堤垸数就多达 88 个；1868 年，湖区堤垸已有 611 个；直至 1949 年，堤垸数量高达 993 个。1949 年以后，湖区先后 3 次大围垦使洞庭湖堤垸数量到达最高峰，至 1978 年，湖区面积从原有的 4350$km^2$ 骤减至 2691$km^2$，直到 1985 年围湖垦殖才受到节制。人类大规模的围垦加剧了洞庭湖湖面、湖容的衰减，1949—1978 年，洞庭湖区泥沙淤积量约有 1 亿 $m^3$/a，但湖容衰减量却有 2 亿～10 亿 $m^3$/a。可见在此期间，围湖造田对湖区的影响高于泥沙淤积。同时，两者均促进了洞庭湖湖区的萎缩与湖体的衰竭。

东晋时，人类开始筑堤防水，随后在荆江两岸建造堤防，此后两岸筑堤逐渐增多，荆江向南出现多股分流，至南朝，“四水”入湖格局奠定。为防治荆江洪水，元代、明代为治理水患采取疏浚、“舍南保北”堵口等方式，直至 1852 年，在一系列的筑堤、疏浚、堵口等方式的间接影响下，生成藕池、太平、松滋、调弦等“四口”。自此“四口”分泄长江水南下的水系格局彻底形成。近现代以来，调弦口封堵、下荆江的人工裁弯、葛洲坝和三峡水利工程的运行，通过改变湖区的水文情况间接影响了湖区水系的演变。

近几十年来，人为地改变洞庭湖区水系的变迁基本向着对经济社会发展有益的方向进行。如通过修建水库、闸坝等水利枢纽来抵御洪涝灾害；通过河道疏浚来防洪排涝；通过引水调度工程来降低水体污染，改善河网水系之间的连通性；通过修建电站、抽水泵站等合理利用水资源。目前，洞庭湖区已形成自然-人工河网交织的水系格局，在人类活动起主导作用的今天，洞庭湖区水系的整治与利用需要进一步的合理与完善。

## 2.4 本章小节

（1）本章在介绍洞庭湖区概况的基础上，对湖区水系形成、格局演变及现状进行对比并分析变化的驱动因素。洞庭湖自形成发展演变至今，将人类活动是否参与演变作为标准分为两个阶段，即自然演变阶段和人类-自然复合作用演变阶段。自然复合作用演变阶段又分为三个时期：清代以前、近代及 1949 年之后，洞庭湖不停地经历着变大变小的过程。自 1949 年以来，湖区洪涝灾害频发，湖面面积锐减。经归纳，湖区演变的主要驱动因素是地质构造、泥沙淤积、人类活动。

（2）随着城镇化和经济社会的快速发展，人类活动与洞庭湖水系关系越发密切，其洪涝灾害、水资源分配不均、水流不畅、河流自净能力下降等问题更大成分上归因于人类活动，所以洞庭湖的水问题归根到底就是人水关系的问题。因此，探索人类活动影响下洞庭湖区的水系格局与连通性，寻求合理的整治解决方法并制定合理的水系规划方案，对改善湖区水系格局与河湖连通性具有重要意义。

# 第3章　洞庭湖区自然水系连通度分析

城镇化进程中洞庭湖区河网水系受到人类活动强烈干扰，如水系被填埋、侵占和断流、湖泊干涸、废弃河道增多和沟渠水体流动性降低等（靳梦，2014），这些问题导致水系结构与连通性发生重大变化，近10年以来，规划合理的水系格局及连通性成为水系规划与河湖生态治理的一项关键工作（徐慧等，2013）。本章重点分析洞庭湖区水系规划前后的格局与连通性，提出湖区水系格局及连通性优化的方案，为改善洞庭湖区河网水系连通性以及实施水系连通工程提供理论依据与技术支持。

## 3.1　水系格局与连通性评价方法的建立

### 3.1.1　自然水系数据获取

洞庭湖区河湖水系连通现状数据主要以2015年洞庭湖区水利连通工程情况为基础，基于ArcGIS平台提取洞庭湖区2015年水系分布图，并结合Google Earth对流域水系矢量化，绘制洞庭湖区各片区水系有向图。采用AutoCAD测算统计矢量化后的水系图的节点数和廊道数，最后采用网络计算与分析方法分析水系图的结构与连通性特征参数。水文数据重点集中在洞庭湖区各主干河道宽度、长度及平均水深，主要来源于长江水利委员会统计的数据。其中利用到“四水”地面高程数据及洞庭湖各个分区总面积统计数据。绘制出分区面积统计表并对数据做统计和分析。工程规划数据来源于《湖南省洞庭湖区河湖连通生态水利规划报告》《湖南省洞庭湖区河湖连通工程汇报材料》等相关报告，结合现状水系实际河网绘制各片区有向图。

### 3.1.2　水系格局评价方法

洞庭湖区属于平原河网地区，其水系发育已较为成熟，湖区水系错综复杂。本文针对其水系特点，选取水系的数量特征来定量描述湖区河网形态与水系特征。数量特征指标包括河频率与河网密度。

1. 河频率

河频率（$R_f$）表示河流数量发育程度，是一定区域内河流数量和区域总面积的比值。计算公式为

$$R_f=\frac{N}{A} \tag{3.1}$$

式中：$N$为区域内河流总数；$A$为区域总面积。

2. 河网密度

河网密度（$D_R$）指单位面积上的河流总长，表示河流长度发育程度，系统排水的有

效性。河流的发育程度与所在地区气候、土壤、植被覆盖及人类活动等相关。计算公式为

$$D_R=\frac{L_R}{A} \tag{3.2}$$

式中：$L_R$ 为区域内河流总长；$A$ 为区域总面积。

### 3.1.3 水系连通性评价方法

近几十年，有关连通性的概念在生态学、水文学及地貌学中被广泛运用。本节对洞庭湖区采用静态与动态连通性相结合的方法进行研究。静态连通性又称为结构连通性，是目前连通性研究的重要方向，一般被认为与水系的结构形态相关，是由景观空间形式及其要素在物理上的连接度决定的（Smith et al.，2010）。本节的结构连通性采用景观生态学方法进行定量评价。动态连通性即功能连通性，主要描述连通过程中的动态属性，在水文-水力学中对连通性评价就是基于动态连通性的内涵。动态连通性的影响因素多且杂，如降雨、流速、流量和换水周期等。采用水文-水力学法，基于城镇化对水系影响逐渐加剧的情况，结合河网水系的自然属性和社会属性计算河流过流能力作为功能连通性定量评价方法。

1. 结构连通性原理

在景观生态学中，廊道是指周围线状或者带状的景观要素，河流本身就是廊道之一，它是结构与功能的统一体（强盼盼，2011），承担着重要的生态功能，如栖息地、屏障、通道、提供水资源、生物保护及景观等。河流廊道交织相连，形成节点，复杂的河流廊道及节点构成水系网络。河流廊道度量分析指标主要包括：廊道的长度与宽度、连通性、曲度、长宽比、周长面积比、非均匀间断和密度指数等（刘茂松等，2004）。水系网络空间分析指标包括：水系环度、网络节点、网状格局、连通性和廊道密度等（岳隽等，2005）。本节采用评价景观生态学中的廊道、网络或基质在空间上的连通性的指标，即水系连通性评价方法。

目前有关河网地区水系连通性常用的评价方法是多指标评价法，评价指标包括节点度数、廊道密度、水系环度 $\alpha$、节点连接率 $\beta$ 和网络连接度 $\gamma$ 等。本节选取 $\alpha$、$\beta$ 和 $\gamma$ 3 个指标评价河网地区水系连通性。

$\alpha$ 指数，又称水系环度，表示河网中现有节点形成的环路存在程度，是河网水系真实成环水平的指标。计算公式为

$$\alpha=\frac{L-N+1}{2N-5}\quad(N\geqslant 3, N\text{ 是整数}) \tag{3.3}$$

$\beta$ 指数，又称节点连接率，表示河网中每个节点和其他节点连接难易水平的指标。计算公式为

$$\beta=\frac{2L}{N}\quad(\beta\in[0,6]) \tag{3.4}$$

$\gamma$ 指数，又称网络连接度，表示河网中廊道间实际连接数与廊道间最大可能连接数之比。计算公式为

$$\gamma=\frac{L}{L_{\max}}=\frac{L}{3(N-2)}\quad(N\geqslant 3, N\text{ 是整数}) \tag{3.5}$$

式中：$L$ 为连接线数；$N$ 为节点个数；$L_{\max}$ 为最大可能廊道连接数；水系环度 $\alpha=0\sim1$，0 表示水网中无环路，1 表示具有最大环路；节点连接率 $\beta=0\sim6$；网络连接度 $\gamma=0\sim1$，

0 表示各节点之间不连接，1 表示每个节点都与其他节点互相连接，河网连通度随着 $\gamma$ 指数的增大而提高。

2. 功能连通性原理

水文学中，连通性被定义为径流自源区至干流，再到流域网络的移动效率或是将水作为介质的物质、能量、生物等各要素之间的相互转换速率，这一速率可以通过水流时间、流量、流速、水文、流路长度和流路组成等加以定量。水文-水力学中，水流状况是河流水系连通性最直接的表现，过流量是其径流特征的重要体现，可依据河流过流能力来明确水系连通度。在平原河网地区，水体流速不大，水位差较小，河流过流能力是连通性研究中的重要参数。结构连通性虽能在一定程度上反映水系的连通水平，但无法反映不同水域之间的连通状况及河段连通能力，河流连通状况的变化反映在河流过流能力上。因此，本节基于河道自然、社会双重属性计算河流过流能力来评价河湖水系的功能连通性。

河道的自然属性包括河道长度、流域面积、河道过水能力；社会属性则包括河道的功能定位、等级、空间位置等定性及定量因素。基于河道自然、社会双重属性的河网水系功能连通性的评价方法（茹彪等，2013）。

在河网 $N(V, E)$（$V$ 表示河网点集，$E$ 表示河网边集）内，河段 $e_i(e_i \in E)$ 的长度为 $l_i$，重要度为 $g_i$，过水能力为 $c_i$，过水能力指数为 $f_i(c_i)$，河网 $N$ 的水系连通度 $F$ 为

$$F=\frac{1}{A}\sum_{i=1}^{n} l_i g_i f_i(c_i)\times 10^3 \tag{3.6}$$

式中：$A$ 为河网覆盖区域总面积；$i=1, 2, 3, \cdots, n$，$n$ 为河网河段总数。

其中，定性因素的取值可以通过专家在对河段全面考察之后打分得到，定量因素由水利部门提供。

综合考虑各个因素的基础，河段重要度的计算公式（孟慧芳，2014）为

$$g_i=\frac{\sum_{j=1}^{m} a_j k_{ij}\sum_{l=1}^{k} a_l k_{il}}{\sum_{i=1}^{n}\left(\sum_{j=1}^{m} a_j k_{ij}\sum_{l=1}^{k} a_l k_{il}\right)},\quad k_{il}=\begin{cases}\dfrac{k'_{il}}{\max(k'_{il})+\min(k'_{il})} & ① \\ 1-\dfrac{k'_{il}}{\max(k'_{il})+\min(k'_{il})} & ②\end{cases}\quad (i\neq j) \tag{3.7}$$

式中：$a_j$ 为定性因素的权重系数，$j=1, 2, 3, \cdots, m$，且 $\sum_{j=1}^{m} a_j=1$；$a_l$ 为定量因素的权重系数，$l=1, 2, 3, \cdots, k$，$\sum_{l=1}^{k} a_l=1$；$k_{ij}$ 为河段 $e_i$ 定性因素的标准化值；$k_{il}$ 为河段 $e_i$ 定量因素的标准化值；$k'_{il}$ 为河段 $e_i$ 定量因素的实际值。其中①是定量因素取值越大越优的情况，②是定量因素取值越小越优的情况。

河段过水能力 $f_i(c_i)$ 决定河段过水能力指数大小。平原河网地区地势平缓，河道比降较小，可忽略河道糙率等因素的影响，采用河段断面尺寸反映其连通能力。计算式为

$$f_i(c_i)=\frac{c_i}{c_0}\approx\frac{S_i}{S_0} \tag{3.8}$$

式中：$c_i$ 为河段 $e_i$ 过水能力；$c_0$ 为 $e_0$ 标准河段过水能力；$S_i$ 为 $e_i$ 河段平均断面面积；$S_0$ 为 $e_i$ 标准河段断面面积。

根据对水系格局与连通性评价的内涵及评价方法的探讨，建立水系格局与连通性评价指标，见表 3.1。从河频率和河网密度两个方面评价水系格局，从水系环度 $\alpha$、节点连接率 $\beta$、网络连接度 $\gamma$ 和河道过水能力 $f$ 等 4 个方面评价水系连通性。

**表 3.1　　水系格局与连通性评价指标体系**

| 目标层 | 准则层 | 指标层 | 物理意义 | 参考取值 |
|---|---|---|---|---|
| 水系格局 | 数量特征 | 河频率 $R_f$/(条/km$^2$) | 表示河流数量发育程度 | 5.31～6.41（马爽爽，2013） |
| | | 河网密度 $D_R$/(km/km$^2$) | 表示河流长度发育程度，系统排水的有效性 | 0.28～0.93（夏敏等，2017）<br>0.32～0.34（窦明等，2015）<br>3.25～3.75（马爽爽，2013） |
| 连通性 | 结构连通性 | 水系环度 $\alpha$ | 表示河网水系中每个节点与其他节点连接的难易度 | 0.40～0.60（窦明等，2015） |
| | | 节点连接率 $\beta$ | 表示河网水系中现有节点形成的环路存在程度 | 1.54～2.00（窦明等，2015）<br>1.57～2.37（马爽爽，2013） |
| | | 网络连接度 $\gamma$ | 表示河网水系中廊道间相互连接数与最大可能廊道连接数之比，反映网络连接度 | 0.11～0.49（夏敏等，2017）<br>0.55～0.77（窦明等，2015）<br>0.26～0.40（马爽爽，2013） |
| | 功能连通性 | 河道过水能力 $f$ | 表示单位区域面积上河道最大输水量 | 0.22～0.32（孟慧芳，2014）<br>8.90～9.57（茹彪等，2013） |

## 3.2　水系连通度表征与应用

### 3.2.1　洞庭湖区自然水系格局与连通性分析

为了更清晰地反映水系连通状况，基于 ArcGIS 平台提取洞庭湖区 2015 年水系分布图，并结合实际情况制作天然河道水系概化图，见图 3.1。重点集中在松滋河、藕池河、虎渡河、华容河从长江“四口”分流以及湘江、资水、沅江、澧水汇流入洞庭湖区域。从水系环度、节点连接率和网络连接度 3 个方面对其连通性作评价，由此构成洞庭湖区水系连通度评价的“廊道-节点”网络系统。

图 3.1 是洞庭湖区现状天然河道水系网络概化后的有向图。不同字母分别表示不同河流，同一字母不同下标表示主干河道每次分流、汇流后仍保留主干河道。两个或两个以上字母所代表的河段表示不同主干河道汇流而成的新河段。节点即是所有河道的交汇点、分流点，箭头表示河流流向。各主干河道的水系路径共 20 条，见表 3.2，汇入湖内的骨干河道除了湘江、资水、沅江、澧水“四水”外，还有长江“四口”分流的松滋河、藕池河、虎渡河、华容河共 8 条。

由表 3.3 统计出了洞庭湖流域中的水系廊道数 $L$ 和节点数 $V$，自然节点包括河-河、湖-湖以及河-湖之间的水网连接点。自然廊道表示自然演变形成的河道及湖泊水体等主干部分，并根据现有节点算出最大可能廊道数 $L_{\max}$，根据结构连通性的评价指标计算水系的成环水平、节点连接程度和水系连通度。

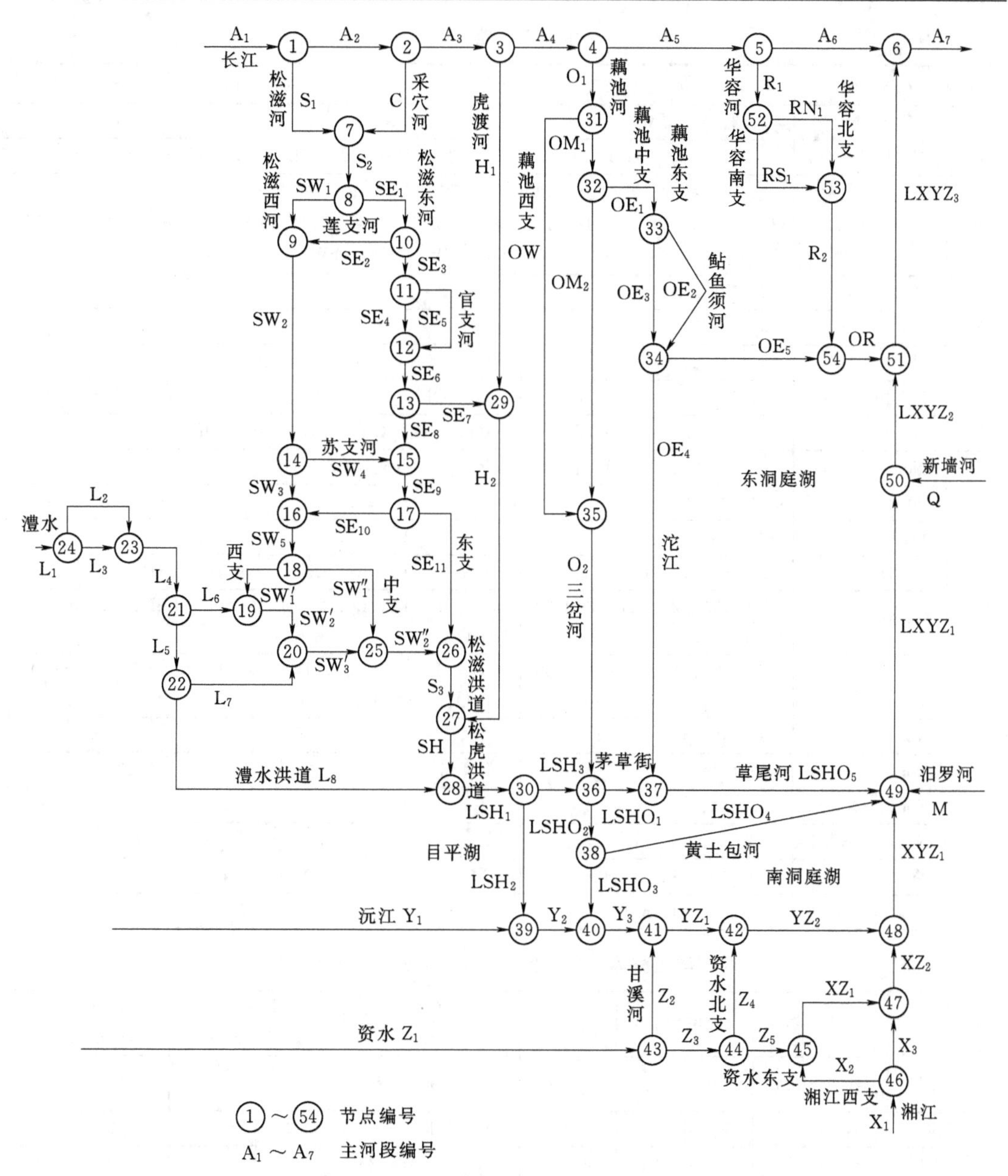


图 3.1 洞庭湖区水系有向图

洞庭湖区天然廊道共计 88 条，总长度为 2266.28km。该区域现状天然水系网络疏密不均，“四口”分流之间联系少，松澧、沅澧、湘资尾闾地区间连接不紧密，具有明显空间不平衡的特点。洞庭湖区河频率有 0.005 条/km$^2$，天然河道河网密度有 0.12km/km$^2$，见表 3.3，表明该区域天然河流数量少，河网密度较少，河流总体发育程度不佳。水系连通性方面，洞庭湖区天然水系网络的指数 $\alpha=0.340$、$\beta=3.259$、$\gamma=0.564$，见表 3.4，对比表 3.1 中各参数的参考数值，表明洞庭湖区水系网络成环水平稍低，节点间连接性较强，平均每个节点有 3 或 4 个连接线，河-河连接及河-湖连接较多，网络连通度较好，洞庭湖区自然水系总体连通性处于较好水平。

表 3.2　水系路径

| NO | 路径 | 节点 | 河段 |
|---|---|---|---|
| $P_1$ | No. 1 – No. 6 | 1、2、3、4、5、6 | $A_1$、$A_2$、$A_3$、$A_4$、$A_5$、$A_6$ |
| $P_2$ | No. 1 – No. 29 | 1、7、8、10、11、12、13、29 | $S_1$、$S_2$、$SE_1$、$SE_3$、$SE_5$、$SE_6$、$SE_7$ |
| $P_3$ | No. 1 – No. 27 | 1、7、8、9、10、11、12、13、14、15、16、17、18、19、20、25、26、27 | $S_1$、$S_2$、$S_3$、$SE_1$、$SE_3$、$SE_5$、$SE_6$、$SE_7$、$SE_8$、$SE_9$、$SE_{10}$、$SE_{11}$、$SW_1$、$SW_2$、$SW_3$、$SW_4$、$SW_5$、$SW_1'$、$SW_2'$、$SW_3'$、$SW_1''$、$SW_2''$ |
| $P_4$ | No. 2 – No. 7 | 2、7 | C |
| $P_5$ | No. 3 – No. 27 | 3、29、27 | $H_1$、$H_2$ |
| $P_6$ | No. 4 – No. 36 | 4、31、32、35、36 | $O_1$、$OM_1$、$OM_2$、OW、$O_2$ |
| $P_7$ | No. 4 – No. 37 | 4、31、32、33、34、37 | $O_1$、$OM_1$、$OE_1$、$OE_2$、$OE_3$、$OE_4$ |
| $P_8$ | No. 4 – No. 54 | 4、31、32、33、34、54 | $O_1$、$OM_1$、$OE_1$、$OE_2$、$OE_3$、$OE_5$ |
| $P_9$ | No. 5 – No. 51 | 5、52、53、54、51 | $R_1$、$R_2$、$RN_1$、$RS_1$、OR |
| $P_{10}$ | No. 24 – No. 19 | 24、23、21、19 | $L_1$、$L_2$、$L_3$、$L_4$、$L_6$ |
| $P_{11}$ | No. 24 – No. 20 | 24、23、22、21、20 | $L_1$、$L_2$、$L_3$、$L_4$、$L_5$、$L_7$ |
| $P_{12}$ | No. 24 – No. 39 | 24、23、22、21、28、30、39 | $L_1$、$L_2$、$L_3$、$L_4$、$L_5$、$L_8$、$LSH_1$、$LSH_2$ |
| $P_{13}$ | No. 24 – No. 40 | 24、23、22、21、28、30、36、38、40 | $L_1$、$L_2$、$L_3$、$L_4$、$L_5$、$L_8$、$LSH_1$、$LSH_3$、$LSHO_2$、$LSHO_3$ |
| $P_{14}$ | No. 24 – No. 49 | 24、23、22、21、28、30、36、37、49 | $L_1$、$L_2$、$L_3$、$L_4$、$L_5$、$L_8$、$LSH_1$、$LSH_3$、$LSHO_1$、$LSHO_2$、$LSHO_4$、$LSHO_5$ |
| $P_{15}$ | No. 39 – No. 48 | 39、40、41、42、48 | $Y_1$、$Y_2$、$Y_3$、$YZ_1$、$YZ_2$ |
| $P_{16}$ | No. 43 – No. 41 | 43、41 | $Z_1$、$Z_2$ |
| $P_{17}$ | No. 43 – No. 42 | 43、44、42 | $Z_1$、$Z_3$、$Z_4$ |
| $P_{18}$ | No. 43 – No. 45 | 43、44、45 | $Z_1$、$Z_3$、$Z_5$ |
| $P_{19}$ | No. 46 – No. 49 | 46、45、47、48、49 | $X_1$、$X_2$、$X_3$、$XZ_1$、$XZ_2$、$XYZ_1$ |
| $P_{20}$ | No. 49 – No. 6 | 49、50、51、6 | M、Q、$LXYZ_1$、$LXYZ_2$、$LXYZ_3$ |

表 3.3　洞庭湖区整体与各分区“廊道-节点”计算及格局

| 洞庭湖分区 | 节点数 $N$ | | 廊道数 $L$ | | 区域面积 /km² | 河长 /km | | 河频率 $R_f$ /(条/km²) | | 河网密度 $D_R$ /(km/km²) | |
|---|---|---|---|---|---|---|---|---|---|---|---|
| | 自然 | 人工 | 自然 | 人工 | | 自然 | 人工 | 自然 | 自然+人工 | 自然 | 自然+人工 |
| 整体 | 54 | — | 88 | — | 18780 | 2266.28 | — | 0.005 | — | 0.12 | — |
| 北部地区 | 37 | 24 | 74 | 24 | 4669.22 | 931.80 | 189.25 | 0.016 | 0.021 | 0.200 | 0.240 |
| 松澧地区 | 0 | 9 | 5 | 7 | 667.30 | 47.07 | 81.16 | 0.007 | 0.018 | 0.071 | 0.192 |
| 岳阳市城区 | 4 | 2 | 6 | 2 | 273.10 | 49.55 | 14.66 | 0.022 | 0.029 | 0.181 | 0.235 |
| 沅澧地区 | 3 | 33 | 17 | 38 | 1728.89 | 107.02 | 277.23 | 0.010 | 0.032 | 0.062 | 0.222 |
| 湘资尾闾 | 5 | 13 | 16 | 16 | 594.36 | 80.48 | 116.92 | 0.027 | 0.054 | 0.135 | 0.332 |

表 3.4　洞庭湖区结构连通性计算

| 洞庭湖分区 | 水系环度 $\alpha$ | 节点连接率 $\beta$ | 网络连接度 $\gamma$ |
|---|---|---|---|
| 整体 | 0.340 | 3.259 | 0.564 |
| 北部地区 | 0.325 | 3.213 | 0.554 |
| 松澧地区 | 0.308 | 2.667 | 0.571 |

续表

| 洞庭湖分区 | 水系环度 $\alpha$ | 节点连接率 $\beta$ | 网络连接度 $\gamma$ |
|---|---|---|---|
| 岳阳市城区 | 0.429 | 2.667 | 0.667 |
| 沅澧地区 | 0.299 | 3.056 | 0.539 |
| 湘资尾闾 | 0.484 | 3.556 | 0.667 |

### 3.2.2 洞庭湖区水系分区连通性评价

1. 水系有向图

洞庭湖区河湖连通工程具有点散、面广、量大等特点，难以同时实施全面治理，也不利于廊道、节点计算，根据现阶段洞庭湖区工农业用水、生活与农畜用水及水生态用水等紧迫程度，选择水资源和水环境矛盾问题突出，而且已有相关河湖连通工程规划的地区，包括洞庭湖北部地区片、松澧地区片、湘资尾闾地区片、沅澧地区片以及岳阳市城区，作为重点评价现状及实施规划工程后各片区的水系格局与连通性。

现状条件下，这5个片区均受人工渠道的影响，在人工渠道的作用下形成河-河连通、河-湖连通和湖-湖连通的格局。洞庭湖北部地区范围是由长江分流的松滋河、虎渡河、藕池河、华容河等干支流构成的庞大水网，是连接长江与洞庭湖的纽带，见图3.2。该地区

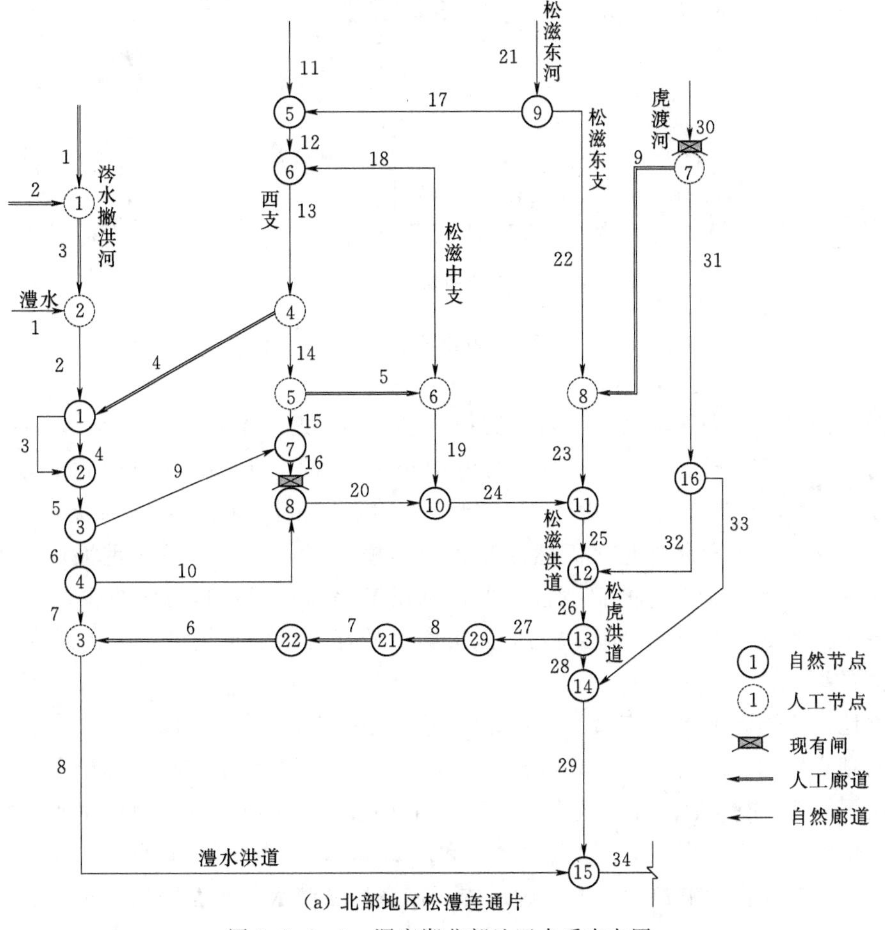


(a) 北部地区松澧连通片

图3.2（一） 洞庭湖北部地区水系有向图

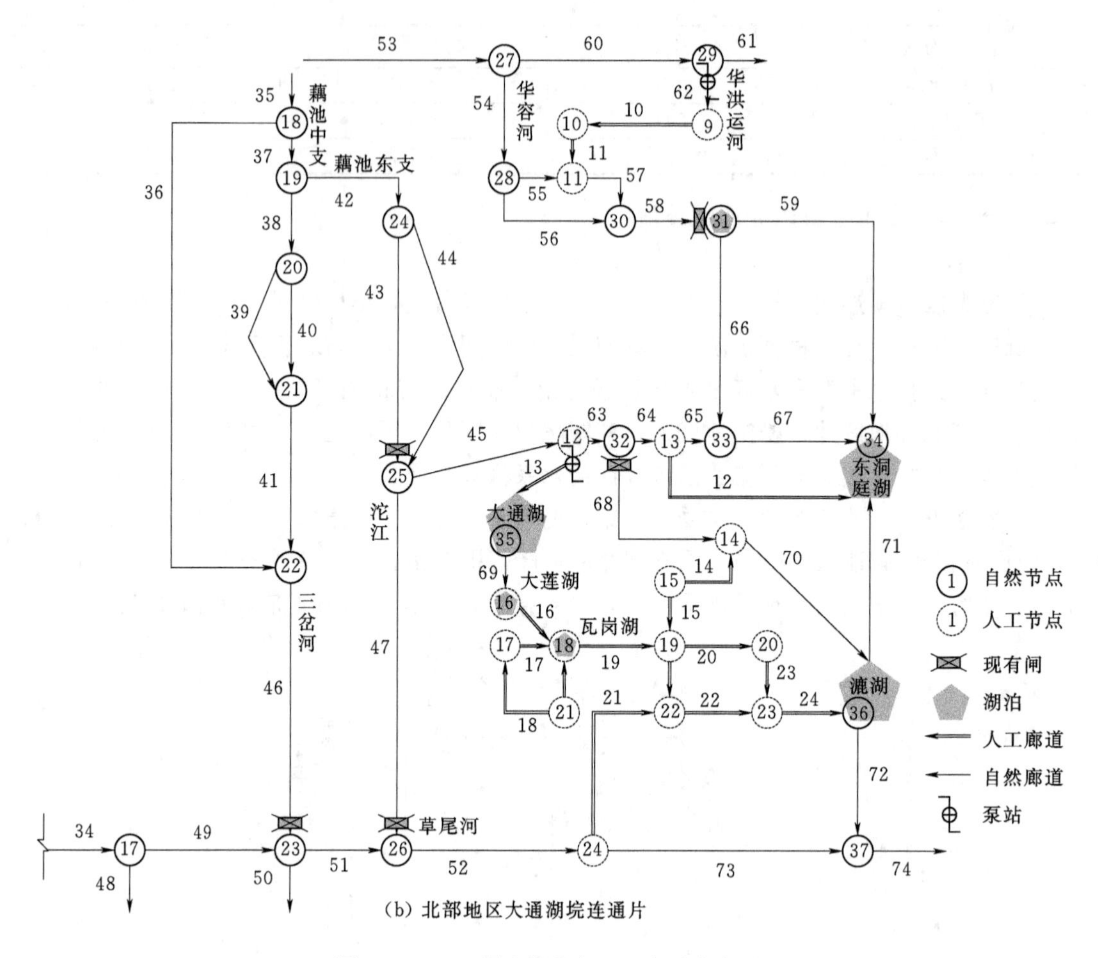


(b) 北部地区大通湖垸连通片

图 3.2（二）　洞庭湖北部地区水系有向图

包括益阳市的南县及大通湖区，岳阳市的华容县、君山区，沅江市地区，常德市的澧县和安乡等共 3 个市 7 个县（区），面积约为 4669.22km²。北部地区自然廊道占 75.5%，人工廊道占 24.5%，但人工廊道使该地区河频率和河网密度分别提高 32.4%和 20.3%，见表 3.3。即北部地区天然河流支流纵横交叉，自然廊道比重大，5 个片区内该地人工廊道比重、河频率提高程度以及河网密度提高程度较其他区块少，是 5 个片区内格局受人工廊道影响最小的区块，但人工廊道的存在增强了松澧、松虎及大通湖与洞庭湖之间的联系。

松澧地区范围涉及常德市澧县、津市，面积约 667.3km²。该地涔水、澹水、涔水撇洪河及内湖官营湖、北民湖、王家场水库均与在人工廊道联系下与澧水和松滋中支、西支连通，见图 3.3。松澧地区在三区内人工廊道占比最大，占 58.3%，河频率和河网密度在人工廊道影响下提高最多，分别提高 140%和 172.4%，见表 3.3。因此，人工廊道对该地的水系格局及连通性影响最大，人工廊道的存在为加强澧水与官营湖、王家厂水库及北民湖之间的连通提供支持。

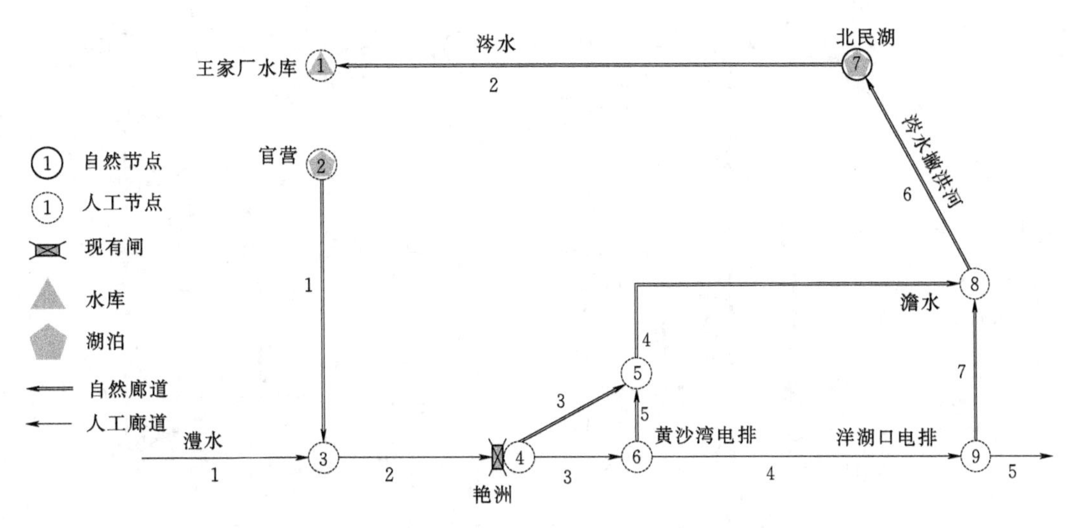


图 3.3 松澧地区水系有向图

岳阳市城区位于长江和洞庭湖交汇处东岸，外有长江、东洞庭湖，内连南野湖、肖家湖及关门湖，面积约为 273.10km²，见图 3.4。此地河湖关系主要为江-湖连通，人工廊道旨在引江济湖，加强湖-湖连通，人工廊道占比 25%，是 5 个片区中除北部地区以外占比最小的，河频率提高仅 33%，河网密度提高 30%，见表 3.3。

沅澧地区指位于湖南省常德市中东地区，该区域西起渐河、东至目平湖，北起澧水林家滩，南抵沅江苏家吉，面积约为 1728.89km²，见图 3.5。该地人工廊道占比最大，占 69%，河频率和河网密度在人工廊道的干预下提高最明显，分别提高 224% 和 259%，见表 3.3。这表明该地人工廊道的存在很大程度地改善了该地河湖连通格局，尤其加强了澧水和沅江之间的联系。

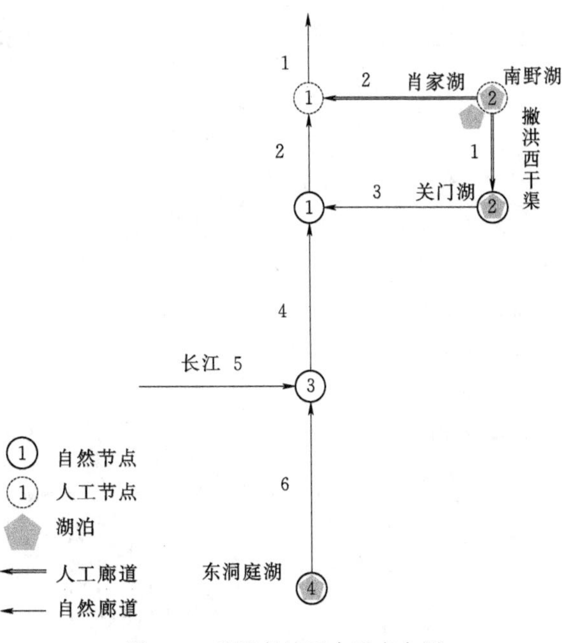


图 3.4 岳阳市城区水系有向图

湘资尾闾地区范围涉及益阳市赫山区、岳阳市湘阴县和长沙市望城区，该区域北接资水及资水东支，东靠湘江，南依烂泥湖撇洪河，见图 3.6。区内烂泥湖垸三面环水，北依资水及其东支，东接湘江，南靠沩水，面积约为 594.36km²。湘资尾闾地区的人工廊道占比在 5 个片区持中等水平，占 50%，河频率和河网密度分别提高 100% 和 145.3%，见表 3.3。在人工廊道的干预下，5 个片区格局均有较大变化，受人工廊道的影响，河流长度、

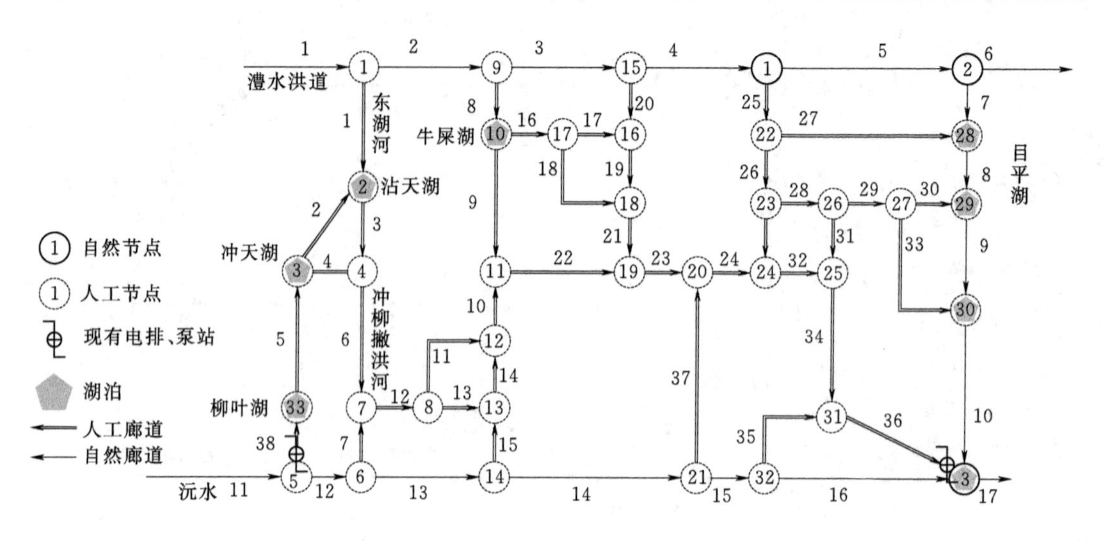


图 3.5　沅澧地区水系有向图

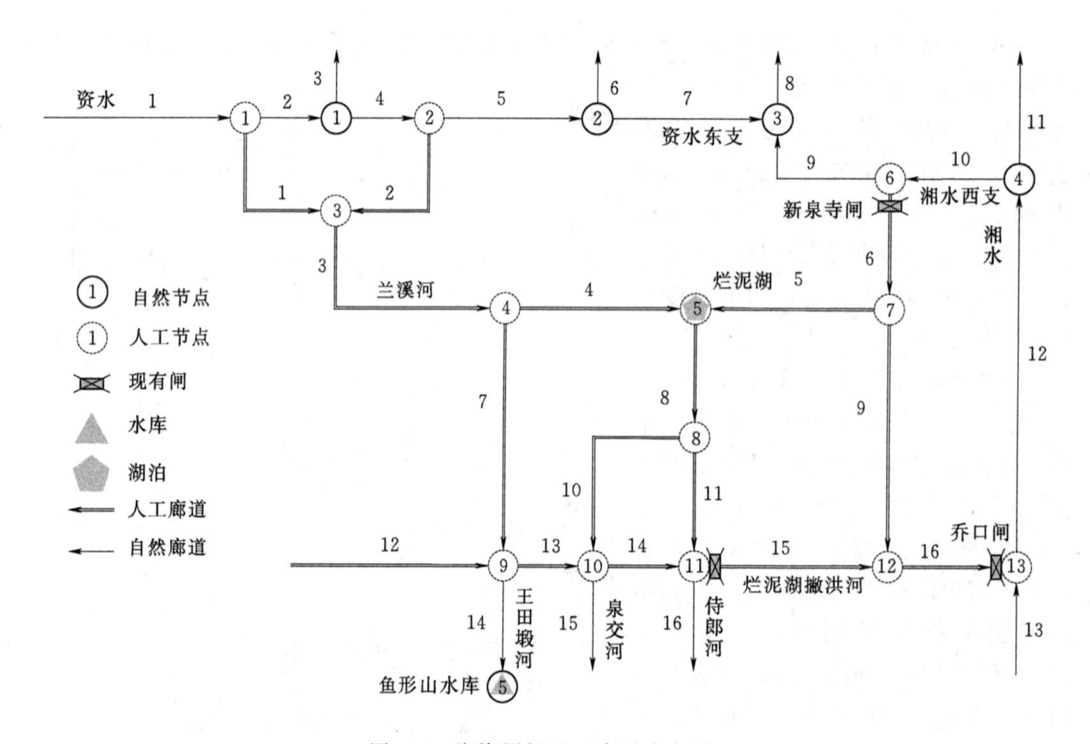


图 3.6　湘资尾闾地区水系有向图

数量、密度呈增强趋势，但不同区域有一定差别，呈空间不平衡特点，这主要是人类活动对这 5 个片区水资源需求不同造成的。

2. 结构连通性

洞庭湖区 5 个片区的结构连通性存在一定差异，以洞庭湖区整体天然河道的水系连通性作为参照。相较于湖区整体连通水平，北部地区水系环度、节点连接率、网络连接度均

偏低，$\alpha$=0.325、$\beta$=3.213、$\gamma$=0.554。北部地区自然河道之间的成环较其他地区明显，但在人工渠道的影响下，低廊道连接的节点较多，且人工廊道与天然廊道联系弱，仅大通湖垸存在较高线性的环状连接，其余地区节点及廊道偏少，整体而言，使节点成环的廊道占比少，这一系列原因导致3个指标偏低，表明北部地区在人工渠道影响下水系连通水平偏低。可适当在河网密度较低区增设节点与廊道，增加高廊道连接的节点的同时减少低廊道连接的节点来提高3个指标。

松澧地区无自然节点，该区域仅靠少量人工节点形成人工渠道进行连通，显然该区域河网受人为干预影响最大。该区指数$\alpha$=0.308、$\beta$=2.667、$\gamma$=0.571，相较整体水系环度略微偏低，节点连接率显著偏低，网络连接度反而略微偏高。水系环度及节点连接率低是由于廊道之间联系不紧密，如涔水与澧水之间、人工河段1与撇洪河之间等，该地低于3个廊道连接的节点偏多。廊道增长量与节点增长量比值高，网状效果明显，导致网络连接度反而增加。因此，松澧地区在人工渠道的影响下实际整体连通性是偏低的，水系连通性还有较大提升空间。

岳阳市城区指数$\alpha$=0.429、$\beta$=2.667、$\gamma$=0.667，水系环度和网络连接度较整体显著偏高，但节点连接率却异常低。尽管水系环度和网络连接度较整体偏高，但图3.4可以看到岳阳市城区由于人工廊道的存在在仅形成单个环，由于原来仅一条主干河道，导致使节点成环的廊道占比较大，廊道增长量与节点增长量的比值较高。人工廊道的存在在一定程度上提高了该地河湖水系之间的连通性，但该地本身的水系连通性并不高，水系连通性仍有较大提升空间。

沅澧地区指数$\alpha$=0.299、$\beta$=3.056、$\gamma$=0.539，与整体连通性比较，3个指标均偏低。但图3.5可以看到，在人工廊道作用下沅澧地区形成交织的河网，河-湖、湖-湖、河-河连接较多，澧水洪道与沅江之间的联系更加紧密。这表明该地的水系连通性在人工廊道作用下应该是有所提升的，但其连通水平并未达到整体天然河道的连通水平。这是由于节点和廊道增加的数量较为一致，人工节点间相连廊道少，不足以支撑该地达到较好的连接水平。

湘资尾闾地区指数$\alpha$=0.484、$\beta$=3.556、$\gamma$=0.667，水系环度、节点连接率以及网络连接度均较整体偏高不少。一是由于湘江、资水在自然状态下就存在一定联系，人工廊道成为2个水系连接纽带，该区域湘江和资水在人工渠道的干预下连接紧密；二是该地原有自然节点多为高廊道连接节点，人工廊道使得多个节点有3个或4个廊道相连，使节点间成环的廊道占比相对较多，节点间的联系更加紧密。可见湘资尾闾在人为扰动下水系连通效果最好，整体呈现连通性较好水平。

可见，只有在3个指标均有所提升的情况下，水系连通性才能完全提高。当单一的指标提高或下降时，需要考虑导致这一指标下降的主要影响因素，$\alpha$指标偏高或偏低主要是由于使节点间成环的廊道偏多或偏少，$\beta$指标偏高或偏低主要是由于高廊道连接的节点偏多或偏少，$\gamma$指标偏高或偏低主要是由于廊道增长量与节点增长的比值偏高或偏低，同时需要结合水系格局及河网概化图具体分析才能确定水系连通性处于什么连通水平。

### 3.2.3　规划工程对水系格局及连通性的影响

洞庭湖北部地区表现出地区性、季节性缺水。尤其是三峡水库运行之后，“三口”断流期提前，断流时间大幅度加长，外河、外湖水位下降，北部地区水资源短缺的情况恶化。北部地区内缺水较为严重的地区集中在安乡、华容、南县，每年枯水期（11 月至次年 5 月），特别是在春灌期间（4 月、5 月），沿线涵闸可引水量骤减或根本引不到水，导致该地区经常发生大面积春旱，居民生产生活用水都得不到保障。

为提高洞庭湖北部地区水资源与水环境承载能力，洞庭湖北部地区通过构建“三横”“三纵”的生态河湖体系来保障该地区经济与生态环境可持续发展，见图 3.7。在新规划下，洞庭湖北部地区格局变化明显。北部地区新增人工节点数为 5 个片区最多，节点的增加使得自然廊道数与原有人工廊道数大幅度增加，规划后的自然廊道增加至原自然廊道的 4 倍，人工廊道数增加 1 倍，说明北部地区新增节点主要作用在自然廊道上，见表 3.5。规划后人工廊道占比 51%，显著提高 27%，河频率和河网密度均有很大提高，分别提高 156%和 50%，见表 3.6。

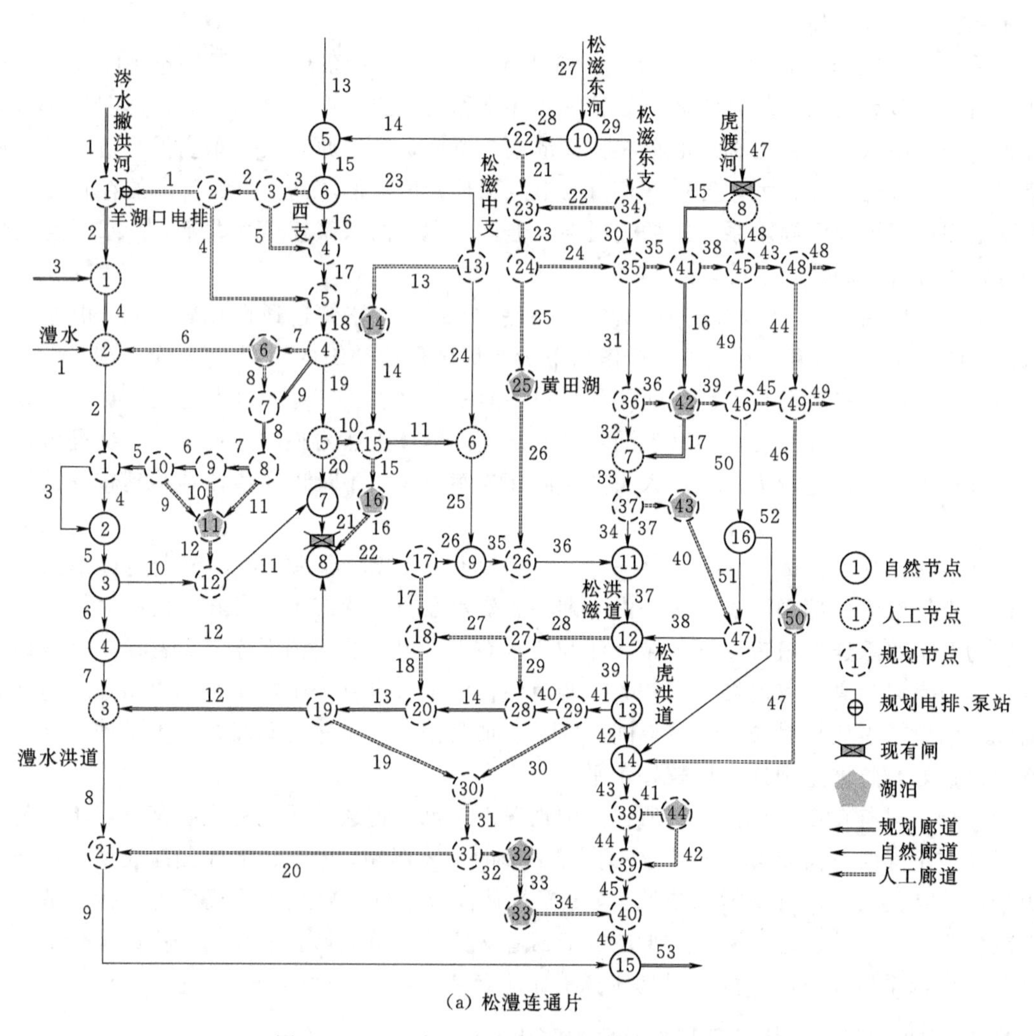


(a) 松澧连通片

图 3.7（一）　规划洞庭湖北部地区水系有向图

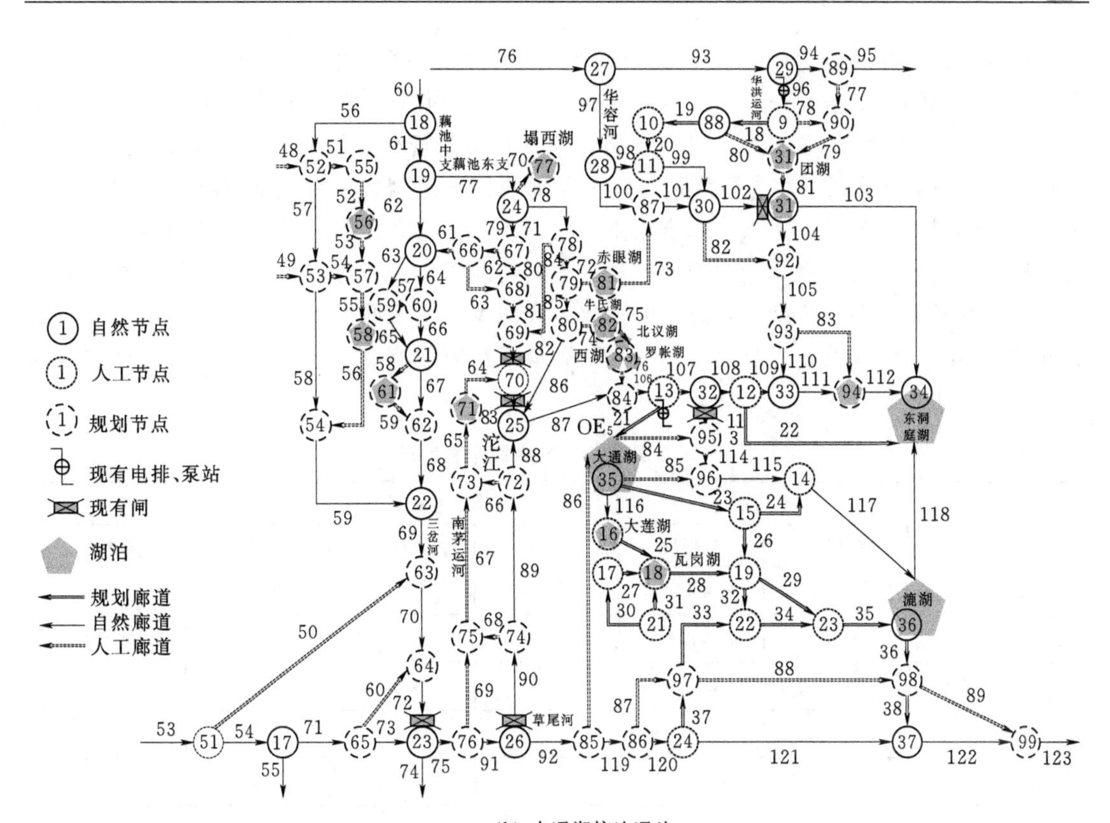


(b) 大通湖垸连通片

图 3.7（二） 规划洞庭湖北部地区水系有向图

**表 3.5　　规划后洞庭湖区"廊道-节点"参数计算**

| 流域分区 | 新增人工节点数 $N$ | 规划后廊道数 $L$ | | | 最大可能连接廊道 $L_{max}$ | |
|---|---|---|---|---|---|---|
| | | 自然廊道 | 人工廊道 | 新增人工廊道 | 规划前 | 规划后 |
| 北部地区 | 99 | 123 | 39 | 89 | 177 | 474 |
| 松澧地区 | 10 | 5 | 13 | 13 | 21 | 51 |
| 岳阳市城区 | 5 | 6 | 2 | 8 | 12 | 27 |
| 沅澧地区 | 2 | 17 | 38 | 2 | 102 | 108 |
| 湘资尾闾 | 1 | 17 | 16 | 1 | 48 | 51 |

**表 3.6　　规划后洞庭湖分区格局**

| 流域分区 | 流域面积 /km² | 新增人工渠道河长 /km | 河频率/(条/km²) | | 河网密度/(km/km²) | |
|---|---|---|---|---|---|---|
| | | | 规划前 | 规划后 | 规划前 | 规划后 |
| 北部地区 | 4669.22 | 561.37 | 0.021 | 0.054 | 0.240 | 0.360 |
| 松澧地区 | 667.30 | 97.98 | 0.018 | 0.046 | 0.192 | 0.339 |
| 岳阳市城区 | 273.10 | 29.75 | 0.029 | 0.059 | 0.235 | 0.344 |
| 沅澧地区 | 1728.89 | 5.57 | 0.032 | 0.033 | 0.222 | 0.225 |
| 湘资尾闾 | 594.36 | 3.40 | 0.054 | 0.057 | 0.332 | 0.338 |

规划工程实施后，北部地区 $\alpha$、$\beta$ 和 $\gamma$ 指数均降低，这表明规划工程实施后北部地区连通性反被削弱。新增大于 3 个廊道连接的节点数仅 14 个，而小于或等于 3 个廊道连接的节点数却有 85 个，$\alpha$ 指数和 $\beta$ 指数的降低主要是由于规划添加的低廊道连接节点远多于高廊道连接节点导致的。$\gamma$ 指数降低是因为北部地区虽然网状效果更加密集，但网状成斑块型，局部网状效果仍不理想。如澧水洪道，河段 121 与大通湖垸处，其廊道增长量与节点增长量的比值偏低。因此，北部地区规划方案需改善，可考虑改道至原有的一些废弃河道、开挖新河道来提高节点成环廊道的占比，或减少一些不必要的河道，来取消一些非必要节点，以减少低廊道连接节点，同时提高廊道增长数与节点增长数的比值，使该地区提高整体连通性，见表 3.7。

**表 3.7　规划后洞庭湖分区结构连通计算**

| 流域分区 | 水系环度 $\alpha$ | | 节点连接率 $\beta$ | | 网络连接度 $\gamma$ | |
|---|---|---|---|---|---|---|
| | 规划前 | 规划后 | 规划前 | 规划后 | 规划前 | 规划后 |
| 北部地区 | 0.325 | 0.292 | 3.213 | 3.138 | 0.554 | 0.530 |
| 松澧地区 | 0.308 | 0.394 | 2.667 | 3.263 | 0.571 | 0.608 |
| 岳阳市城区 | 0.429 | 0.353 | 2.667 | 2.909 | 0.667 | 0.593 |
| 沅澧地区 | 0.299 | 0.282 | 3.056 | 3.000 | 0.539 | 0.528 |
| 湘资尾闾 | 0.484 | 0.485 | 3.556 | 3.579 | 0.667 | 0.667 |

在很久以前，松澧平原围垸上百，内湖上千，水网交织密布，河湖融汇贯通。区内涔水、栗河、观音港河、澹水及主要内湖均和澧水、松滋中西支自然连通。但随着各个堤垸建设和淤堵支流合并工程的实施，为增强堤垸防洪安全并降低洪水的威胁，自 1972 年以来，栗河被堵口彻底成为了 1 条哑河；为调控涔水水位在小渡口修建小渡口闸；将观音港堵口的同时在此修建电排站，将垸内渍水排出。自此以后，澧县水网地区河湖连通功能严重欠缺。此外，水网区域河道和沟渠淤堵及部分水工建筑物的损毁也是现在水网区河湖水系阻隔的原因之一。

为解决松澧地区河湖连通功能严重欠缺、区域河道和沟渠淤堵等问题，该片区规划以澧水、澹水、涔水为主干河道，以与王家厂水库及其垸内主要负责灌排渠为支水道的生态水网体系，见图 3.8。规划工程实施后，松澧地区新增节点数较少，自然廊道不受影响，原有人工廊道数增加较多，节点主要增设在原有人工廊道上，加强了原有人工廊道之间的连接，见表 3.5。松澧地区人工廊道占 83.9%，占比提高 25.6%，河频率及河网密度分别提高 158.3%和 76.4%，可见规划后的松澧地区格局变化最大，见表 3.6。

松澧地区 $\alpha$、$\beta$ 和 $\gamma$ 指数均得到显著提高，廊道增加的同时高廊道连接节点较多，其中，新增节点中大于 3 个廊道连接的节点占 50%，所增加的 13 条人工廊道平均每个廊道至少使节点形成 1 个环。涔水与澧水之间、原人工河段 1 与澧水之间联系紧密，该地区水系呈较密集网状，使得水系环度和节点连接率均得到提高，水系连通性处于较高水平，可见松澧地区的规划方案较为合理，见表 3.7。

岳阳市城区城市内湖承担着防洪排涝及调节水生态环境的功能。由于城市水系开发、

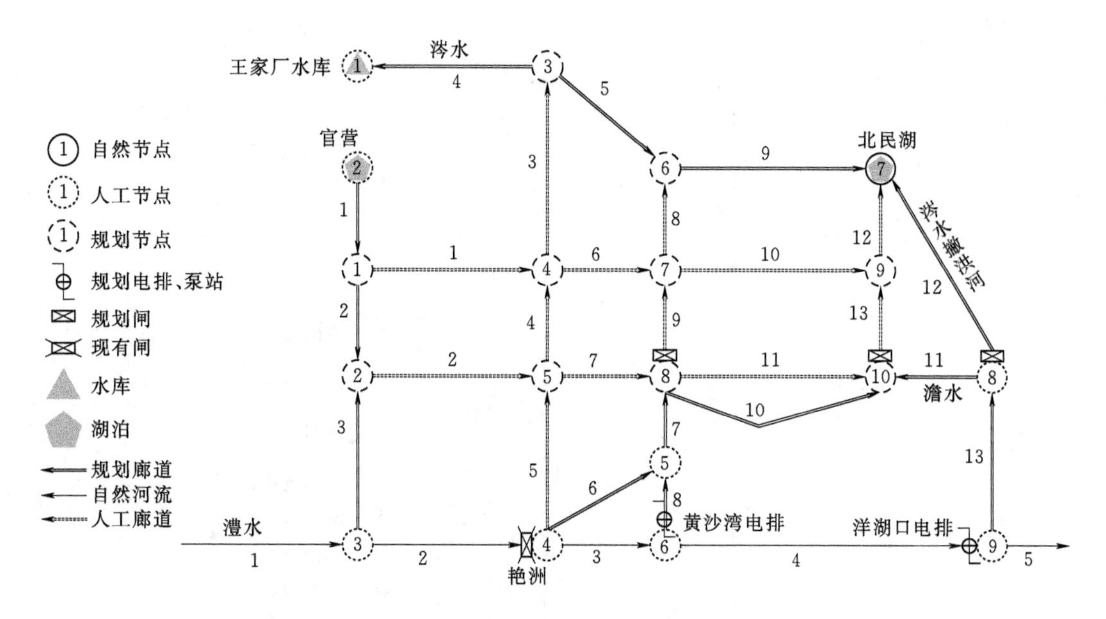


图 3.8 规划松澧地区水系有向图

利用、治理和保护不合理，湖-湖之间连通少或无法连通，城市内湖水域面积不断缩小，水体污染严重等问题越来越突出。为实现水系相连、河湖相通、保障水安全、改善水环境、保护水资源等目的，岳阳市城区规划形成芭蕉湖内与东风湖、吉家湖、月形湖、关门湖、南湖连通，外与长江、东洞庭湖连通的环城水系，见图 3.9。规划后的岳阳市城区自然廊道数及原有人工廊道数均不变，见表 3.5，人工廊道占 63%，占比提高 38%，河频率和河网密度分别提高 100%和 46%，该地水系主要通过开挖新廊道实现湖-湖连通来改善格局及连通性，见表 3.6。

岳阳市城区水系环度与网络连接度显著下降，节点连接率有所提高，但仍处于较差水平。从图 3.9 可以看出形成的环路明显增多，且多廊道连接节点也较规划前增多不少，水系连通性本应有所增强。因此，由于岳阳市城区规划前的廊道极少，只形成一个环路，廊道数与节点数过少，该连通指标适用于网状水系，规划前的岳阳市城区尚未形成网状水系，并不适合分析其连通性，存在较大误差。岳阳市城区节点廊道较少的情况下引水流量大小、出口水位高低及闸坝对其连通性均存在较大影响，见表 3.7。

沅澧地区河湖连通片规划形成以沅江、澧水、西毛里湖及沾天湖为主水道，以连通区内渐河、冲柳撇洪河、西湖内江等水系为辅水道，以白芷湖、牛屎湖、柳叶湖等内湖及垸内各人工渠道为支水道的水网生态体系。通过现有的提水泵站从沅江引水至渐河，使渐河形成平原水库作为江北地区水系的引水水源。冲柳撇洪河和西湖内江片区则从毛里湖处取水，毛里湖成为该片区引水水源，见图 3.10。

沅澧地区整体格局大致不变，仅增设了两个毛里湖和西湖的两个节点与两个廊道，人工廊道占比 70%，仅提高 1%。河频率及河网密度分别提高 4%和 1%，见表 3.5 和表 3.6。沅澧地区 $\alpha$、$\beta$ 和 $\gamma$ 指数略微降低，且规划前后其连通性均不高。根据规划，沅澧地

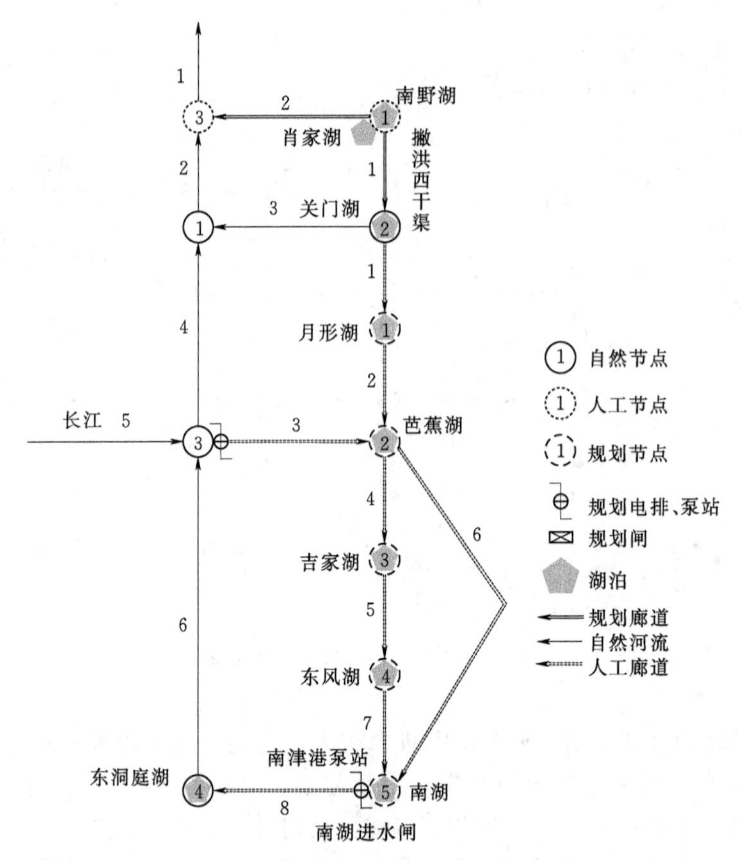


图 3.9　规划岳阳市城区水系有向图

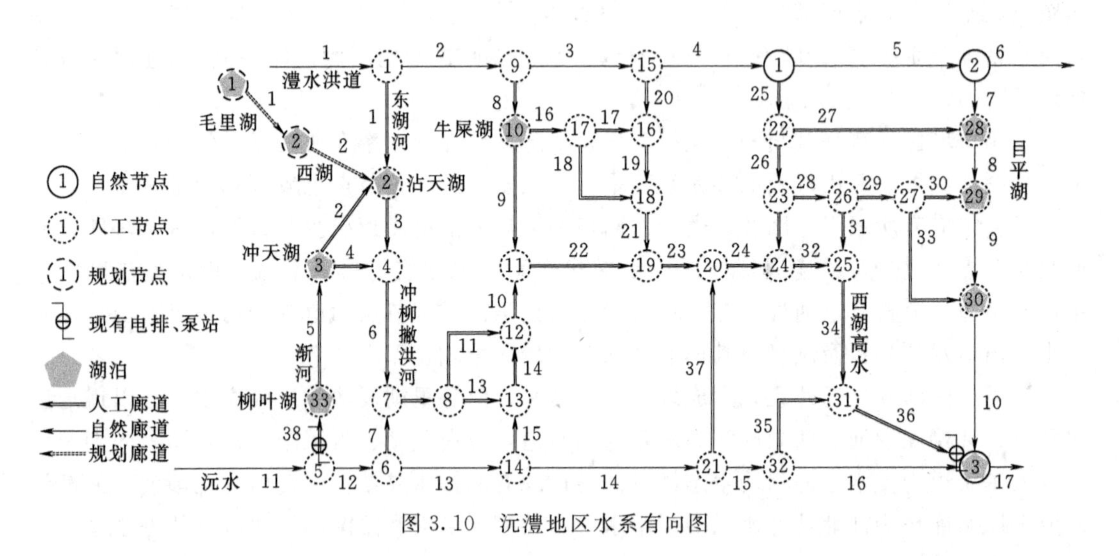


图 3.10　沅澧地区水系有向图

区仅增加 2 个低廊道连接节点，且新增的 2 条廊道无法使节点间成环，因此 3 个指标变化不大，且有轻微下降。节点数和廊道数均不多的情况下考虑增设新的高廊道连接节点并增加使节点间成环的人工廊道来提高沅澧地区水系连通水平，见表 3.7。

湘资尾闾地区大部分为平原湖区，烂泥湖撇洪河以北地区有一部分为自流灌溉区。由于河、湖和渠受到严重堵塞，两岸杂草丛生、建筑物老化、堤岸垮塌、降雨时空分布不均匀等原因，河湖蓄水量较少，水流不畅通，导致地域上和时段上的水资源短缺，每年均发生不同程度的干旱。湘资尾闾地区片规划以兰溪河、张芦渠河、柳江林连成的主水道，烂泥湖撇洪河为辅水道，与鱼形山水库相连的王田塅河和谭家桥河为支水道，以向阳渠、贺利渠、八易渠、南北干渠为连通线的“二横、二纵、四渠”的水网体系，见图 3.11。

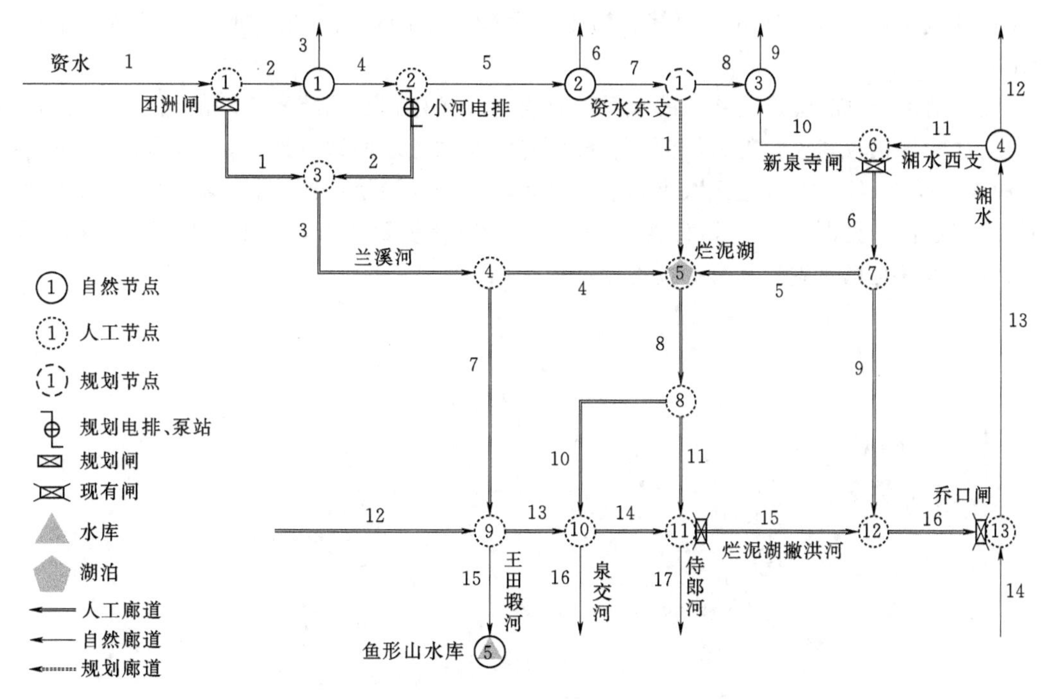


图 3.11 湘资尾闾地区规划水系有向图

湘资尾闾地区片现水系连通性已处于较好状态，因此该地区仅增设 1 个人工节点及 1 条人工廊道来加强资水与烂泥湖的连通，见表 3.5。规划后的湘资尾闾地区片格局基本不变，河道占比为 50%，并无变化，河频率和河网密度提高 6%和 2%，见表 3.6。湘资尾闾地区水系连通度处于较为良好水平，在原有的良好基础上整体水系连通性有略微提高，且仅增设的 1 条人工廊道并未大幅度改变该地区水系格局的同时使低廊道连接节点变为高廊道连接节点，从经济效益上来考虑也较为合理，既节省了大量的人力、物力和财力，又保障了该地的水系连通性，见表 3.7。

## 3.3 水系格局及结构连通性优化

人工沟渠的修建会导致原本成块的流域景观破碎化，进而导致水文连通的破碎化。人工沟渠又具有一定的容蓄能力，周边植物也可缓冲、滞蓄一部分地表径流。但人工开挖的数条沟渠与周边的河流可能形成互相独立的小型水库，因而割断地表径流，改变自然的水文过程，因此不排除人工沟渠减弱区域河流连通性的可能。

上述研究表明，洞庭湖北部地区规划的河湖连通工程，对提高该地区河网水系连通度作用有限，因此以北部地区为典型案例开展水系连通优化分析。根据北部地区水系分布情况将其分为2个子片区，即松（滋河）-虎（渡河）-澧（水）连接片区和大通湖垸连通片区。北部地区水利工程优化基于洞庭湖区现状水系格局，考虑结合现有的区域、市级河道、重要村级河道、原有废弃河道来规划河网。通过分析河流廊道的结构特征、功能和现状水系的连通情况，从防洪排涝、水资源调配、水环境综合治理、自然景观、交通航运、水生态及基于现实可行性等方面综合考虑，保障水系的连通性的同时，满足活动水体等要求。

北部地区松-虎-澧连通片区的水系连通规划方案存在水系疏密不均的问题，松滋河与虎渡河之间连接较紧密，但松滋河、虎渡河与澧水洪道之间缺少连接。该区域规划河-湖、湖-湖连通有11处，但该地区大小湖泊众多，可围绕湖泊挖掘河-湖、湖-湖连通潜力以加强水系连通性，见图3.12。如廊道4、廊道5在原有规划河道基础上延长开挖至杨家湖、马公湖，可满足杨家湖、马公湖周边生产生活用水需求。

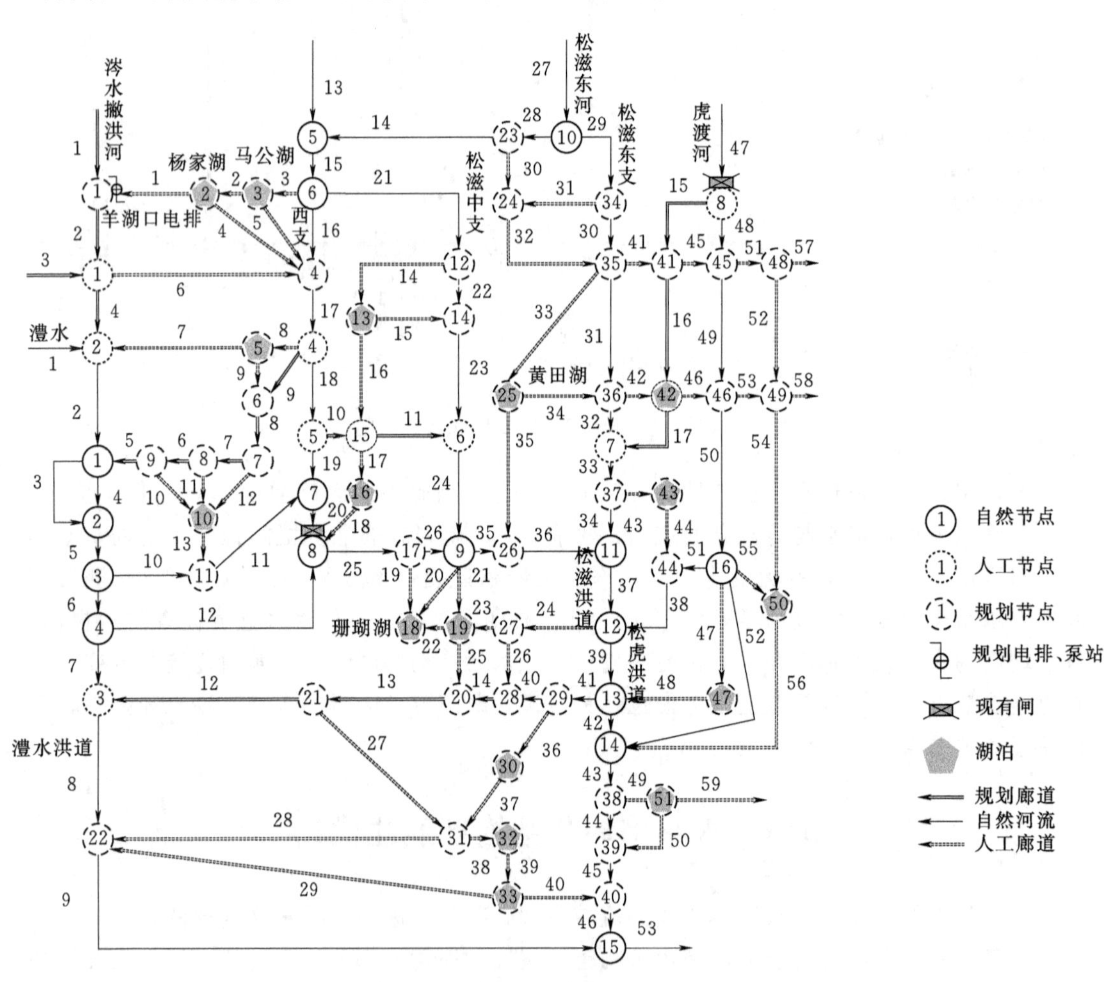


图 3.12　优化后北部地区松澧连通片有向图

优化后河湖、湖湖连通增加7处，进一步提高河湖连通性，增强水体流动性及湖泊调蓄抗洪能力。北部地区松-虎-澧连通片区节点仅增加1处，廊道数增加10条，见表3.8，这使得原本不少的低廊道连接节点变为高廊道连接节点，同时这些新增的廊道均属于使节点间成环的廊道，廊道增长量与节点成环的比值提升显著，3个指标均有显著增加，河网水系变得愈发密集，提高了区域的引水或泄洪能力。优化后松-虎-澧连通片区的$\alpha$、$\beta$、$\gamma$指数分别提高17.9%、7.0%、6.9%，见表3.9。

原规划方案下，北部地区大通湖垸连通片区河湖连通有17处，藕池河中支与西支、大通湖垸内部分区域连接较紧密，藕池河东支与中支、西支与华容河、沱江与大通湖等地区连接较少。

优化后的北部地区大通湖垸连通片区河湖连通节点仅增加3处，但廊道数增加21条，见表3.8。同时，取消部分非必要性的节点以及部分廊道改道，如廊道50、66加强松滋河与藕池河、松滋河东西支之间的联系。廊道85、86通过改道葵湖增加湖湖连通，自塌西湖、葵湖、赤眼湖、牛氏湖引水至华容县，充分满足华容县居民用水需求。廊道84、90加强了大通湖与沱江之间的联系，大通湖垸内新增的廊道112、113、114、115、116、117等加强了大通湖与草尾河之间的联系，见图3.13。其中取消的非必要节点均属于低廊道连接节点，取消部分廊道不属于使节点间成环的廊道，同时还增加了不少使节点间成环的廊道，这样一来，既提高了高廊道连接节点占比，也提高了使节点间成环廊道的占比。优化后大通湖垸连通片的$\alpha$、$\beta$、$\gamma$指数分别提高31.2%、11.7%、11.6%，见表3.9。

**表3.8　松-虎-澧和大通湖垸连通片区的"廊道-节点"计算**

| 北部地区 | | 节点数 $N$ | | | 廊道数 $L$ | | | 河频率 /(条/km²) | 河网密度 /(km/km²) |
|---|---|---|---|---|---|---|---|---|---|
| | | 自然节点 | 人工节点 | 规划节点 | 自然廊道 | 人工廊道 | 规划人工廊道 | | |
| 松-虎-澧连通片 | 原规划方案 | 16 | 8 | 50 | 53 | 17 | 49 | 0.025 | 0.440 |
| | 优化方案 | 16 | 8 | 51 | 53 | 17 | 59 | 0.028 | 0.456 |
| 大通湖垸连通片 | 原规划方案 | 21 | 15 | 49 | 71 | 21 | 42 | 0.029 | 0.328 |
| | 优化方案 | 21 | 15 | 52 | 71 | 21 | 63 | 0.033 | 0.352 |

**表3.9　松-虎-澧、大通湖和北部地区连通片区优化后结构连通性**

| 片　区 | 节点数 $N$ | | 廊道数 $L$ | | 水系环度 $\alpha$ | | 节点连接率 $\beta$ | | 网络连接度 $\gamma$ | |
|---|---|---|---|---|---|---|---|---|---|---|
| | 规划 | 优化 | 规划 | 优化 | 规划 | 优化 | 规划 | 优化 | 规划 | 优化 |
| 松-虎-澧连通子片区 | 74 | 75 | 119 | 129 | 0.322 | 0.379 | 3.216 | 3.440 | 0.551 | 0.589 |
| 大通湖垸连通子片区 | 85 | 88 | 134 | 155 | 0.303 | 0.398 | 3.153 | 3.523 | 0.538 | 0.601 |
| 北部地区连通片 | 159 | 163 | 250 | 280 | 0.294 | 0.368 | 3.145 | 3.436 | 0.531 | 0.580 |

综上所述，$\alpha$、$\beta$、$\gamma$指数比现状水系分别提高13.2%、6.9%、4.7%；比规划方案提高26.0%、9.4%、9.4%。两地与天然河道连通情况相比，3个指标均有显著提高。因此本优化方案下对北部地区水系结构连通性改善明显，优化方案对洞庭湖北部地区水系连通性有较好的改善效果，优化后水系的连通性趋向合理。

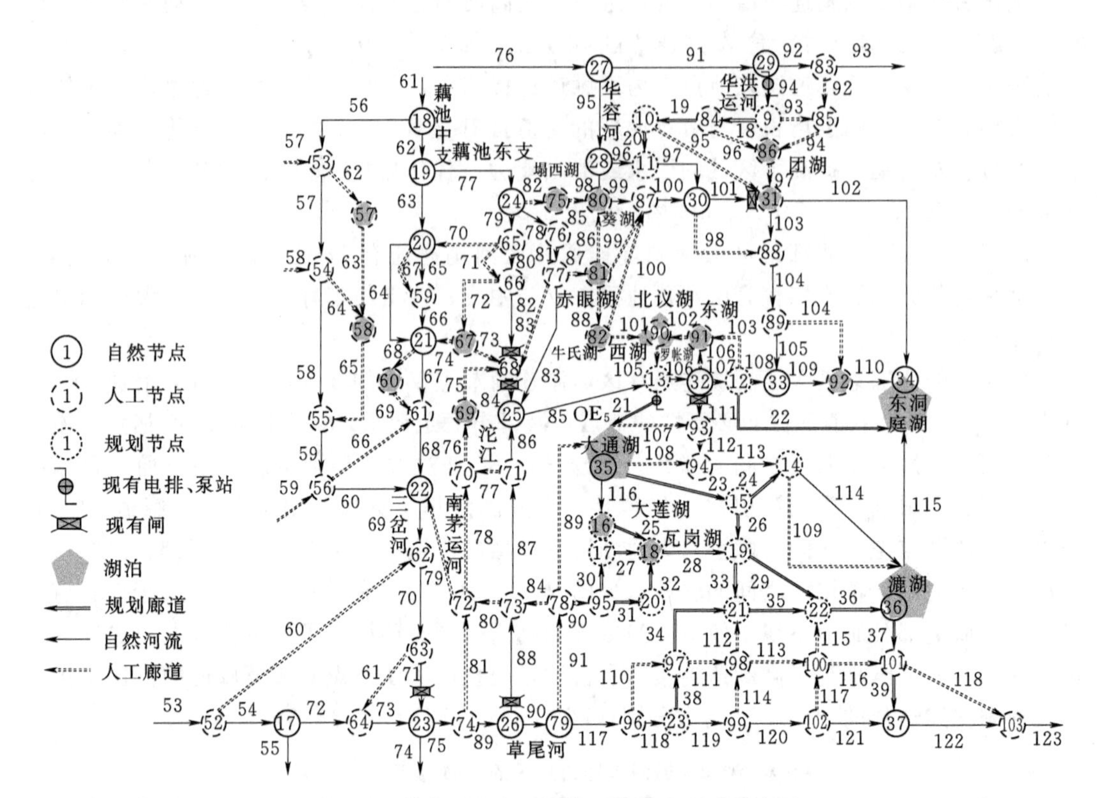


图 3.13　优化后北部地区大通湖垸连通片有向图

## 3.4　典型分区水系功能连通性分析

以洞庭湖区分区之一的松澧地区水系为例，基于河网水系自然、社会双重属性计算现状水系及规划水系的河道过流能力来评价其功能连通性变化。松澧地区面积约 667.3km$^2$，现状水系河网密度为 0.071km/km$^2$，规划水系河网密度为 0.192km/km$^2$。

通过历史文献、水文资料等获得研究区不同河道宽度、长度、平均水深等，规划河道按《湖南省洞庭湖区河湖连通生态水利规划报告》《湖南省洞庭湖区河湖连通工程汇报材料》等资料统一平均水深及平均河宽，见表 3.10。

**表 3.10　　松澧地区规划水系信息**

| 河道类型 | 等级 | 序号 | 总长度/m | 平均水深/m | 河宽/m | 引排水定位功能 |
|---|---|---|---|---|---|---|
| 自然河段 | 一级 | 1 | 16640 | 1.6 | 564 | 流域骨干排水河道 |
| | 一级 | 2 | 26650 | 1.6 | 485 | 流域骨干排水河道 |
| | 一级 | 3 | 3490 | 1.6 | 348 | 流域骨干排水河道 |
| | 一级 | 4 | 14510 | 1.6 | 382 | 流域骨干排水河道 |
| | 一级 | 5 | 1720 | 1.6 | 403 | 流域骨干排水河道 |

续表

| 河道类型 | 等级 | 序号 | 总长度/m | 平均水深/m | 河宽/m | 引排水定位功能 |
|---|---|---|---|---|---|---|
| 人工河段 | 二级 | 1 | 5500 | 1.3 | 53 | 区域骨干排水河道 |
| | 二级 | 2 | 1710 | 1.2 | 23 | 区域骨干排水河道 |
| | 二级 | 3 | 3480 | 1.2 | 22 | 区域骨干排水河道 |
| | 二级 | 4 | 31960 | 1.2 | 24 | 区域骨干排水河道 |
| | 二级 | 5 | 7340 | 1.5 | 56 | 区域骨干排水河道 |
| | 二级 | 6 | 3190 | 1.5 | 37 | 区域骨干排水河道 |
| | 二级 | 7 | 3650 | 1.3 | 89 | 区域骨干排水河道 |
| | 二级 | 8 | 2410 | 1.3 | 43 | 区域骨干排水河道 |
| | 二级 | 9 | 19340 | 1.5 | 98 | 区域骨干排水河道 |
| | 二级 | 10 | 9970 | 1.3 | 88 | 区域骨干排水河道 |
| | 二级 | 11 | 8420 | 1.3 | 100 | 区域骨干排水河道 |
| | 二级 | 12 | 15370 | 1.3 | 302 | 区域骨干排水河道 |
| | 二级 | 13 | 5780 | 1.3 | 93 | 区域骨干排水河道 |
| 规划河段 | 三级 | 1 | 2670 | 1.5 | 22 | 区域排水河道 |
| | 三级 | 2 | 22530 | 1.5 | 22 | 区域排水河道 |
| | 三级 | 3 | 23280 | 1.5 | 22 | 区域排水河道 |
| | 三级 | 4 | 9020 | 1.5 | 22 | 区域排水河道 |
| | 三级 | 5 | 1860 | 1.5 | 22 | 区域排水河道 |
| | 三级 | 6 | 4390 | 1.5 | 22 | 区域排水河道 |
| | 三级 | 7 | 4950 | 1.5 | 22 | 区域排水河道 |
| | 三级 | 8 | 5040 | 1.5 | 22 | 区域排水河道 |
| | 三级 | 9 | 7780 | 1.5 | 22 | 区域排水河道 |
| | 三级 | 10 | 2150 | 1.5 | 22 | 区域排水河道 |
| | 三级 | 11 | 7020 | 1.5 | 22 | 区域排水河道 |
| | 三级 | 12 | 6950 | 1.5 | 22 | 区域排水河道 |
| | 三级 | 13 | 752 | 1.5 | 22 | 区域排水河道 |

根据松澧地区河网水系实际情况，选取河道等级、空间位置、引排水定为功能三个主要因素对河段的重要度评分。将松澧地区河道等级分为三级，其中一级为流域性河道，即自然河道，标准化值为 0.75；二级为区域性河道，即现有人工自然沟渠，标准化值为 0.50；三级为重要跨县河道，即规划人工沟渠，标准化值为 0.25。按空间位置的重要程度划分来赋值，赋值范围为 0.1～1.0。引排水功能定位按流域骨干排水河道、区域骨干排水河道、区域排水河道分类的标准化值分别为 0.8、0.7、0.6。标准河段面积取最大河段断面面积。由式（3.1）～式（3.6）计算得到基于河网水系自然、社会双重属性的水系功能连通性评价结果。

由表 3.11 可得，松澧地区水系环度、节点连接率、网络连接度通过规划后有显著提高，其整体的结构连通性有明显增强。现状河道过流能力 $F=0.104$，规划后的河道过流能力 $F=0.111$，表明其基于河网自然、社会双重属性下的功能连通性提高 6.7%。这表明合理规划的人工渠道可改善松澧地区结构连通性，同时提高了其功能连通性，添加合理的人工渠道在一定程度上可以提高河网水系的连通性。

**表 3.11　松澧地区水系连通性评价结果**

| 松澧地区 | 水系环度 $\alpha$ | 节点连接率 $\beta$ | 网络连接度 $\gamma$ | $F$ |
|---|---|---|---|---|
| 现状 | 0.308 | 2.667 | 0.571 | 0.104 |
| 规划 | 0.394 | 3.263 | 0.608 | 0.111 |

## 3.5 本章小节

（1）洞庭湖区各个片区水系格局及连通性存在空间不均衡的特点。湘资尾闾现状水系格局与结构均处于较合理水平，松澧地区、沅澧地区、岳阳市城区、北部地区水系格局及连通性较差。

（2）规划条件下，洞庭湖区各片区河频率及河网密度均有所提高。松澧地区在规划方案下水系连通性有较大改善，但北部地区、沅澧地区的水系环度、节点连接率及网络连接度并未提高，即不合理的人工渠道规划反而会削弱河网水系的结构连通性。

（3）优化后，北部地区水系环度、节点连接率和网络连接度均提高明显，3 个指标较规划前分别提高 13.2%、6.9%和 4.7%，较规划后分别提高 26.0%、9.4%和 9.4%，北部地区水系连通性得到了有效优化和改善。该优化方案为洞庭湖北部地区河湖连通工程的优化与实施，提供了一定的技术支持和理论依据。

（4）松澧地区现状河道过流能力 $F=0.104$，规划后的河道过流能力 $F=0.111$，其基于河网自然、社会双重属性下的功能连通性提高 6.7%，表明规划合理的人工渠道不仅可以改善结构连通性，而且还能提高其功能连通性。

# 第4章　洞庭湖区“三口”水系河道演变过程与分水量规律

洞庭湖区“三口”水系（见图4.1）是指长江中游荆江河段在松滋口、太平口和藕池口的分泄水流，主要流经湖北省以南和湖南省以北的洞庭湖洪泛平原，进入西、南、东洞庭湖后于城陵矶附近重新汇入长江。松滋河全长约243.2km，是连通松滋口和洞庭湖的泄洪河道，因1870年的长江特大洪水冲开荆江南岸堤防而形成，在大口处分支为松滋西河和松滋东河，其流量分别由新江口水文站和沙道观水文站测得。虎渡河从太平口分流后，流经弥陀寺水文控制站，最终与松滋河交汇后进入目平湖，全长约133.3km。藕池河于藕池口分泄长江超额洪水，分为东、中、西三支，全长约332.8km。其中藕池河西支的流量由康家岗水文站控制，藕池河中、东支的总流量由管家铺水文站控制。

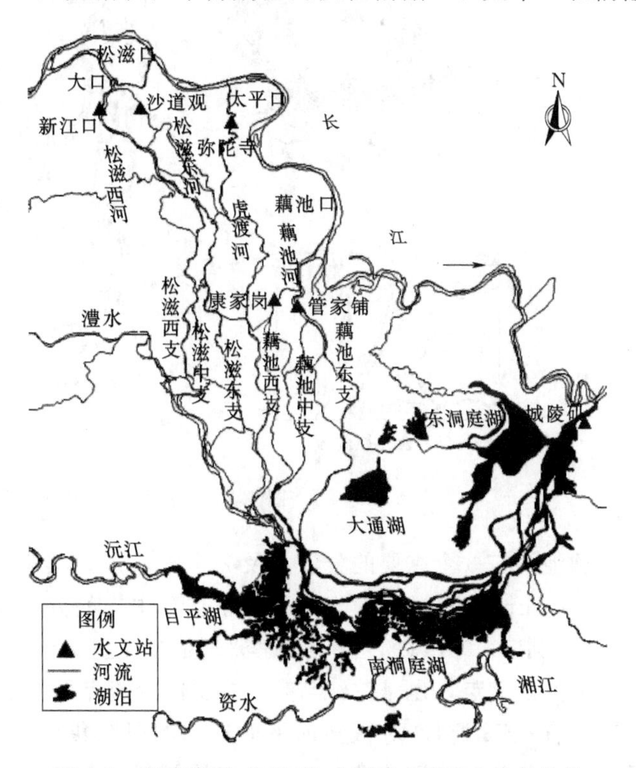


图4.1　洞庭湖区“三口”水系及主要水文站的位置

## 4.1　藕池河形态变化与冲淤过程

藕池河是长江中游向南分流的重要通道之一，分为3支，其位置和水系分布见图4.2。东支为主流，自藕池口经管家铺、殷家洲、南县、注滋口镇入东洞庭湖，全长143.0km。藕池河东支主流于殷家洲分支，称为鲇鱼须河；鲇鱼须河至九都山与主流汇合，全长29.0km。藕池河东支到九都山后，分支往南，主支往东，往南的称沱江，经乌嘴至茅草街，与藕池中支汇合入南洞庭湖，沱江全长41.0km。藕池河中支在陈家岭处又分为两支，西侧一支称陈家岭河，全长21.5km，东、西两支随后又汇合南下，与藕池河西支相汇后入南洞庭湖，中支长75.0km。藕池河西支又称安乡河，在下柴市与藕池河中支相汇，全长86.0km。

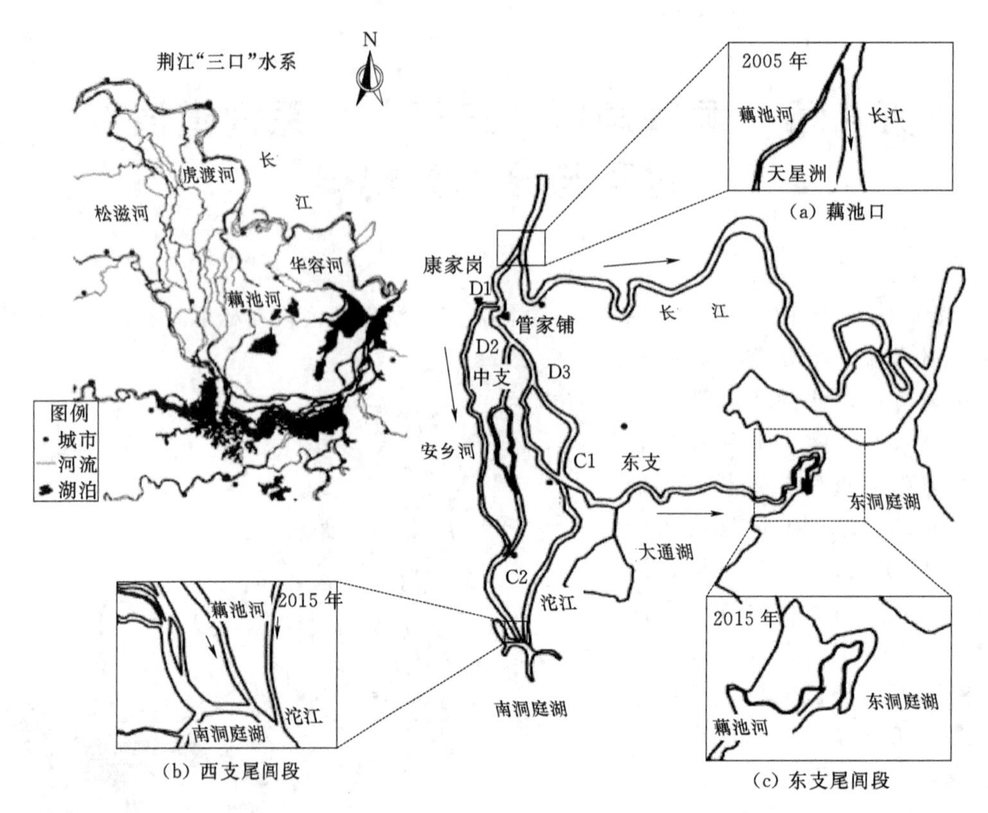


图4.2　藕池河位置及其水系分布

藕池河有3个主要的分流点及2个汇流点。其中，D1为东支与西支的分流点，距藕池口20.0km；D2位于黄金闸，为东支和中支的分流点；D1—D2区间长12.0km；D3处在D2下游11.0km处，位于殷家洲，是东支主支与鲶鱼须河的分流点；C1既是东支与鲶鱼须河的汇流点，也是沱江与东支主支的分流点，位于南县九都山附近，中支与西支于下柴市汇合（C2处）。对藕池河平面形态的研究集中于藕池口门、西支尾闾段及东支尾闾段。口门区为藕池河的进水段，两支尾闾段为藕池河出水段。考虑到沱江于2001年完成上下游建闸工程，成为平原水库，因此不再考虑其演变规律。藕池河设有康家岗与管家铺两个水文站，康家岗站位于西支上游河段，管家铺站位于东支与西支分汊处。

### 4.1.1　数据来源与研究方法

1. *研究数据和方法*

河道地形采用长江水利委员会水文局2003年、2006年、2009年和2011年的4年实测数据。运用网格地形法，利用Surfer 11创建藕池河2003年和2011年局部河段数字高程模型（Digital Elevation Model，DEM）。网格的创建采用克里金插值法得到Grd格式文件，边界数据导入形成Bin文件，通过白化生成新的Grd文件，消除边滩的影响后，生成三维地形图。根据Trapezoidal Rule、Simpson's Rule、Simpson's 3/8 Rule三种体积计算方式分别得到两年总体积，相减得到相应冲淤量。2006—2009年采用断面地形法（舒彩文等，2009），对藕池河各河段进行冲淤量计算。测量断面冲淤面积及相邻两断面间距，

根据梯形公式计算相邻两断面的冲淤量，累计相加得到河段冲淤量。水文数据采用长江水利委员会水文局的管家铺和康家岗水文站1951—2003年多年实测径流数据和输沙数据，2003—2016年为逐日平均含沙量、流量及水位。

2. 遥感影像数据和处理方法

从1954—2016年的航拍照片和遥感影像数据中共选取63年18幅影像进行分析。其中，1954年影像来自于苏联航拍照片，1967年为美国第8颗锁眼（KH-8）军事卫星数据以及1973年12月8日美国Landsat 1 MSS数据，其他选用Landsat 8、Landsat 4-5 TM获取的遥感影像资料，见表4.1。藕池河口、东支尾闾段及西支尾闾段水体信息，利用改进的归一化差异水体指数（MNDWI）进行提取（徐涵秋，2005）。运用ArcGIS融合Landsat 4-5 TM第2波段、第5波段及Landsat 8第3波段、第6波段提取目标水体。利用Google Earth遥感影像图与Landsat系列遥感影像进行对比分析。将Google Earth遥感影像图导入ArcGIS提取水体信息，同时测量东支尾闾淤积体及藕池口洲滩平面形态面积。采用Google Earth于藕池河道均匀布置固定测量点，分别测量历年测量点河宽的变化，取均值得到每年枯水期平均河宽，以此测量藕池河平面几何形态的历年变化。

**表4.1　　遥感影像信息**

| 序号 | 年份 | 数据 | 列 | 行 | 成像日期 | 管家铺水文站水位/m |
|---|---|---|---|---|---|---|
| 1 | 1954 | 航片 | — | — | — | — |
| 2 | 1967 | KH-08卫星图像 | — | — | — | — |
| 3 | 1973 | 1（MSS） | — | — | 1973-12-08 | — |
| 4 | 1987 | 5（TM） | — | — | 1987-12-06 | — |
| 5 | 1987 | 4-5（TM） | 123 | 40 | 1987-12-06 | — |
| 6 | 1987 | 4-5（TM） | 124 | 39 | 1987-09-17 | — |
| 7 | 1989 | 4-5（TM） | 123 | 40 | 1989-01-26 | — |
| 8 | 1992 | 4-5（TM） | 124 | 39 | 1992-10-16 | — |
| 9 | 1995 | 4-5（TM） | 123 | 40 | 1995-12-10 | — |
| 10 | 1995 | 4-5（TM） | 124 | 39 | 1995-10-25 | — |
| 11 | 2000 | 4-5（TM） | 124 | 39 | 2000-10-16 | — |
| 12 | 2001 | 4-5（TM） | 123 | 40 | 2001-03-08 | — |
| 13 | 2006 | 4-5（TM） | 123 | 40 | 2006-12-16 | 29.73 |
| 14 | 2006 | 4-5（TM） | 124 | 39 | 2006-12-26 | 29.75 |
| 15 | 2011 | 4-5（TM） | 123 | 40 | 2011-01-15 | 30.24 |
| 16 | 2011 | 4-5（TM） | 124 | 39 | 2011-10-21 | 30.01 |
| 17 | 2016 | 8（OLI） | 123 | 40 | 2016-12-30 | 29.66 |
| 18 | 2016 | 8（OLI） | 124 | 39 | 2016-12-05 | 29.66 |

由于遥感影像的获取受气候条件影像因素较大，难以获取不同年份相同水位的遥感影像。考虑汛期水位波动较大，枯水期水位相对稳定，2003—2016年汛期水位为30.00～36.50m，枯水期水位为29.50～31.00m（缺2003年之前藕池河水位数据）。选用枯水期

的遥感影像在一定程度上可减小因水位波动对测量洲滩演变所造成的影响，使藕池河口门区与尾闾段的洲滩年际演变具有可比性。

### 4.1.2　水沙数据分析

图 4.3 (a) 表明藕池河东支多年平均年径流量和多年平均年输沙量呈递减趋势，1980 年之前藕池口演变剧烈，递减幅度较大。1951—1960 年与 1971—1980 年相比，管家铺站多年平均年径流量从 625 亿 $m^3$ 减小至 229 亿 $m^3$，减幅近 63.4%；多年平均年输沙量从 11300 万 t 缩减至 3990 万 t，减幅达到 64.8%。同期康家岗站多年平均年径流量与多年平均年输沙量分别减少 64 亿 $m^3$、1340 万 t，减幅分别为 87.5%、86.5%。两个水文站输沙量和径流量减幅比例一致。1951—1980 年康家岗站的径流量和输沙量虽然其总量远小于管家铺站，但是减小幅度大于管家铺站。

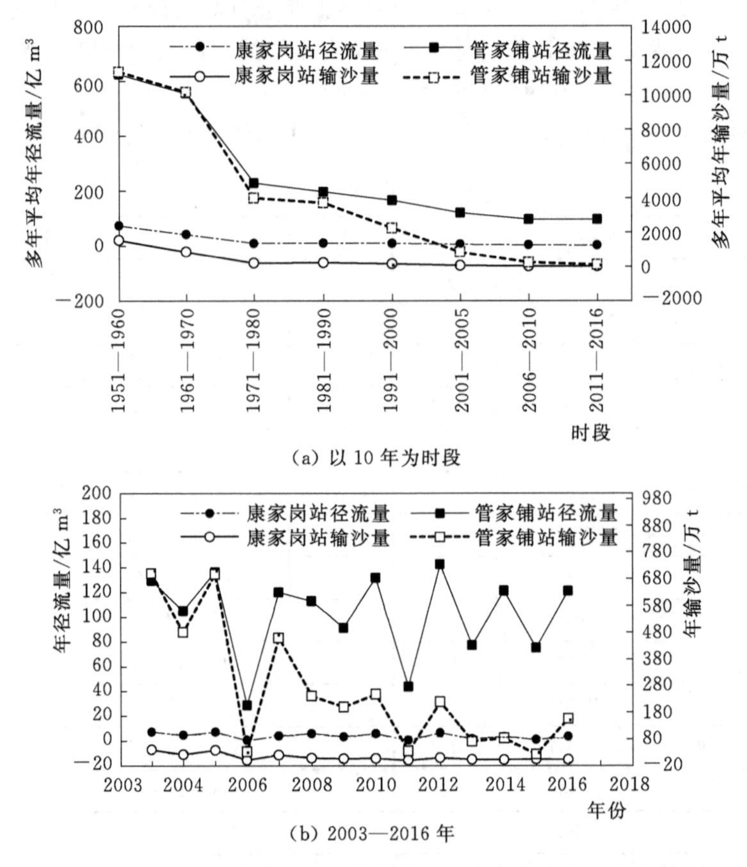


图 4.3　藕池河康家岗站和管家铺站的多年输沙量及径流量

1980 年之后两站径流量与输沙量递减趋势减缓，多年平均年输沙量递减的趋势大于多年平均年径流量。1971—1980 年与 2011—2016 年相比，管家铺站多年平均年径流量平均递减 132 亿 $m^3$，减幅为 57.7%；多年平均年输沙量平均递减 3890 万 t，减幅达到 97.6%。同期康家岗站多年平均年径流量从 10.0 亿 $m^3$ 递减至 2.73 亿 $m^3$，减幅为 73.0%；多年平均年输沙量从 191 万 t 减至 3.47 万 t，减幅达到 98.2%。两站输沙量与径流量减幅比例失衡，两站输沙量减幅比例均大于径流量减幅。

图 4.3 (b) 表明 2003—2016 年藕池河两水文站年径流量和年输沙量的变化趋势，2003 年三峡水库蓄水后 14 年的数据进行线性函数拟合，得到各站每年径流量和输沙量变化量。康家岗站径流量和输沙量线性拟合斜率分别为－0.25 和－2.36，管家铺站径流量和输沙量线性拟合斜率分别为－0.64 和－42.10，表明管家铺站与康家岗站年径流量分别以平均每年 0.64 亿 $m^3$、0.25 亿 $m^3$ 的速率递减，年输沙量分别以每年 42.1 万 t、2.36 万 t 的速率递减。管家铺站年输沙量递减速度远大于年径流量，康家岗站年输沙量递减速率小于管家铺。综上可知，三峡工程蓄水后打破藕池河的水沙平衡，一方面加剧藕池河输沙量递减进程，另一方面又延缓藕池河径流量的衰减。

藕池河分流分沙以调弦口堵口、下荆江系统裁弯、葛洲坝截流和三峡水库蓄水等水利工程为时间节点分为 6 个时间段，见图 4.4。调弦口堵口后 1956—1966 年藕池河分流分沙比分别为 14.1%、21.5%，下荆江裁弯期间及裁弯后两期时间段 1967—1972 年、1973—1980 年分流比与裁弯前相比较，分别缩减 5.0%、8.5%，分沙比分别缩减 7.2%、12.8%。葛洲坝截流后 1981—1998 年分流分沙比分别为 4.2%、6.6%，与调弦口堵口后 1956—1966 年相比分别缩减 9.9%、14.9%。三峡工程蓄水前 1999—2002 年与蓄水后 2003—2016 年对比，分流比减少 0.9%，而分沙比减少 2.7%。

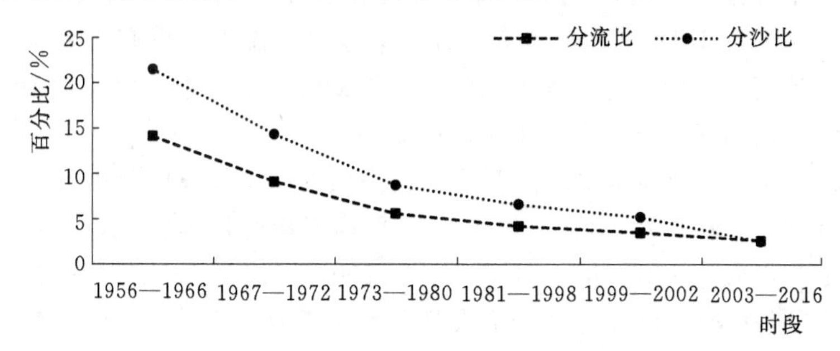


图 4.4 藕池河分流比、分沙比

下荆江系统裁弯工程前后，藕池河分水分沙衰减幅度大。三峡工程蓄水后，藕池河分流比降低幅度小于下荆江裁弯工程及葛洲坝工程，而且三口河道分流比的减少趋势减缓。图 4.5 (a) 以下荆江裁弯、葛洲坝截流和三峡水库等水利工程运行为时间节点，将藕池河的康家岗站和管家铺站的多年平均年断流天数分为 5 个时间段。下荆江裁弯前、中、后等 3 个时间段，即 1951—1966 年、1967—1972 年、1973—1980 年管家铺站断流天数分别为 17d、80d、145d，康家岗站则分别为 213d、241d、258d。管家铺站断流天数递增速率要远大于康家岗站，但康家岗站断流天数均达到 200d 以上。三峡水库蓄水前后，1981—2002 年和 2003—2016 年两个时间段的管家铺站多年平均年断流天数分别为 167d 和 185d，同期康家岗站分别为 252d 和 267d。葛洲坝截流、三峡水库蓄水后管家铺站与康家岗站年断流天数速率较比下荆江裁弯前、中、后三个时间段有所减缓。

图 4.5 (b) 表明三峡水库蓄水后 2003—2016 年藕池河两站年平均断流天数，对管家铺站、康家岗站年均断流天数线性拟合，斜率分别为－1.51 和 2.13，表明三峡水库蓄水后，管家铺站断流天数呈现递减趋势，而康家岗站断流天数继续递增。

三峡水库蓄水前，藕池河水沙同幅度急剧下降，其中 1961—1970 年与 1971—1980 年

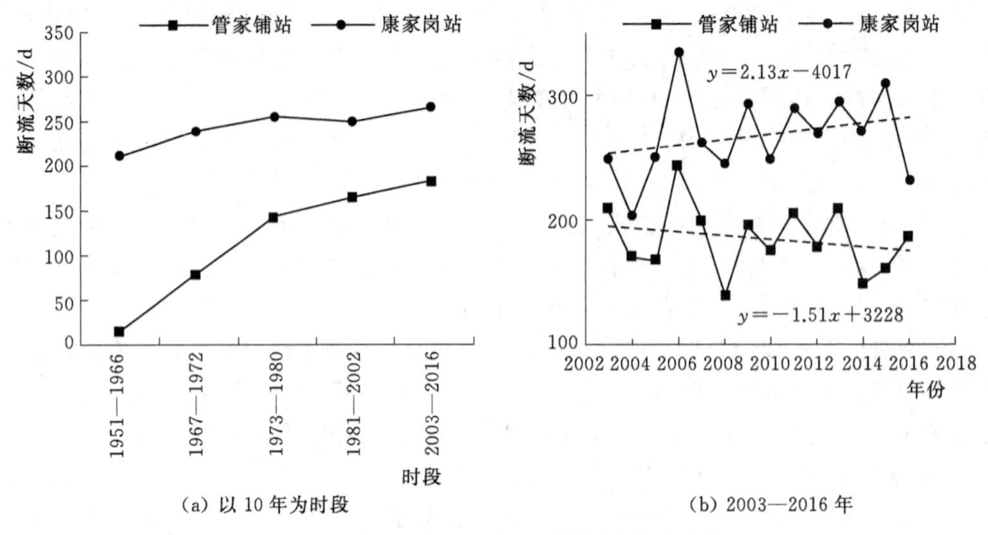


(a) 以 10 年为时段　　(b) 2003—2016 年

图 4.5　藕池河的两个水文站年平均断流天数

径流量、输沙量下降幅度最大。三峡水库蓄水后阻挡上游来沙，藕池河输沙量大幅度降低，而径流量下降幅度不明显。2003 年之后管家铺站断流天数也有所减少，说明三峡水库蓄水对稳定藕池河径流量发挥了积极的作用，但低含沙量的来水对藕池河平面形态，尤其对藕池口口门区的河床形态演变产生了新的影响。

图 4.6 (a)、(b) 分别表示藕池河管家铺站及康家岗站具体的日平均流量，$X$ 轴表示以日为单位的时间，$Y$ 轴表示 2003—2016 年日平均流量的年际变化，$Z$ 轴为流量。管家铺站 2004 年日平均最大流量达到 $3850m^3/s$，2007 年之后最大日平均流量再未达到 $3000m^3/s$ 以上。康家岗站 2004 年达到最大日平均流量为 $285m^3/s$，2004 年之后最大日平均流量都在 $200m^3/s$ 以下，最低日平均流量年份在 2011 年为 $24m^3/s$。藕池河管家铺站及康家岗站年内平均流量分布不均，管家铺站显示东支汛期集中在 4—10 月，康家岗站显示西支汛期集中在 5—9 月。管家铺站年际日平均流量略有下降趋势，康家岗站下降的趋势比管家铺站更为明显，同时康家岗站年内日平均流量不断缩小。

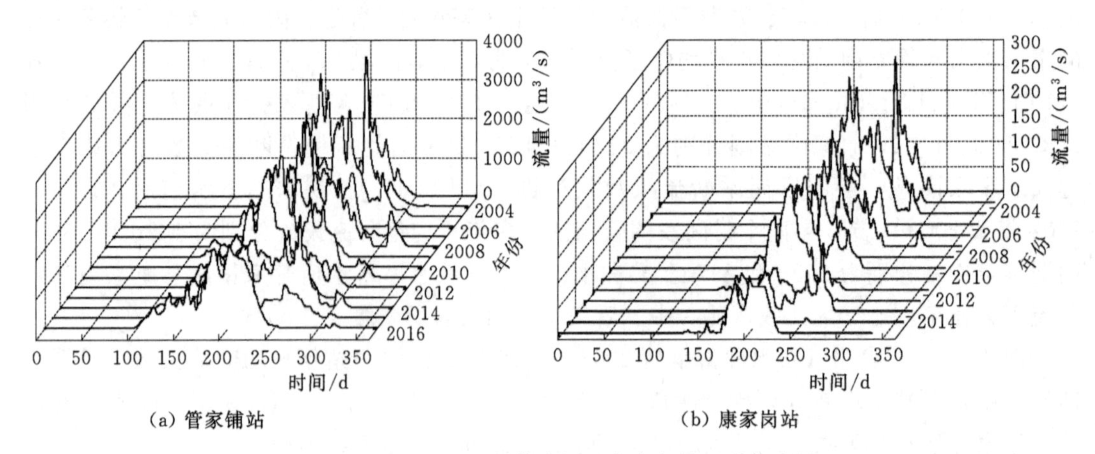


(a) 管家铺站　　(b) 康家岗站

图 4.6　2003—2016 年藕池河两个水文站日平均流量

图 4.7（a）、（b）分别表示出藕池河管家铺站及康家岗站具体的日平均含沙量，$X$ 轴表示以日为单位的时间，$Y$ 轴表示 2003—2016 年年际时间，$Z$ 轴为含沙量。日平均含沙量年际分布整体呈现递减趋势，管家铺站年平均含沙量从 2003 年的 $0.31kg/m^3$ 减少至 2015 年的 $0.03kg/m^3$，康家岗站年平均含沙量从 2003 年的 $0.29kg/m^3$ 减少至 2015 年的 $0.045kg/m^3$，经线性拟合两站平均年含沙量以每年 $0.016kg/m^3$ 的速率递减。年内含沙量的变化较大，主要集中在汛期 6—9 月，2012—2016 年相比 2003—2006 年含沙总量递减较大且年内时间分布也缩短较快。

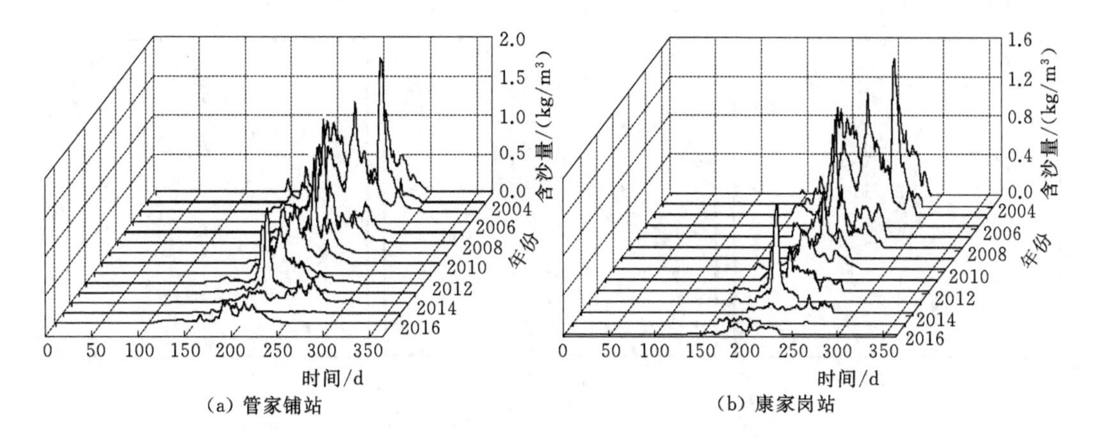


图 4.7 2003—2016 年藕池河两个水文站日平均含沙量

图 4.8（a）（b）分别为管家铺、康家岗两站月平均水位，$X$ 轴表示以日为单位的时间，$Y$ 轴表示 2003—2016 年年际时间，$Z$ 轴为水位。2003—2016 年两站月平均水位年际和年内的变化差异较小，管家铺站 2016 年平均水位为 31.61m，最高水位为 37.75m，最低水位为 29.55m；康家岗站 2016 年平均水位为 32.51m，最高水位为 35.93m，最低水位为 31.96m。管家铺站水位变动幅度略大于康家岗站，但平均水位高于管家铺站。三峡工程蓄水后，两站水位的变化相对稳定，年际变化趋势总体不大。

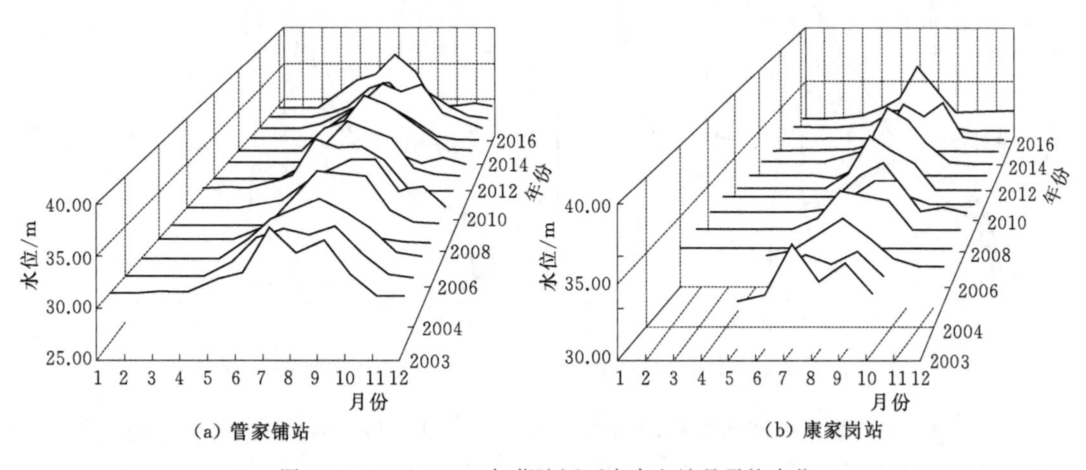


图 4.8 2003—2016 年藕池河两个水文站月平均水位

### 4.1.3　藕池河平面形态变化

1. 口门区

图 4.9 选用口门区 1987—2016 年期间共 3 年的 Landsat 系列遥感影像。2016 年的水位相对偏低，为 29.70m，藕池河部分河段床沙裸露，此河段水体无法完整提取，导致藕池河水体不连续。1987 年藕池口淤积区洲滩独立分散，未形成整体沙洲。2001 年散乱的洲滩逐渐淤积发展为整体沙洲，2016 年沙洲在形成整体的基础上向北淤积延伸，藕池河进水口进一步缩小。

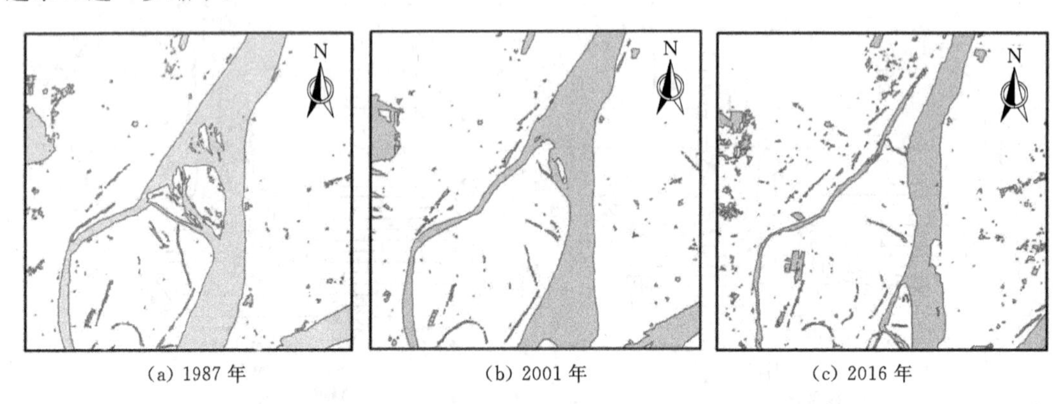


(a) 1987 年　　(b) 2001 年　　(c) 2016 年

图 4.9　基于 Landsat 藕池河口 1987—2016 年期间的演变过程

图 4.10 选用 1984—2015 年期间共 6 年的 Google Earth 遥感影像资料，其中线条表示洲滩、岸线与水面的边界线。与 Landsat 系列遥感影像对比分析可知，1984—2001 年期间，藕池口从散乱洲滩形态逐渐淤积发展为整体洲滩，进水段河宽略有缩窄，由于藕池口的淤积，河道向前推进约 2km。2005—2015 年洲滩完全发展为整体，淤积加剧往北斜长发展，河宽继续缩窄，相应的河道继续向前发展延伸。藕池口进水段逐渐缩窄变小，藕池口淤积洲滩形态的变化，影响藕池河分流分沙的能力。

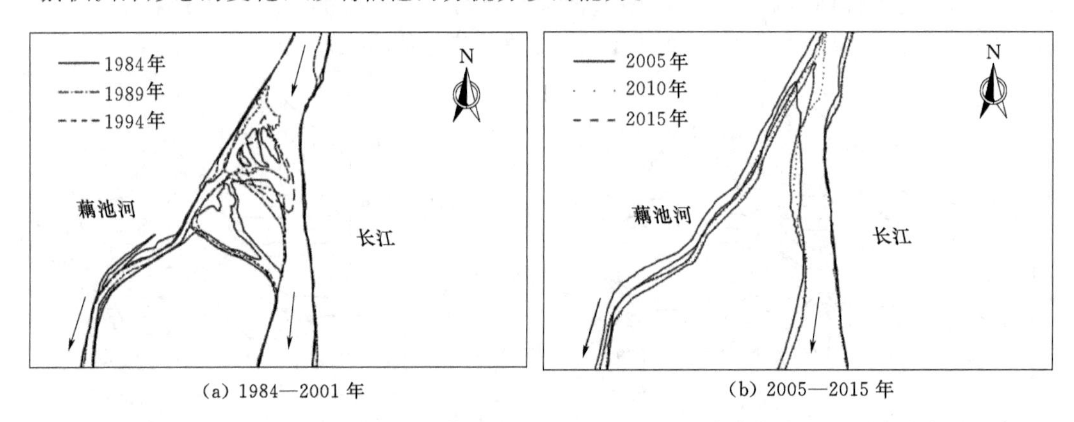


(a) 1984—2001 年　　(b) 2005—2015 年

图 4.10　基于 Google Earth 的藕池河口门区 1984—2015 年期间的平面形态变化

1984—1989 年藕池口洲滩面积增加 3698$m^2$，之后口门淤积区面积整体呈现逐年下降趋势，1989—2015 年每年以 83$m^2$ 的速率递减，2005—2015 年共减少面积 1915$m^2$。藕池口淤积洲滩早期主要以淤积为主，2005 年之后藕池口口门洲滩淤积面积不断减少，表明

藕池口洲滩进入冲刷阶段。藕池口门区河道平均河宽呈现整体缩窄的趋势（表 4.2），其递减速率为 3.70m/a，2000 年之后下降的趋势变大。

**表 4.2　　藕池口淤积洲滩面积与河宽变化**

| 年份 | 1984 | 1989 | 1994 | 2005 | 2010 | 2015 |
|---|---|---|---|---|---|---|
| 洲滩面积/$m^2$ | 24174.2 | 27872.1 | 27175.0 | 27627.1 | 26988.8 | 25712.1 |
| 平均河宽/m | 259.4 | 247.1 | 241.3 | 215.0 | 165.8 | 145.7 |

2. 东支尾闾段

图 4.11（a）表明 1954 年藕池河东支尾闾段于注滋口镇分南、北两支，北支入湖段临近华容河，南支于围垦村处入湖。1967 年遥感影像图 4.11（b）表明，于注滋口处的南、北两支已进行人工封堵，藕池河东支水沙直接就近汇入东洞庭湖。1973 年大量泥沙输入湖区内，淤积面积加大，且尾闾段冲击摆动发育成完整的 3 条支流，见图 4.11（c）。1987 年 3 条新生的入湖支流逐渐消亡，合并成一条入湖支流，淤积区面积继续扩展，见图 4.11（d）。

(a) 1954 年

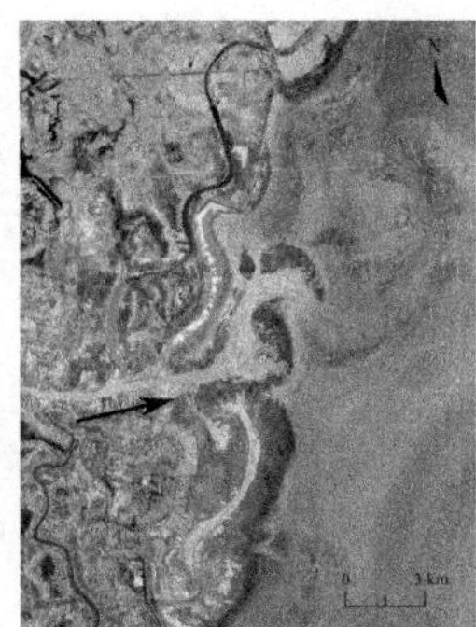

(b) 1967 年

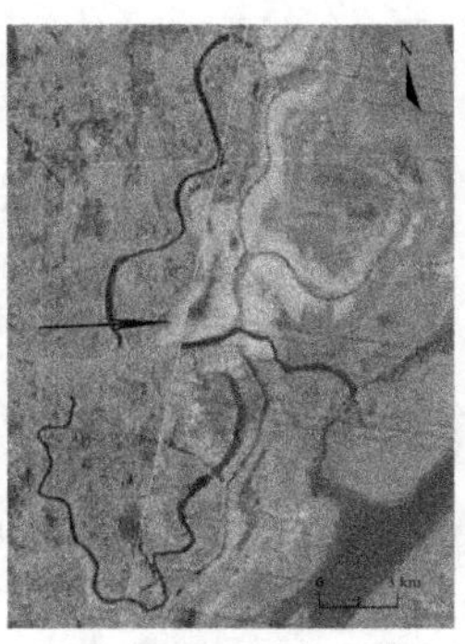

(c) 1973 年

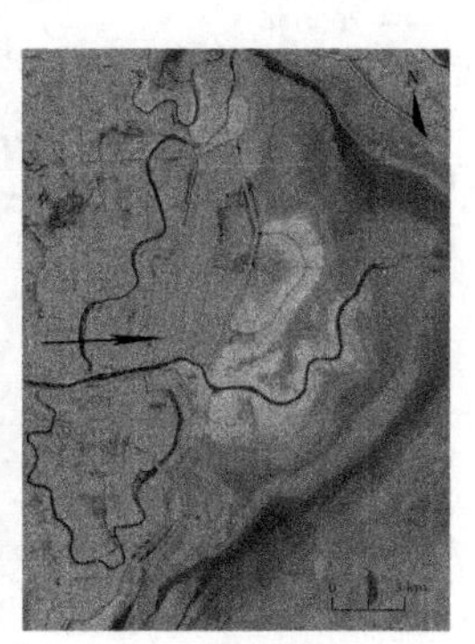

(d) 1987 年

图 4.11　1954—1987 年期间藕池河东支尾闾段变化

Landsat 系列遥感影像图 4.12 表明，1989—2001 年淤积区变化较大，出水口末端不断迂回淤积，在原有基础上继续向前发展，2001—2016 年整体淤积区变化不大。随着淤积区不断向湖区内部深入发展，迫使湖区面积进一步缩小，藕池东支河道不断向前延伸。选用 1984—2015 年基于 Google Earth 遥感影像的藕池河东支尾闾变化段（图 4.12），1984 年东南方向的分支还可清晰分辨，之后年份东南方向分支已消亡。图 4.13 表明每 5 年东支尾闾段的演变情况，淤积区不断发展变大，同时尾闾段河道不断延伸，且河宽相应缩窄。对比东支尾闾段可知，基于 Google Earth 遥感影像的演变过程与 Landsat 系列遥感影像基本吻合。

近期尾闾段淤积区面积变化过程见表 4.3，东支尾闾淤积区的面积不断增加，汛期泥沙不断从东支补给，使淤积区向湖区内不断发展，东洞庭湖湖区面积也相应萎缩。1984—1990 年淤积速度较快，增加面积 150$km^2$。1990—2000 年期间增长幅度较缓，随后 2000—2015 年淤积区继续发展，共增长面积 132$km^2$。东支尾闾段河道平面形态的演变，由于藕池河东支尾闾段未建堤束缚河道，人为因素干扰较小。随着淤积区不断深入发展至东洞庭

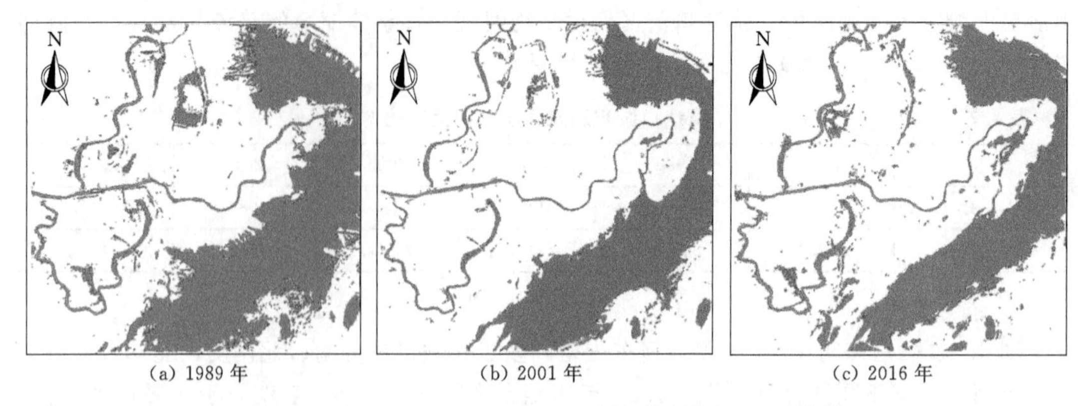

(a) 1989 年　(b) 2001 年　(c) 2016 年

图 4.12　基于 Landsat 1989—2016 年期间藕池河东支尾闾段

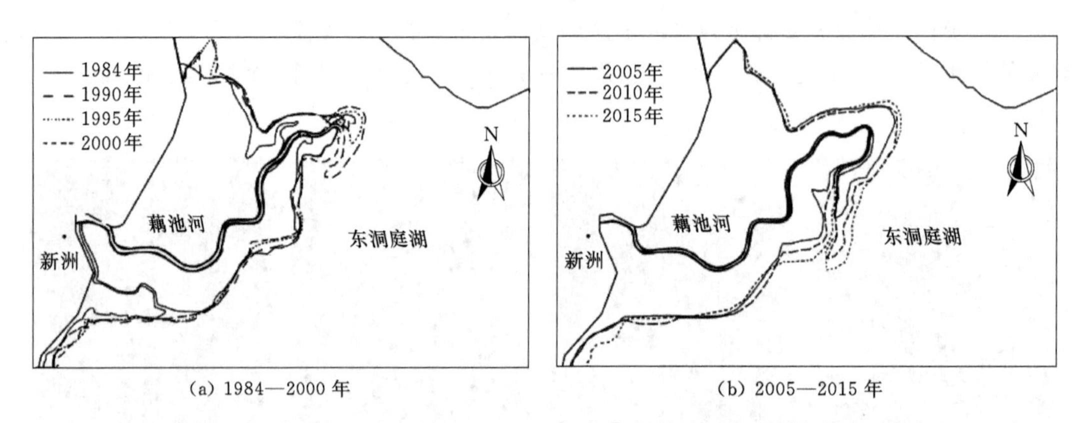

(a) 1984—2000 年　(b) 2005—2015 年

图 4.13　基于 Google Earth 1984—2015 年期间藕池河东支尾闾演变过程

湖区内，尾闾段的河道不断向前延伸。经测量，1984—2015 年每隔 5 年尾闾段河流长度变化情况见表 4.3。

**表 4.3　藕池河东支尾闾段平面形态变化**

| 项目 | 1984 年 | 1990 年 | 1995 年 | 2000 年 | 2005 年 | 2010 年 | 2015 年 |
|---|---|---|---|---|---|---|---|
| 洲滩面积/$km^2$ | 540.0 | 689.5 | 700.8 | 711.0 | 736.5 | 794.9 | 843.0 |
| 长度/km | 14.3 | 17.8 | 18.3 | 20.5 | 22.2 | 24.8 | 25.9 |
| 平均河宽/m | 235.9 | 190.7 | 176.3 | 167.7 | 156.7 | 132.9 | 109.1 |

在尾闾段河道不断向东洞庭湖延伸的过程中，尾闾段河道平均宽度不断缩窄。藕池河东支尾闾段从 1984 年以来，河宽整体淤积缩小变窄，以 3.60m/a 的平均速率递减，1984—1990 年缩窄速率相对最大，共缩窄 45.2m；1990—2005 年缩窄速率减缓，共缩窄 34.0m；2005—2015 年平均缩窄速率继续加快，共缩窄 47.6m。

3. 西支尾闾段

据康家岗水文站的数据资料显示，从 1950 年以来西支径流量及输沙量的持续减少，导致河道的萎缩变窄。藕池河西支尾闾河道由于堤防约束，河道的演变在堤防内进行，演

变幅度较小。而西支尾闾段河道萎缩的趋势是逐渐由外向内，演变的幅度较均匀。1984年、1995年、2005年和2015年的西支尾闾段平均河宽分别为283m、224m、177m和118m，1984—2015年共缩窄165m。

#### 4.1.4 藕池河河道冲淤变化

1. 2003—2011年局部河道冲淤变化

Surfer 11创建2003年、2011年藕池河口门区局部河段数字高程模型，见图4.14，边界白化生成新的grd文件之后，利用Trapezoidal Rule、Simpson's Rule、Simpson's 3/8 Rule计算2003年、2011年藕池河口门区体积，分别得到2003年体积为7644万$m^3$、7641万$m^3$和7648万$m^3$，2011年体积为7449万$m^3$、7456万$m^3$和7449万$m^3$。三种方法得到藕池河口门区冲淤变化分别为−195万$m^3$、−185万$m^3$和−199万$m^3$。利用Surfer 11计算藕池河口门区平均冲刷量约为193万$m^3$。

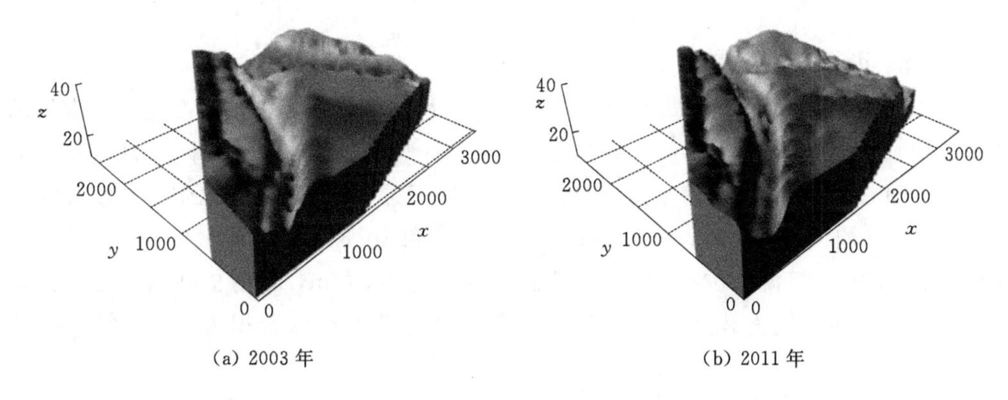


图4.14 藕池河口门区局部河段数字高程模型（单位：m）

图4.15（a）、（b）分别表示2003年和2011年藕池河西支、东支分流局部河段三维地形图。利用Surfer 11创建grd文件，由系统自定义的3种体积计算方式得到2003—2011年分流局部河段冲淤量分别为−111万$m^3$、−111万$m^3$和−108万$m^3$。以Trapezoidal Rule计算方式为例，2003—2011年冲刷111万$m^3$。2003年、2011年藕池河中支、东支分流局部河段三维地形图见图4.16（a）、（b），Surfer 11的3种体积计算方式得到2003—

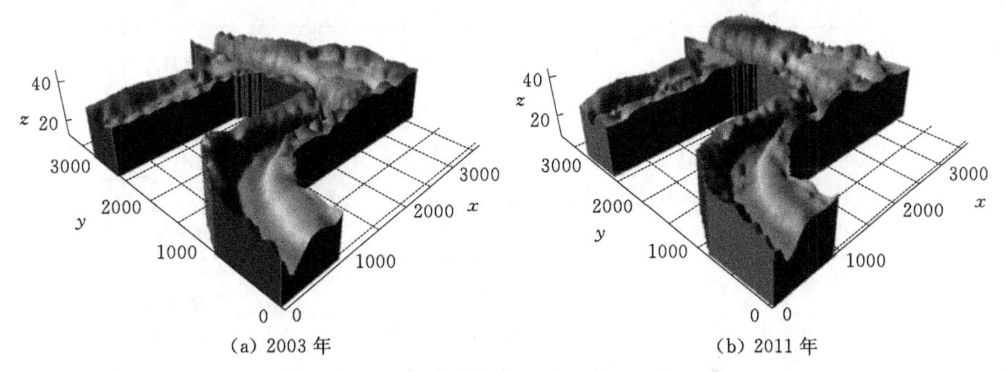


图4.15 藕池河西支、东支分流局部河段数字高程模型（单位：m）

2011 年中支、东支分流河段冲淤量分别为：$-19$ 万 $m^3$、$-27$ 万 $m^3$ 和 $-13$ 万 $m^3$，平均冲刷量为 20 万 $m^3$。

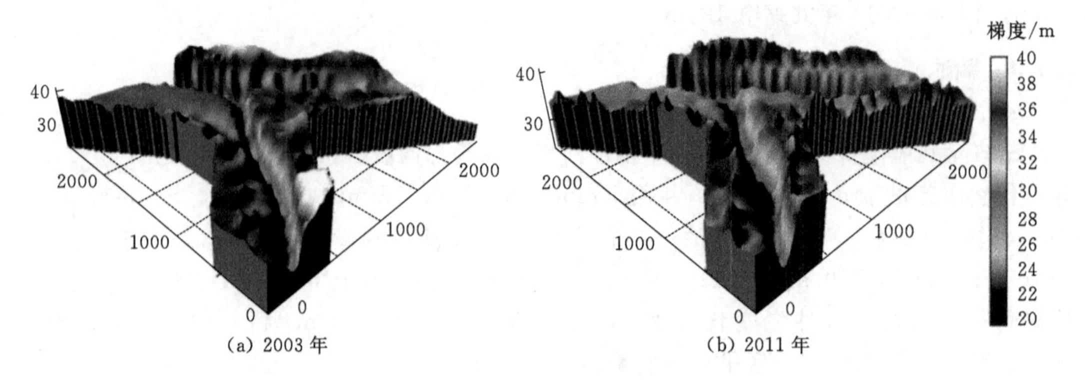


图 4.16　藕池河中支、东支分流局部河段数字高程模型（单位：m）

2. 2006—2009 年藕池河典型断面年际变化

图 4.17 (a)、(b) 分别为藕池河东支上游和下游典型断面年际冲淤变化，上游横断面位置离藕池口 2km 处，测量时间分别为 2006 年 8 月 5 日和 2009 年 7 月 15 日，水位分别为 30.27m 和 34.17m。下游横断面位置在注滋口镇下游 4km 处，测量的时间为 2006 年 8 月 14 日和 2009 年 8 月 16 日，水位分别为 26.14m 和 30.63m，上游水位在 30.27m 所测的水面宽为 270m，下游水位在 30.63m 所测的水面宽为 312m。上游横断面河槽内主要以冲刷为主，3 年共冲刷面积 35.12$m^2$；下游横断面河槽主要以淤积为主，3 年共淤积面积 26.44$m^2$。

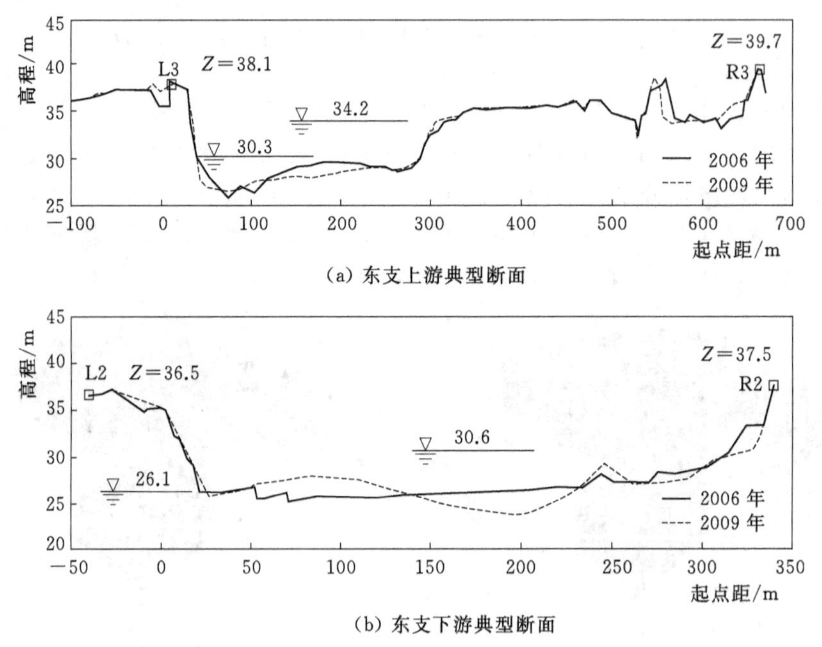


图 4.17　藕池河东支典型断面年际冲淤变化

按照全断面均匀分布，将全断面的冲淤面积均匀地分布在计算水位以下的河床上，即

$$\Delta Z_0=\frac{\Delta A_b}{\chi} \tag{4.1}$$

式中：$\Delta Z_0$ 为断面冲淤厚度；$\Delta A_b$、$\chi$ 分别为全断面冲淤面积、湿周。

计算得到藕池河东支上游、下游典型断面 2006—2009 年年际冲刷及淤积厚度分别为 0.1m 和 0.07m。

图 4.18（a）为藕池河西支上游进水段横断面图，2006 年 8 月 11 日测得的横断面水位为 30.55m，2009 年 7 月 15 日测得的横断面水位为 33.10m，竖向比例尺为 1∶200，横向为 1∶2000。河道右岸、左岸及边滩相应地存在淤积情况，右岸河槽实际淤积面积为 10.62m$^2$；左岸河槽上冲下淤，冲刷面积为 1.52m$^2$，淤积面积为 3.88m$^2$，左岸边滩淤积面积为 18.26m$^2$。从藕池河中支上游横断面图 4.18（b）可知，2006—2009 年变化主要在中支进水段河槽底部轻微冲刷，冲刷面积为 12.09m$^2$。2006 年测得水位为 29.16m，河底最低高程为 25.50m，2009 年测量时河底最低高程为 26.00m，测得水位为 33.16m。

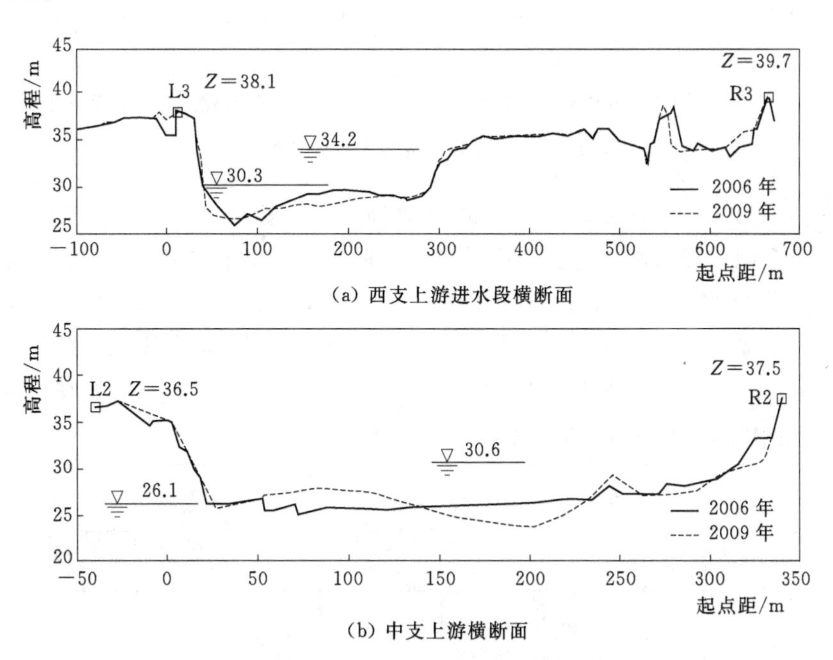


图 4.18 藕池河典型部分河段断面年际冲淤变化

3. 2006—2009 年各河段冲淤变化

图 4.19 为藕池河东支、鲇鱼须河、中支、西支各测量断面 2006—2009 年冲淤变化。横坐标表示各河段所测断面序列号，纵坐标为 2006—2009 年藕池河三年内冲淤面积，正值表示该断面三年内淤积，负数表示冲刷。由图 4.19（a）可知藕池河东支共分布 37 个测量断面，前 6 个断面、22～26 断面以冲刷为主；7～13 断面、27～37 断面淤积，藕池河东

支冲刷段与淤积段交替发展。图 4.19（b）鲇鱼须河的河长为 29.0km，布置 10 个测量断面，其冲淤变化程度要低于其他三支。图 4.19（c）中支断面出现 3 个突变的冲刷断面，且冲刷面积较大。图 4.19（d）西支沿程冲刷程度要略大于淤积程度。

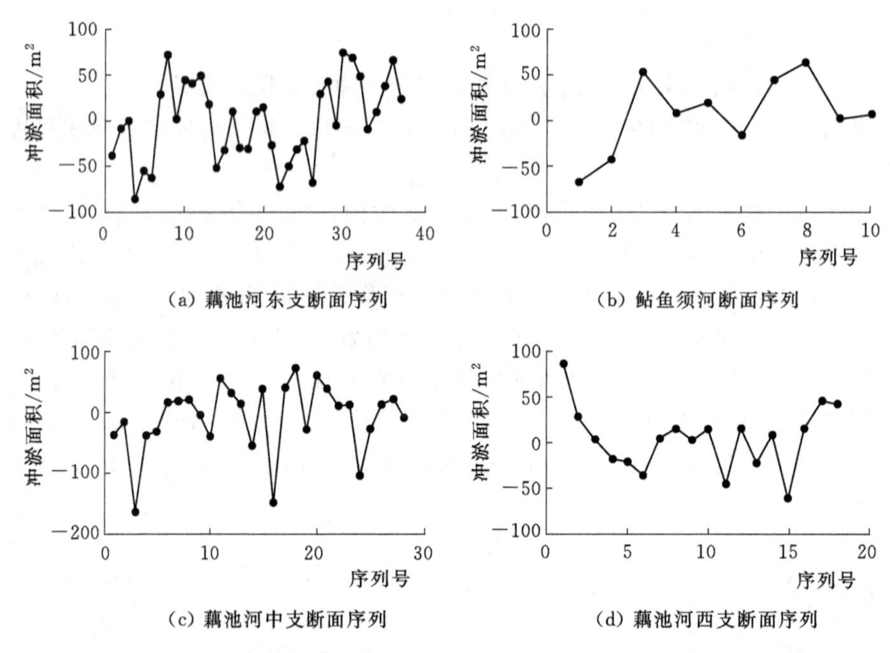


图 4.19　藕池河典型断面年内冲淤变化

采用断面地形分析法计算 2006—2009 年藕池河各河段的冲淤变化，见图 4.20。东支以藕池口、黄金闸、殷家洲、南县和注滋口为地理节点，将东支分为 4 河段分别计算冲淤变化，冲淤量分别为－54.4 万 $m^3$、48.3 万 $m^3$、－63.1 万 $m^3$ 和 53.4 万 $m^3$。东支河段冲淤交替演变，整体冲刷 15.8 万 $m^3$。鲇鱼须河与西支河段整体淤积，淤积量分别为 35.7 万 $m^3$ 和 8.8 万 $m^3$。中支河段以冲刷为主，冲刷量达－68.9 万 $m^3$。各河段冲淤量累计得到藕池河 3 年间整体冲刷量为 40.2 万 $m^3$。

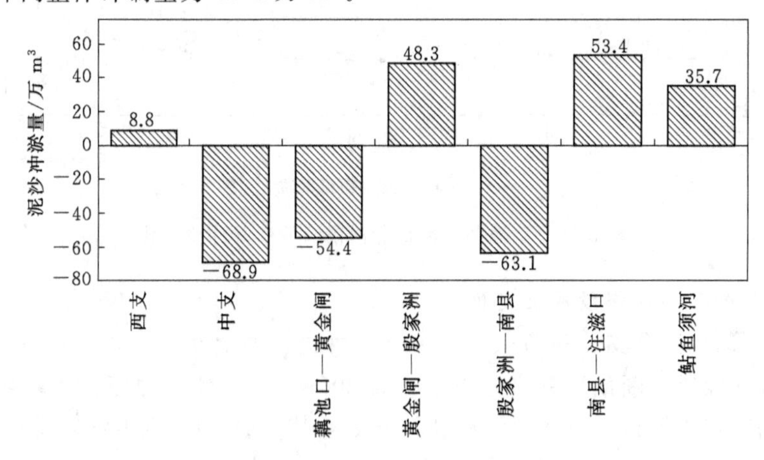


图 4.20　2006—2009 年藕池河各河段冲淤量

2006年和2009年藕池河年径流量分别为29.1亿$m^3$和205.0亿$m^3$，输沙量分别为33.2万t和94.7万t，两年水沙比分别为0.88万$m^3$/t和2.16万$m^3$/t，2003年藕池河年径流量与输沙量分别为137亿$m^3$和740万t，水沙比为0.19万$m^3$/t。2003年之后水沙比逐渐增大，即三峡水库蓄水后藕池河含沙量降低幅度大于径流量的降低幅度，藕池河来水含沙量逐年降低，河道以冲刷为主。藕池河分流比减少，持续冲刷能力不足，使2006—2009年出现东支上游河段冲刷、下游河段淤积的现象。

## 4.2　松滋河形态变化与冲淤过程

松滋河是长江中游向南分水的一个重要泄洪通道（图4.21），松滋口—大口为松滋河主流，共长25.0km，松滋河至大口后分为东、西两支，东支自大口经沙道观、中河口，与中支于小望角汇合，全长120.0km。西支自大口经新江口、苏支河出口、青龙窑于张九台和中支汇合，西支全长118.5km。西支在青龙窑处分水，右侧一支为松滋河中支全长34.5km，自青龙窑经张九台于小望角和东支汇合。

松滋洪道从小望角于松滋河与虎渡河交汇处全长21.5km，松虎洪道接松滋洪道继续南下与澧水汇合，全长30.0km。采穴河连通松滋河主支与荆江，全长20.0km，2018年12月测量平均水面河宽为85m。松滋河东、西两支由莲支河、苏支河、瓦窑河相连通，分别长6.5km、10.0km和7.0km。从Google Earth观察莲支河已进行人工封堵，其他两支处于自然连通状态。莲支河入口经东支南下7.0km，分为两支，左侧一分支为官支河，全长24.0km。

松滋河有2个主要的分水点和3个汇流点（图4.21），D1位于大口，为东支与西支的分水点，距松滋口25.0km。瓦窑河与西支交汇处往南4.5km为松滋河西支与中支交汇点D2。C1、C2分别位于张九台、小望角，为西支与中支、中支与东支的交汇点，C1与C2距离为7.6km。小望角沿松滋洪道往南21.5km即是松滋河与虎渡河的汇流点C3。松滋河设有新江口和沙道观这2个水文站，新江口布置在松滋河西支，沙道观布置在松滋河东支。

### 4.2.1　数据来源与研究方法

1. 地形、水文数据和计算方法

松滋河的河道地形采用长江水利委员会水文局2003年、2006年、2009年和2011年四年实测数据。冲淤量计算同时采用网格地形法与断面地形法。根据获取的地形数据特点，利用Surfer 11创建松滋河2003年、2011年局部河段数字高程模型（DEM），根据Trapezoidal Rule、Simpson's Rule、Simpson's 3/8 Rule分别计算分水、汇流河段冲淤量。测量2006年和2009年松滋河相邻冲淤断面面积以及间距，采用梯形规则计算相邻断面冲淤量，累计叠加得到河段冲淤量。采用新江口和沙道观水文测站1951—2003年多年实测径流数据和输沙量数据，2003—2016年为逐日平均含沙量、流量及水位，取自于长江水利委员会水文局。

2. 遥感数据和处理方法

遥感数据从1984—2018年共选取34年7幅影像作为分析对象。其中1987年遥感影

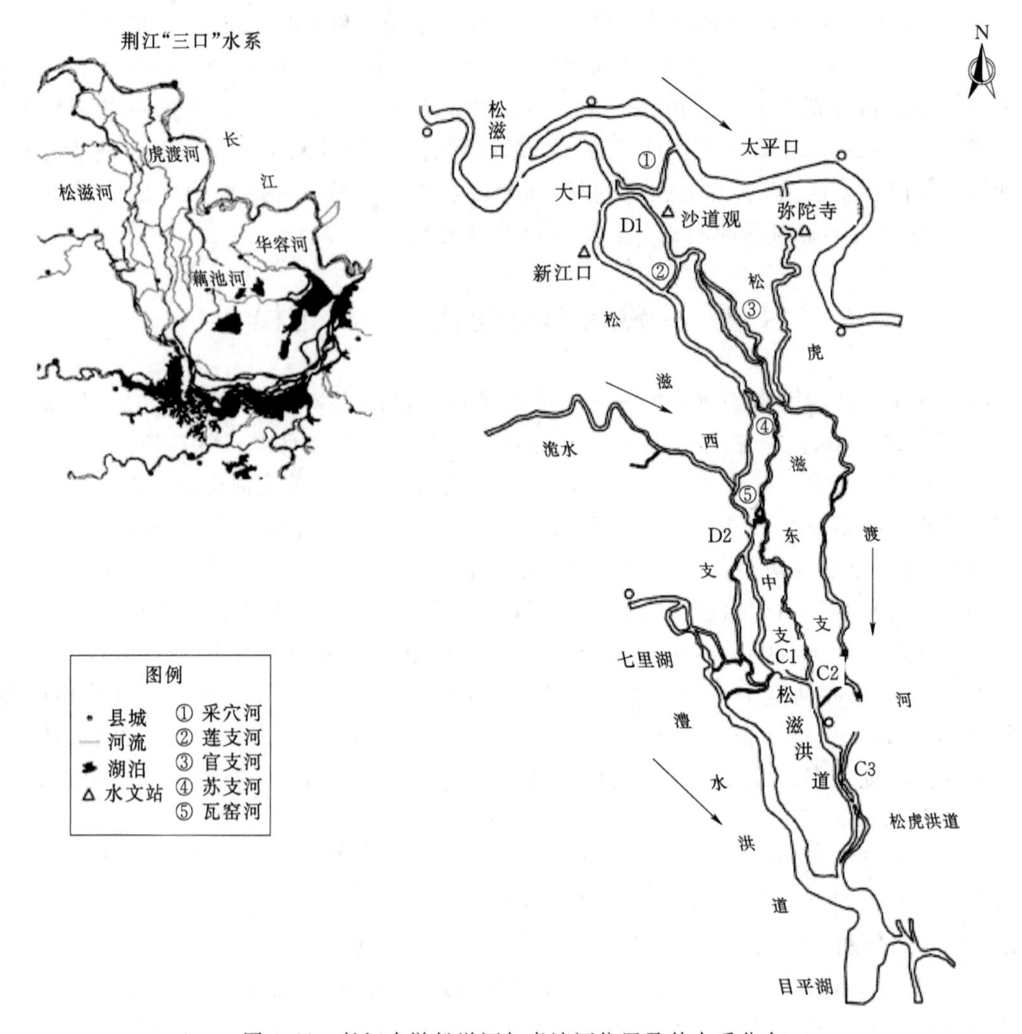


图4.21 长江中游松滋河与虎渡河位置及其水系分布

像资料来自美国NASA的陆地卫星Landsat 8，2014年和2018年选用Landsat 4-5 TM，1984年、1994年、2004年和2014年选用Google Earth遥感影像图。Landsat 4-5 TM影像共包含7个波段，波段6的空间分辨率为120m，为热红外波段，其他波段为30m。Landsat 8共有11个波段，波段8的空间分辨率为15m，为全色波段，其余波段的空间分辨率为30m，Landsat遥感影像系列数据均在地理空间数据云网站下载。

松滋河口门区水体信息利用改进的归一化差异水体指数（MNDWI）进行提取：

$$MNDWI=\frac{Green-MIR}{Green+MIR} \tag{4.2}$$

其中，Green为绿光波段；MIR为中红外波段。

运用ArcGIS融合Landsat 4-5 TM第2、第5波段及Landsat 8第3、第6波段提取目标水体。利用Google Erath将戥盘洲及松虎洪道近期平面演变生成kmz数据文件，导入ArcGIS中经过投影变换后计算相应的平面几何尺寸变化。

不同的气象和水文条件在较大程度上影响遥感影像的质量，尤其水位的变动对分析平面形态特征影响较大。从湖南水文信息网中得到 2004 年 12 月 4 日松滋河沙道观水位为 34.80m，2018 年 1 月 9 日为 34.40m，枯水期水位变动较小。在分析松滋河口门区的形态变化时，选用枯水季节的遥感影像，相对汛期而言，枯水期分析年际变化时一定程度上能够减小因为水位变动对测量造成的误差。对比 2003 年与 2011 年地形数据可知，松滋河口门区与戥盘洲河岸坡度较大。综上所述，选用的遥感影像在分析松滋河平面形态变化的年际变化时，具有可比性。

### 4.2.2 水文数据分析

图 4.22（a）表明松滋河新江口站与沙道观站的多年径流量与输沙量，整体呈现递减趋势。1981 年之前松滋口新江口站多年平均年径流量与多年平均年输沙量有增有减，多年平均年径流量整体维持在 300 亿 $m^3$ 以上，多年平均年输沙量为 3500 万 t。1961—1960 年与 1971—1980 年相比，新江口站与沙道观站多年平均年径流量分别从 353 亿 $m^3$ 和 159 亿 $m^3$ 降至 311 亿 $m^3$ 和 102 亿 $m^3$，减幅比例分别为 11.9%和 35.8%。多年平均年输沙量分别从 3721 万 t 和 1891 万 t 降至 3249 万 t 和 1232 万 t，减幅比例分别为 12.7%和 34.8%。

1981 年之后，松滋口两水文站多年平均年径流量与多年平均年输沙量均大幅度递减，

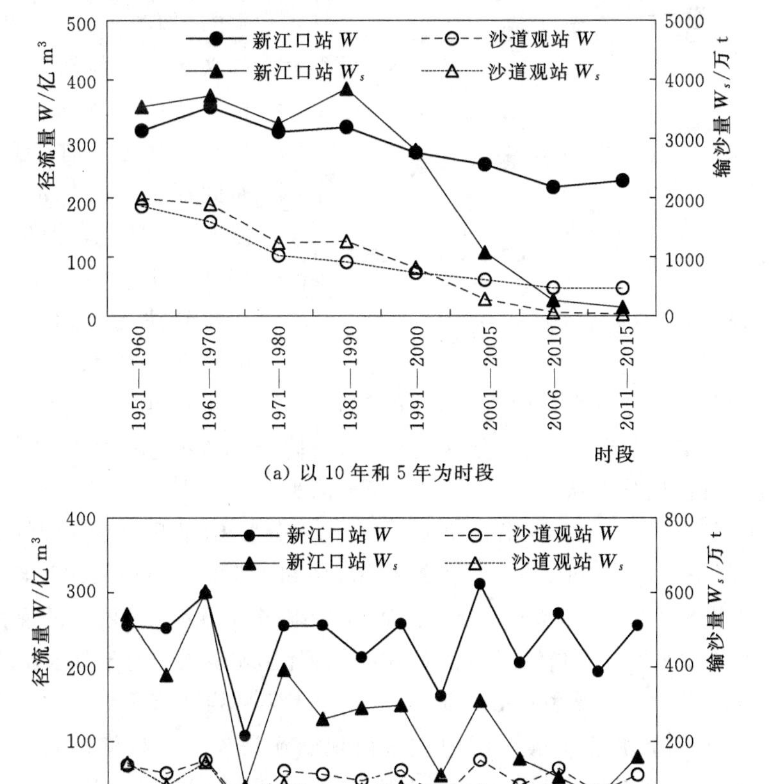


(b) 2003—2016 年

图 4.22 松滋河新江口站与沙道观站的多年径流量与输沙量

1981—1990年与2006—2010年相比，新江口站输沙量呈现断崖式递减，从3838万t降至264万t，减幅比例达93.1%。多年平均年径流量从319亿$m^3$降至218亿$m^3$，减幅比例为31.7%，新江口站多年平均年径流量的递减幅度小于多年平均年输沙量。同期沙道观站多年平均年径流量和多年平均年输沙量分别从91亿$m^3$和1260万t降至47亿$m^3$和60万t，减幅比例分别为48.4%和95.2%。这两个水文站多年平均年径流量与多年平均年输沙量减幅比例拉大，两站输沙量减幅比例大于径流量减幅比例。

图4.22（b）表明三峡水库蓄水后松滋河两水文站年径流量和年输沙量的变化趋势。分别对两站相关数据变化趋势进行函数线性拟合，得到2003—2016年新江口水文站年径流量与年输沙量线性拟合斜率分别为－0.35与－29.45，沙道观站分别为－0.80与－7.49。两水文站年输沙量递减趋势大于年径流量，输水输沙不平衡。新江口站年径流量递减速率低于沙道观，而年均输沙量要远大于沙道观站的年均输沙量。三峡蓄水拦截上游大量泥沙，清水下泄导致新江口站输沙量递减幅度持续下降，枯水期三峡水库下泄补水量对维持松滋河径流量的稳定起积极作用。

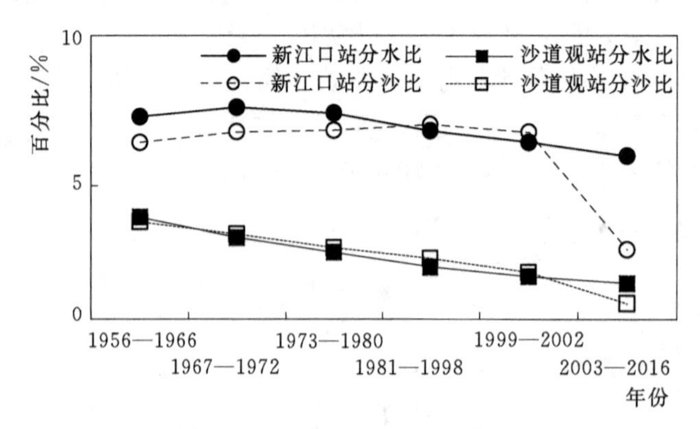

图4.23 松滋河分水比、分沙比

以水利工程（调弦口堵口、下荆江系统裁弯、葛洲坝和三峡水库工程）为时间节点统计松滋口水文站（新江口和沙道观）与枝城站的分水比、分沙比，见图4.23。对比下荆江系统裁弯前后时间段“三口”河道分水比、分沙比的变化，1956—1966年与1973—1980年新江口水文站分水比与分沙比分别从7.1%、6.2%增加至7.3%、6.7%，同期沙道观水文站分水比与分沙比分别减少1.2%、0.9%。1999—2002年与2003—2016年新江口水文站分水比从6.2%降至5.8%，分沙比从6.6%降至2.4%，减少4.2%，同期沙道观水文站分水比与分沙比分别从1.5%、1.6%降至1.3%、0.6%，分别降低0.2%、1.0%。

1956—1966年与1999—2002年松滋口分水比、分沙比呈现缓慢递减趋势，分别从10.7%和9.7%降至7.7%和8.2%，分别缩小3.0%和1.5%。1999—2002年与2003—2016年松滋口分沙比从8.2%降至3.0%，分水比从7.7%降至7.0%，分沙比的递减速率远高于分水比。三峡水库蓄水后，对松滋河两水文站的分沙比影响较大，对于分水比的影响较小。

图4.24（a）统计沙道观水文站1951—2015年多年平均断流天数。水位在35.00m时新江口水文站由于地下水与小溪汇流因素未出现断流现象，而松滋河口门处基本断流。1951—1970年沙道观站未出现断流现象，1961—1970年与1981—1990年多年平均断流天数增长至155d。1991—2000年、2001—2005年、2006—2010年断流天数分别为160d、190d和209d，断流天数持续增加，2010—2015年下降至190d。图4.24（b）三峡水库蓄水后2003—2016年沙道观站年均断流天数线性拟合，斜率为－2.8，表明三峡水库蓄水后，沙道观水文站断流天数整体呈现递减趋势。

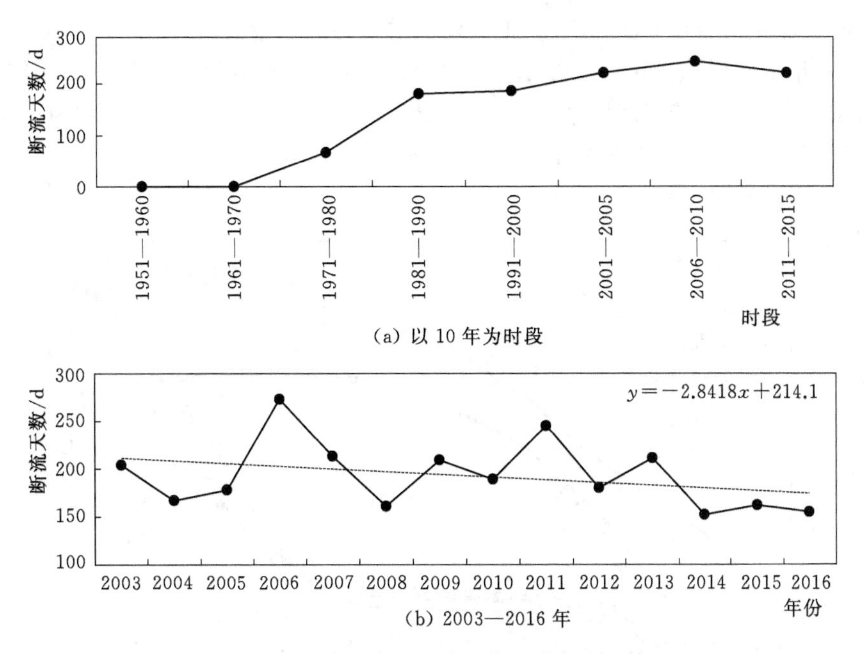


图4.24 松滋河的沙道观水文站断流天数

### 4.2.3 松滋河平面形态变化

1. 口门区

经过波段融合后，松滋口3期Landsat遥感影像提取的平面形态见图4.25。1987—2004年松滋河口门区平面形态变化较小，2004—2018年口门区有局部冲刷。利用ArcGIS经投影坐标转换后测量松滋口杨各洲1987—2004年面积减少0.3km²，减幅为3%，2004—2018年面积减少0.1km²。测量松滋口至戥盘洲洲头共计6.1km松滋河主流河段的平均河宽，3年平均河宽变化为572m、560m和568m，整体河宽变化幅度不大。

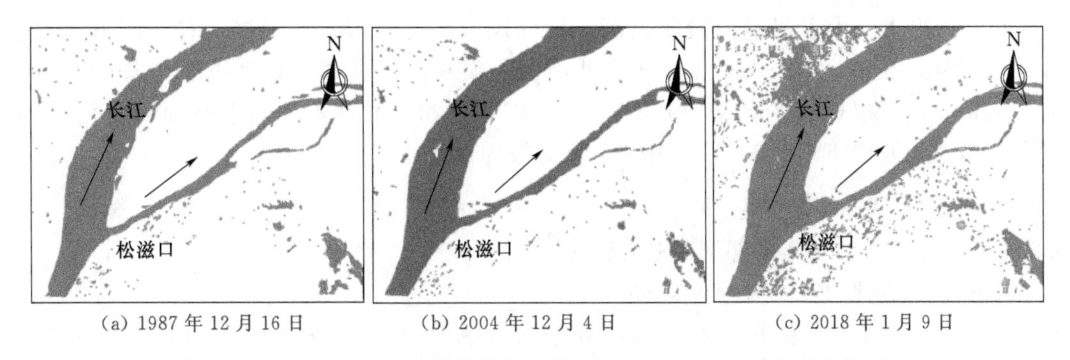


图4.25 基于Landsat遥感影像的松滋河口1987—2018年平面形态变化

松滋河口门区右侧为山区，左侧为平原，地处山区与平原的过渡段，特殊的地理位置使松滋河口门区平面形态变化相对较小。而其他两口河道（虎渡河、藕池河）位于平原区，口门区泥沙淤积严重，口门区河道缩减较快。在“三口”分水整体呈现下降趋势的前提下，松滋河分水量减少的速率低于藕池河，已逐渐成为“三口”分水的主要通道。

松滋河主流距河口 6.0km 处分布 1 个稳定的江心洲（戥盘洲），统计 1984—2014 年戥盘洲每隔 10 年平面形态变化，见图 4.26。2004 年利用 ArcGIS 测量得到 1984 年平面形态面积为 $3.99km^2$，1994 年面积增加至 $4.13km^2$，增幅为 3.51%。2004 年和 2014 年的平面形态面积分别为 $4.44km^2$ 和 $4.60km^2$，与 1984 年比较增幅分别为 11.3%和 15.3%，戥盘洲洲头逐年向前淤积发展。

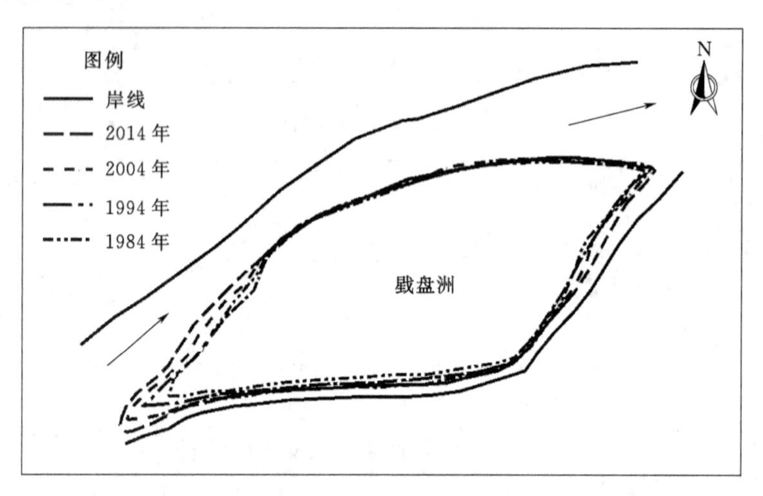


图 4.26　基于 Google Earth 遥感影像的戥盘洲 1984—2014 年平面形态变化

2. 松虎洪道

松滋河与虎渡河汇流之后，松虎洪道沿程长度共计约 20km，汇入澧水洪道，见图 4.27。1984 年统计松虎洪道共分布 7 个沙洲，自上而下将沙洲编号为 1～7。1984 年 1 号沙洲面积为 $0.08km^2$，2001 年增加至 $0.19km^2$，面积增幅达到 137.5%，2016 年增加至 $0.26km^2$，相比 2001 年增幅为 36.8%。1984 年 2 号、3 号沙洲相互独立，2001 年形成整体面积从 $2.17km^2$ 增加至 $2.34km^2$，2016 年面积达到 $2.58km^2$。1 号沙洲与 2 号、3 号沙洲之间淤积严重，由于河道内淤积抬高，部分段沙洲已经与右岸连接，右汊河道淤积废退，分水能力下降。2001—2016 年 4 号沙洲洲头淤积向前发育，其面积由 $0.79km^2$ 增加至 $1.08km^2$，增幅达到 36.7%。1984—2016 年 5 号和 6 号沙洲平面形态面积变化较小，32 年内分别增加 2.5%和 5.6%，其变化相对较为稳定。

### 4.2.4　松滋河河道冲淤变化

#### 4.2.4.1　2003—2011 年局部河道冲淤变化

1. 松滋河分水河段局部冲淤变化

采用 Surfer 11 创建 2003 年和 2011 年松滋河中支-西支、东支-西支（图 4.28）分水段局部河段的数字高程模型（DEM），利用 Trapezoidal Rule、Simpson's Rule 和 Simpson's 计算 2003 年和 2011 年中支-西支分水局部河段体积，分别得到 2003 年体积为 $91.7\times10^6m^3$、$91.8\times10^6m^3$ 和 $91.9\times10^6m^3$，2011 年体积为 $96.1\times10^6m^3$、$96.3\times10^6m^3$ 和 $96.1\times10^6m^3$。得到 2003—2011 年冲淤变化分别为 $4.40\times10^6m^3$、$4.50\times10^6m^3$ 和 $4.20\times10^6m^3$，松滋河中支-西支分水局部河段平均淤积 $4.37\times10^6m^3$。采用 3 种计算方法得到 2003—2011 年松滋河东支-西支分水的局部河段冲淤量分别为 $0.92\times10^6m^3$、$0.74\times$

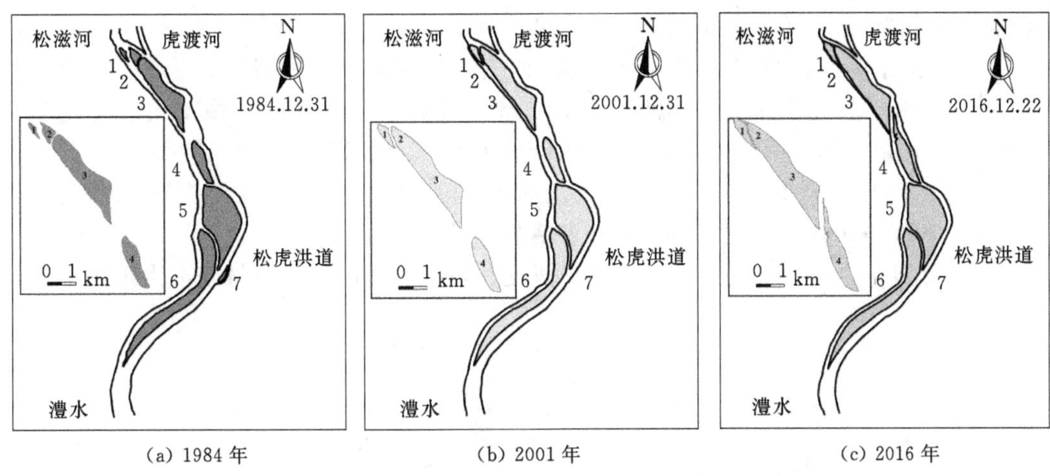


(a) 1984 年　(b) 2001 年　(c) 2016 年

图 4.27　基于 Google Earth 遥感影像的松虎洪道 1984—2016 年平面形态变化

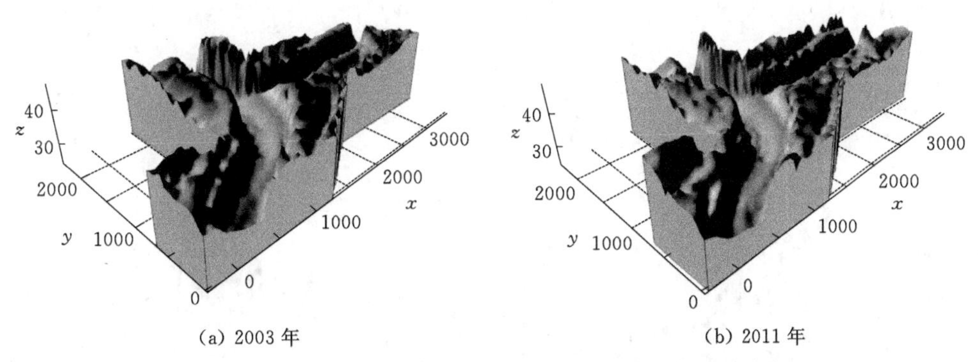


(a) 2003 年　(b) 2011 年

图 4.28　松滋河东支-西支分水局部河段的数字高程模型（单位：m）

$10^6 m^3$ 和 $1.08\times10^6 m^3$，平均淤积 $0.91\times10^6 m^3$。

2. 松滋河汇流河段局部冲淤变化

采用 Surfer 11 创建 2003 年和 2011 年松滋-虎渡河、中支-西支、中支-东支汇流段局部河段数字高程模型（DEM），见图 4.29（a）、（b）。利用 Trapezoidal Rule、Simpson's Rule 和 Simpson's 3/8 Rule 计算 2003 年和 2011 年松滋-虎渡河汇流局部河段体积，得到

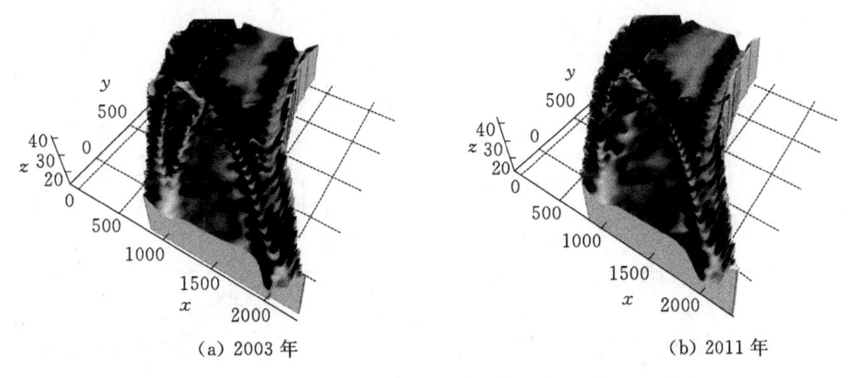


(a) 2003 年　(b) 2011 年

图 4.29　松滋-虎渡河汇流局部河段的数字高程模型（单位：m）

冲淤变化分别为−157万$m^3$、−174万$m^3$和−163万$m^3$，平均冲刷$1.65\times10^6m^3$。采用3种计算方法分别得到2003—2011年中支-西支汇流局部河段冲淤变化为−215万$m^3$、−210万$m^3$和−217万$m^3$，平均冲刷214万$m^3$。计算2003—2011年中支-东支汇流段局部河段冲淤变化为1.96万$m^3$、4.03万$m^3$和10.8万$m^3$，平均淤积5.16万$m^3$。可知，2003—2011年松滋-虎渡河、中支-西支汇流局部河段冲刷、中支-东支汇流局部河段淤积。

#### 4.2.4.2　2006—2009年松滋河各河段冲淤变化

图4.30分别为松滋河主支、采穴河、西支、东支、中支、松滋与松虎洪道的各测量

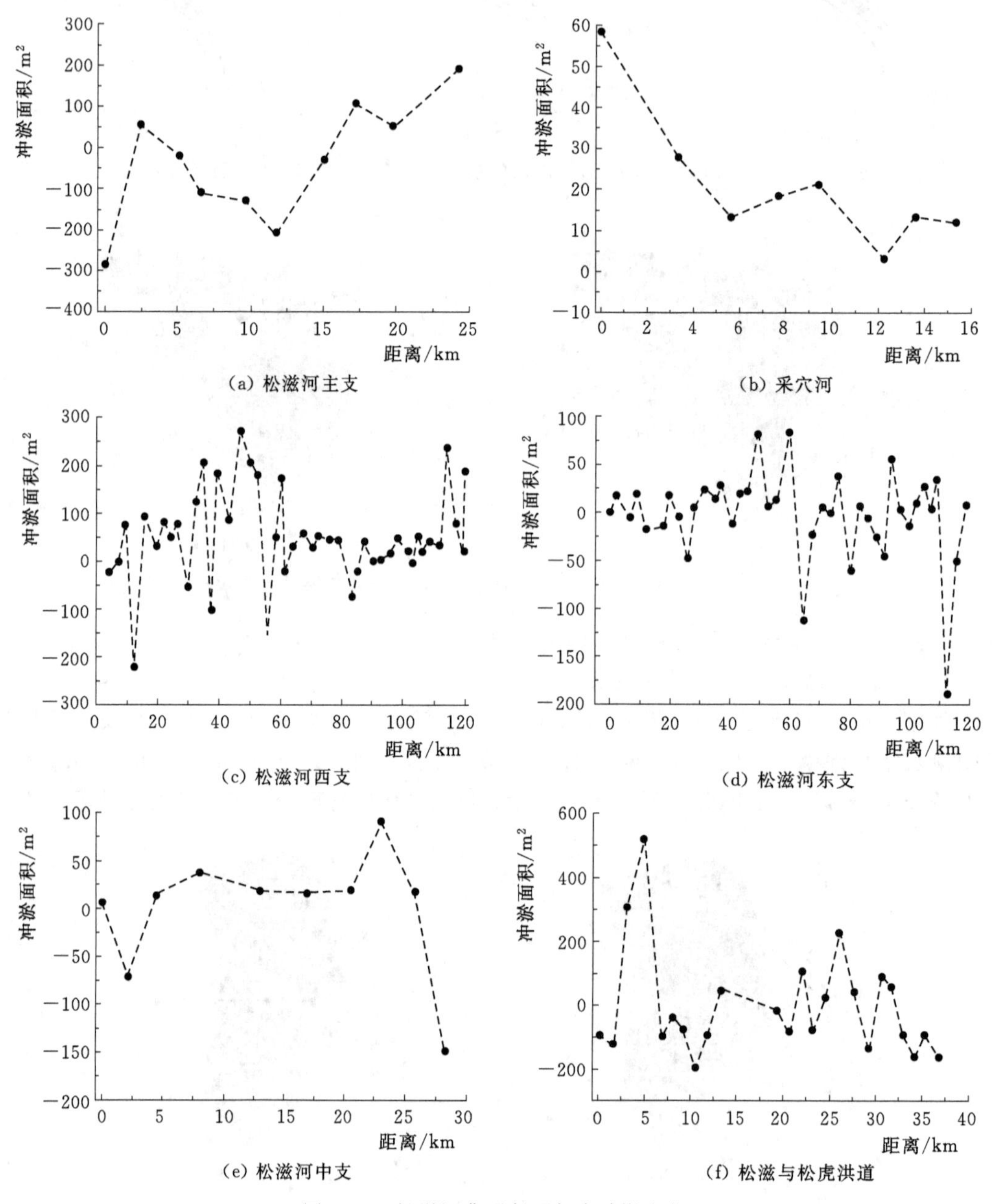


图4.30　松滋河典型断面年内冲淤变化

典型断面 2006—2009 年冲淤变化。松滋河主支段共分布 10 个断面，断面间距平均为 2.5km，松滋口至 15km 处，除第 2 个断面外，其余都以冲刷为主，15km 后 3 个断面淤积。采穴河分布 8 个断面，全部为淤积断面。松滋河西支与东支分别分布 45 个和 40 个断面，断面平均间距分别为 3km 和 2.6km。西支有 10 个冲刷断面，35 个淤积断面，冲刷断面主要分布在上游段。东支分布 17 个冲刷断面、23 个淤积断面，冲刷断面与淤积断面相互交替。中支河段 10 个断面中，第 2 个、第 10 个断面为冲刷断面，其余为淤积断面。松滋洪道与松虎洪道共分布 24 个断面，其中 9 个为淤积断面，15 个为冲刷断面，最大淤积面积为 524.8$km^2$。

利用断面地形法计算 2006—2009 年松滋河各河段的冲淤变化，见图 4.31。以瓦窑河为界限将东支、西支分为两段进行冲淤量计算，以北河段记为西支 1、东支 1，以南记为西支 2、东支 2。西支 1 与西支 2 分别淤积 448.8 万 $m^3$ 和 159.1 万 $m^3$，东支 1 河段淤积 49.4 万 $m^3$，而东支 2 河段冲刷 79.6 万 $m^3$。采穴河、官支河、苏支河及瓦窑河 2006—2009 年分别淤积 32.6 万 $m^3$、9.0 万 $m^3$、10.7 万 $m^3$ 和 17.8 万 $m^3$，中支河段与松滋洪道 3 年内分别淤积 33.9 万 $m^3$ 和 56.5 万 $m^3$，主支河段与松虎洪道则分别冲刷 43.7 万 $m^3$ 和 7.7 万 $m^3$。2006—2009 年松滋河共淤积 682.7 万 $m^3$，西支河段淤积量最大，淤积量达 607.9 万 $m^3$，占总淤积量的 89%。

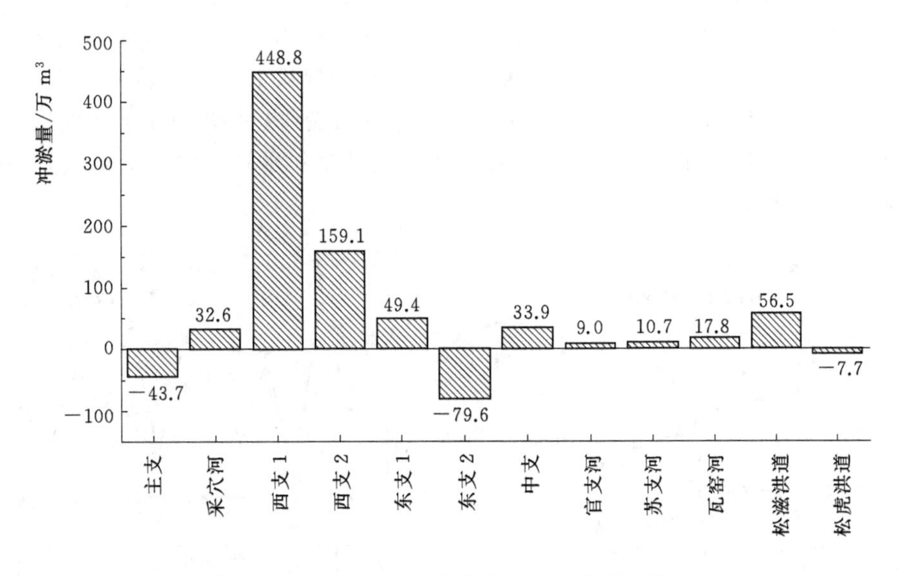


图 4.31 2006—2009 年松滋河各河段的冲淤量

## 4.3 虎渡河形态变化与冲淤过程

虎渡河是长江中游向南分水的另一个重要泄洪通道，自太平口经弥市镇、黄山头镇、安乡，与松滋河汇合，经松虎洪道汇入西洞庭湖，全长 137km（未算松虎洪道）。弥陀寺是松滋河的控制水文站。经太平口沿程往下 50km 处，虎渡河与松滋河连通，继续沿程往下约 42km，为黄山头镇，虎渡河于 1952—1953 年在此处建闸。南闸有 32 个泄洪孔，闸身长 336.8m，设计泄洪流量为 3800$m^3/s$，控制虎渡河向洞庭湖分流量不超过 3800$m^3/s$，以确保洞庭湖地区数以百万人口与广大农田的安全。由于虎渡河受人为干扰，因此不作为本章的重点内容。

### 4.3.1 数据来源与研究方法

虎渡河的河道地形采用长江委水文局 2003 年、2006 年、2009 年和 2011 年四年的实测数据。冲淤量计算同时采用网格地形法与断面地形法。根据获取的地形数据特点，利用 Surfer 11 创建虎渡河 2003 年、2011 年局部河段数字高程模型（DEM），根据 Trapezoidal Rule、Simpson's Rule、Simpson's 3/8 Rule 分别计算分水、汇流河段冲淤量。测量 2006 年和 2009 年虎渡河相邻冲淤断面面积以及间距，采用梯形规则计算相邻断面冲淤量，累计叠加得到河段冲淤量。采用弥陀寺水文测站 1951—2003 年多年实测径流量数据和输沙量数据，2003—2016 年为逐日平均含沙量、流量及水位，取自于长江委水文局。

### 4.3.2 水文数据分析

图 4.32（a）表明虎渡河弥陀寺站的多年平均年径流量与输沙量，整体呈现递减趋势。1951—1960 年与 1961—1970 年相比，虎渡河弥陀寺站多年平均年径流量与多年平均年输沙量分别从 209 亿 $m^3$ 和 2223 万 t 增加至 223 亿 $m^3$ 和 2439 万 t，增幅分别为 6.7% 和 9.7%。1991—2000 年至 2001—2005 年多年平均年输沙量从 1335 万 t 骤降至 141 万 t，减幅为 89.4%，对多年平均年径流量与多年平均年输沙量变化趋势进行函数线性拟合，得到线性拟合斜率为 −21.4 和 −390.2，表明弥陀寺水文站多年平均年输沙量递减趋势远大于多年平均年径流量。

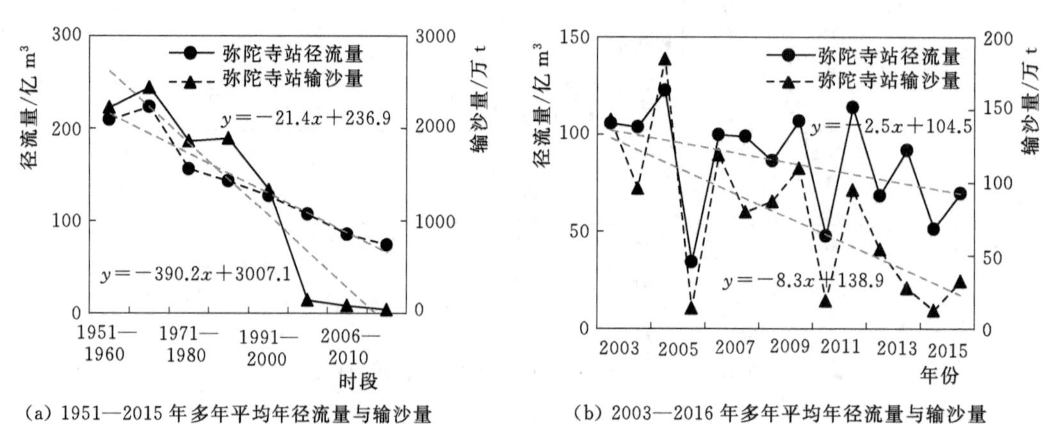


(a) 1951—2015 年多年平均年径流量与输沙量　　(b) 2003—2016 年多年平均年径流量与输沙量

图 4.32　虎渡河弥陀寺站的水文数据

图 4.32（b）表明三峡水库蓄水后虎渡河弥陀寺水文站年径流量和年输沙量的变化趋势。分别对两站相关数据变化趋势进行函数线性拟合，得到 2003—2016 年弥陀寺水文站年径流量与年输沙量线性拟合斜率分别为 −2.5 和 −8.3，弥陀寺水文站年输沙量递减趋势大于年径流量。三峡蓄水拦截上游大量泥沙，清水下泄导致太平口输沙量递减幅度持续

下降，枯水期三峡水库下泄补水量对维持虎渡河径流量的稳定起到积极作用。

以一系列重大水利工程（如调弦口堵口、下荆江系统裁弯、葛洲坝和三峡水库工程）为时间节点统计弥陀寺水文站与枝城水文站的分水比、分沙比，见图4.33。分析下荆江系统裁弯前时间段“三口”河道分水比、分沙比的变化，1956—1966年与1973—1980年相比，弥陀寺水文站分水比与分沙比分别从4.6%和4.3%减少至3.6%和3.8%。1999—2002年与2003—2016年相比，分水比从2.8%降至2.1%，分沙比从2.9%降至0.7%。三峡水库蓄水后，对虎渡河相对的分沙比影响较大，对于分水比的影响较小。

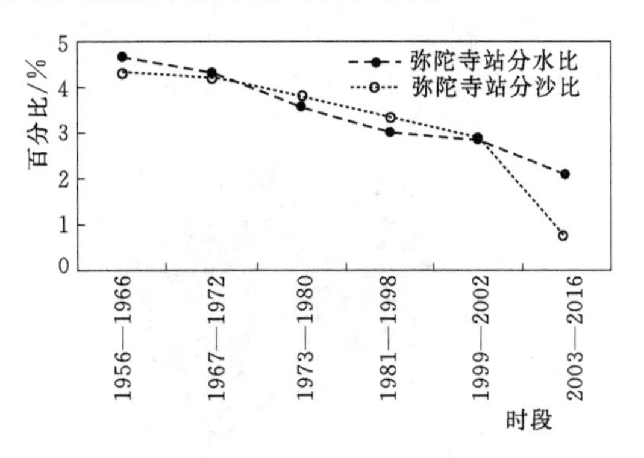


图4.33　弥陀寺站的分水比、分沙比

图4.34（a）为统计虎渡河弥陀寺站1951—2016年多年平均年断流天数。1951—1960年与1961—1970年相比，多年平均年断流天数减少66d，而1961—1970年与1981—1990年相比，多年平均断流天数从4d增长至143d。2001—2005年、2006—2010年和2011—2016年断流天数分别为16d、147d和133d，断流天数持续降低。图4.34（b）为三峡蓄水后2003—2016年弥陀寺站年均断流天数线性拟合，斜率为－1.7，表明三峡水库蓄水后，沙道观水文站断流天数整体呈现递减趋势。

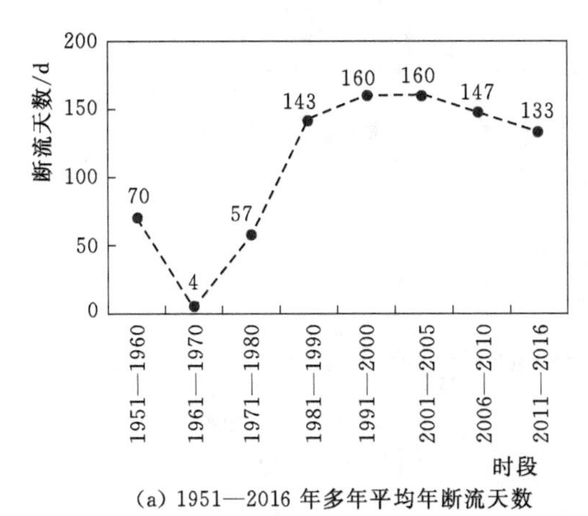


(a) 1951—2016年多年平均年断流天数

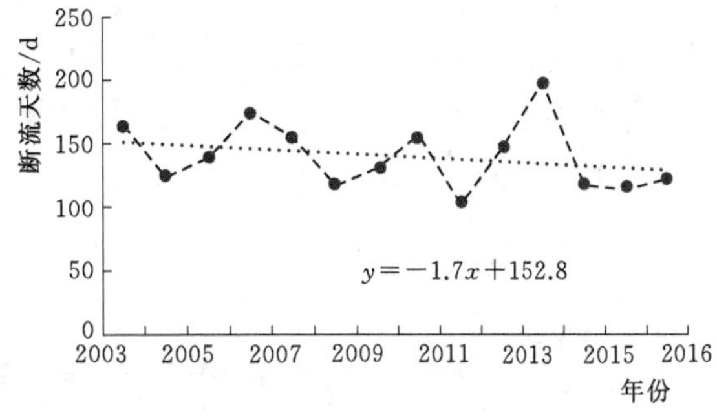


(b) 2003—2016年多年平均年断流天数

图4.34　虎渡河弥陀寺水文站断流天数

### 4.3.3　虎渡河河道冲淤变化

1. 2003—2011年局部河道冲淤变化

采用Surfer 11创建2003年和2011年虎渡河太平口、中河口（图4.35）局部河段的数字高程模型（DEM），利用Trapezoidal Rule、Simpson's Rule和Simpson's 3/8 Rule计算2003年和2011年太平口河段体积，分别得到2003年体积为14505万$m^3$、14504万$m^3$和14501万$m^3$，2011年体积为15075万$m^3$、15063万$m^3$和15009万$m^3$。得到2003—

2011 年冲淤变化分别为 570 万 $m^3$、559 万 $m^3$ 和 589 万 $m^3$，松滋河中支、西支分水局部河段平均淤积 573 万 $m^3$。采用 3 种计算方法得到 2003—2011 年中河口局部河段冲淤量分别为 189 万 $m^3$、192 万 $m^3$ 和 200 万 $m^3$，平均淤积 194 万 $m^3$。

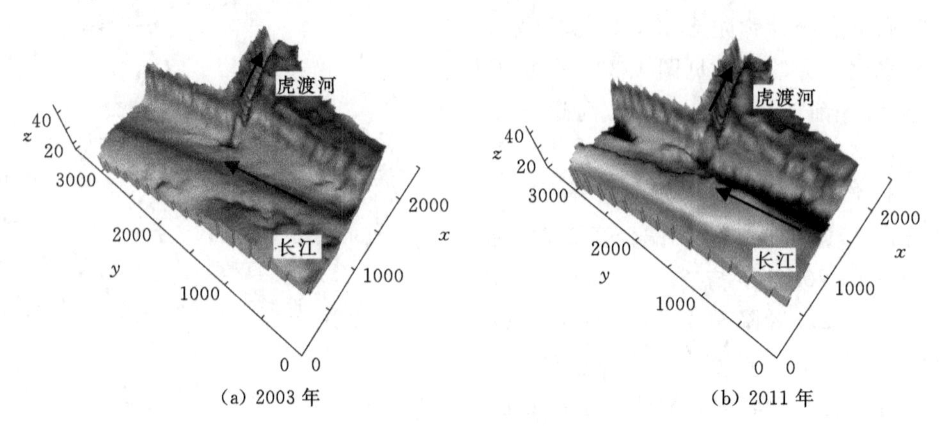


图 4.35　虎渡河太平口段的数字高程模型（单位：m）

2. 2006—2009 年松滋河各河段冲淤变化

图 4.36 分别为虎渡河太平口—中河口段、中河口—南闸段、南闸—新开口段的各测量典型断面 2006—2009 年冲淤变化。太平口—中河口段断面间距平均为 3.0km，共分布 17 个断面，其中冲刷断面有 13 个，最大冲刷断面面积为 $104m^2$，整体河段以冲刷为主。

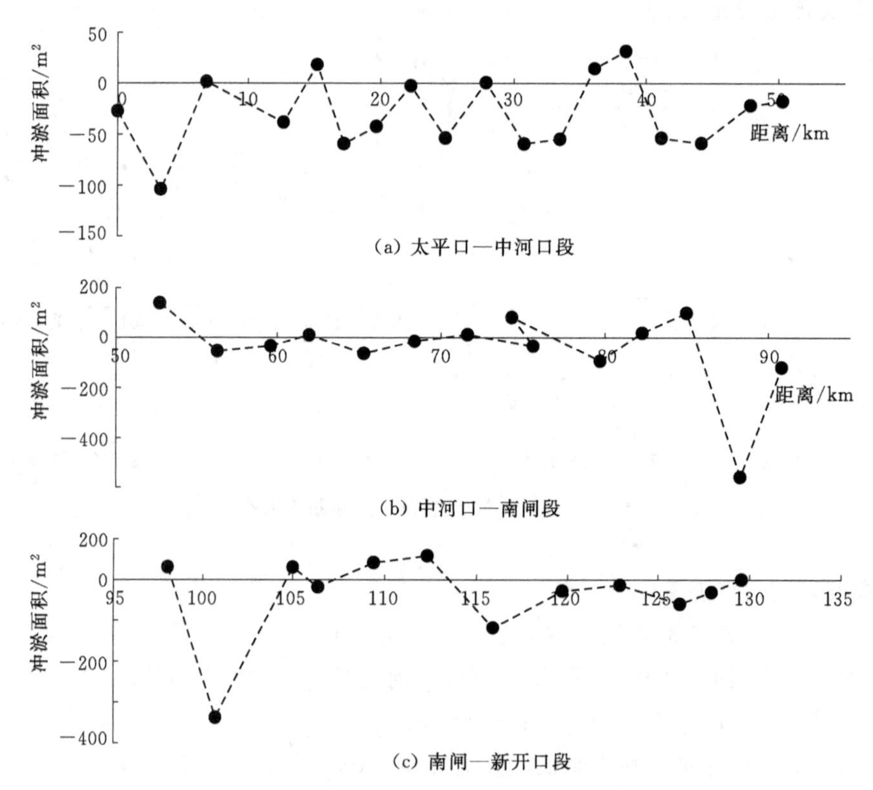


图 4.36　虎渡河典型断面年内冲淤变化

中河口—南闸段断面间距平均为2.9km，共分布14个断面，其中有8个冲刷断面与6个淤积断面，除第13个断面冲刷278.4$m^2$外，其他冲淤相对均衡。南闸—新开口段断面间距平均为3.2km，分布13个断面，其中冲刷断面为7个，最大冲刷面积为337.6$m^2$。

利用断面地形法计算2006—2009年虎渡河各河段的冲淤变化（图4.37）。以中河口、南闸为界限将东虎渡河分为太平口—中河口段、中河口—南闸段、南闸—新开口段共3个河段进行冲淤量计算。太平口—中河口段长50.3km，冲刷153.1万$m^3$，中河口—南闸段、南闸—新开口段分别长39.2km和42.2km，分别冲刷83.6万$m^3$和155.8万$m^3$，2006—2009年虎渡河共冲刷392.5万$m^3$。

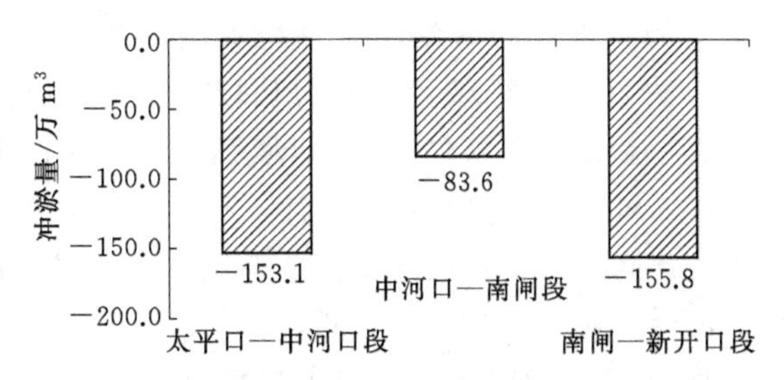


图4.37　2006—2009年虎渡河各河段的冲淤量

根据窦身堂和彭玉明等研究1952—1995年虎渡河各河段冲淤量（表4.4），太平口—中河口段、中河口—南闸段、南闸—新开口段分别淤积333万$m^3$、2854万$m^3$和592万$m^3$，而2006—2009年相同河段都以冲刷为主（窦身堂等，2007；彭玉明等，2007）。

**表4.4　虎渡河1952—1995年冲淤量计算成果**

| 河段 | 起止位置 | 间距/km | 冲淤体积/万 $m^3$ | 冲淤量/万 t |
|---|---|---|---|---|
| 东支 | 太平口—中河口段 | 50.3 | 333 | 432.9 |
| | 中河口—南闸段 | 39.2 | 2854 | 3710.2 |
| | 南闸—新开口段 | 42.2 | 592 | 769.6 |

## 4.4 “三口”水系分水量变化规律

三峡水库蓄水后，引起江湖系统水沙输移与冲淤演变特性的改变，坝下游含沙量急剧减少，致使河床长距离冲刷，枯水期水位持续下降（韩剑桥等，2017；孙昭华等，2015；许全喜，2013；卢金友等，2018）。荆江干流水位变化是影响“三口”分流的直接因素之一（李义天等，2009），荆江枯水期水位的下降促使荆江“三口”分流减少，年均断流时间延长（方春明等，2014）。藕池口将荆江分为上荆江与下荆江两段，相比下荆江，上荆江河床冲刷发展剧烈，枯水位下降幅度最大（朱玲玲等，2017）。

Zhang等（2015）量化三峡水库蓄水对长江与洞庭湖之间水交换影响程度，朱玲玲等（2014）引入径流还原计算方法，量化三峡水库蓄水后不同运行方式对“三口”分流量的影响程度。然而，三峡水库蓄水运行后，枯水期水位下降对分流量变化影响缺乏定量研究。考虑口门区水位下降等因素，根据水位与流量关系得到“三口”分流量经验公式，以此定量计算三峡水库蓄水后荆江枯水位下降对“三口”河道分流量的影响，可短期预测未来“三口”河道分流量变化及对江湖关系调整的影响。

### 4.4.1 数据来源与研究方法

水文数据采用长江委水文局“三口”河道的5个水文站（管家铺、康家岗、弥陀寺、新江口和沙道观水文站）2003—2018 年日平均水位与日平均流量。以堰流水力计算公式为基本原型，采用 2003—2010 年 5 站日平均水位与日平均流量，利用 Origin 统计软件待定系数为 1.5 或 2.0 拟合其他系数，得到日平均相对水深与日平均流量的相对关系，其中日平均相对水深为 5 站的日平均水位与 2003—2016 年断流时多年平均水位的相对差值。统计 5 站 2003—2016 年流量为 0 时的年均水位变化，作为“三口”河道口门区水位下降值。其中新江口水文站未发生断流，统计年平均水位未出现下降趋势，因此取流量 0～100m³/s 对应的水位变化。统计“三口”河道主支的沿程水位变化，得到“三口”河道沿程水位比降。考虑口门区水位下降与“三口”河道沿程水位比降等因素，初步得到“三口”河道 5 站分流量经验公式。

将 2011—2016 年 5 站日平均水位代入分流量经验公式中，得到相应的计算日平均流量，计算流量与实测流量的差值比实测流量值，得到的值再平方作为相对误差值来判定误差大小：

$$R_E=\left(\frac{Q_p-Q_m}{Q_m}\right)^2 \tag{4.3}$$

式中：$Q_p$ 为计算流量；$Q_m$ 为实测流量；$R_E$ 为相对误差值，在 10%之内符合要求，大于 10%则需引进相对误差，进行修正。

最后利用 2017—2018 年日平均水位输入修正好的经验公式，根据相对误差值判断误差是否要求。

### 4.4.2 “三口”水系水文数据分析

对比分析 1956—2014 年“三口”（松滋口、太平口、藕池口）与“四水”（湘江、资水、沅江、澧水）的多年平均年径流量［（图 4.38（a）］，相比“四水”多年平均年径流量，“三口”河道来水量下降趋势大。“三口”与“四水”线性拟合得到的斜率分别为－16.021 和 0.9156，表明“三口”平均以每年 16.0 亿 m³ 的速率递减，而“四水”以每年 0.9 亿 m³ 的速率在递增。1956—1966 年与 1967—1972 年相比，“三口”多年平均年径流量从 1260.2 亿 m³ 降至 1097.7 亿 m³，减幅 12.9%，而“四水”多年平均年径流量从 1519.3 亿 m³ 增加至 1711.7 亿 m³，增幅 12.7%。2003—2014 年“三口”与“四水”多年平均年径流量分别为 472.8 亿 m³ 和 1537.7 亿 m³，同期“三口”多年平均年径流量只占入湖总量的 23.5%。

1965—1973 年与 1998—2002 年相比，“三口”年均输水量下降幅度大，1965—1973 年从 1549 亿 m³ 下降至 825 亿 m³，减少 724 亿 m³，1998—2002 年年均输水量减少 564 亿 m³，减幅为 53.6%。2003—2014 年年均输水量趋势基本稳定。

图 4.38（b）分别统计 1955—2014 年洞庭湖“三口”与“四水”的年输沙量变化，“三口”与“四水”年均输沙量线性拟合得到斜率分别为－367.83 和－54.6571，“三口”与“四水”年输沙量整体下降，“三口”下降速率是“四水”的 6.7 倍。1956—1966 年与 2003—2014 年相比，“三口”多年平均年输沙量从 19700 万 t 降至 1027 万 t，减少 18673 万 t，减幅为 94.8%；同期“四水”多年平均年输沙量从 2952 万 t 降至 860 万 t，减少 2092 万 t，减幅为 70.9%。1956—1966 年“三口”多年平均年输沙量占入湖总量的 87.0%，2003—2014 年多年平均年输沙量占入湖总量减至 54.4%。

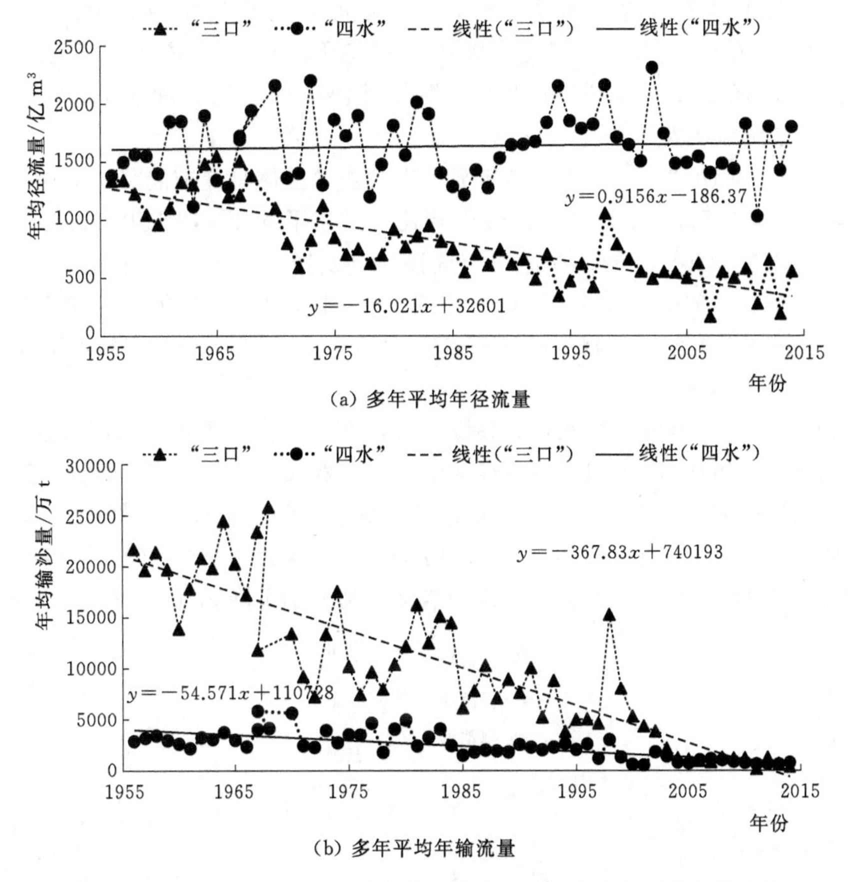


图 4.38　1956—2014 年洞庭湖多年平均年径流量与多年平均年输沙量

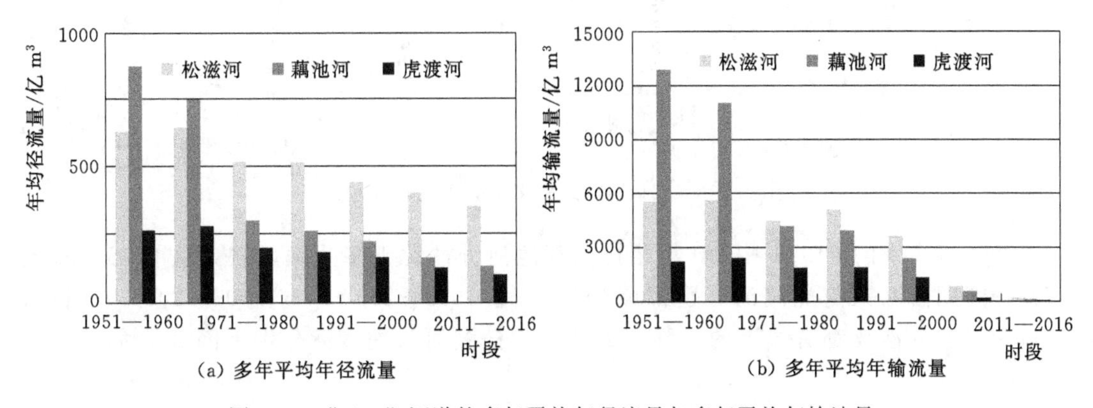


图 4.39　“三口”河道的多年平均年径流量与多年平均年输沙量

图 4.39 (a) 表明“三口”河道多年平均年径流量的变化，“三口”河道整体都呈现逐年递减的趋势。1951—1960 年与 1961—1970 年藕池河多年平均年径流量大于松滋河与虎渡河，分别为 699 亿 m³ 和 598 亿 m³，分别占“三口”径流总量的 49.7% 和 44.9%。1961—1970 年与 1971—1980 年相比，藕池河多年平均年径流量陡降 359 亿 m³，减幅为 60.0%；同期松滋河多年平均年径流量从 512 亿 m³ 减少至 413 亿 m³，减少 99 亿 m³，减

幅为 19.3%，低于藕池河的减幅量。至此，松滋河多年平均年径流量高于其他两河。1951—1966 年与 2011—2016 年相比，虎渡河多年平均年径流量从 209 亿 $m^3$ 降至 74 亿 $m^3$，减少 135 亿 $m^3$，同期松滋河与藕池河分别减少 224 亿 $m^3$ 和 599 亿 $m^3$，藕池河多年平均年径流量减幅最大。

图 4.39 (b) 表明“三口”河道多年平均年输沙量整体呈递减趋势，其中藕池河递减速度最大，1961—1971 年与 1971—1980 年相比，多年平均年输沙量从 11019 万 t 减少至 4183 万 t，减幅为 62.0%；同期松滋河与虎渡河分别减少 1131 万 t 和 567 万 t，减幅为 20.2%和 23.3%。1991—2000 年与 2001—2010 年相比，“三口”河道多年平均年输沙量整体下降，松滋河、虎渡河与藕池河分别减少 2773 万 t、1822 万 t 和 1142 万 t，减幅分别为 76.8%、76.4%和 85.6%。

以调弦口堵口、下荆江系统裁弯、葛洲坝截流和三峡水库蓄水为时间节点，分别统计“三口”河道多年分流比与分沙比，见图 4.40。1956—2016 年，“三口”河道分流比整体呈现下降趋势，1956—1966 年与 1973—1980 年相比，藕池河分流比从 14.1%降至 5.6%，同期松滋河与虎渡河分别减少 1.1%和 1.0%。1973—1980 年与 2003—2016 年相比，“三口”河道分流比下降速率减缓，藕池河、松滋河与虎渡河分别下降 3.0%、2.6%和 0.9%。

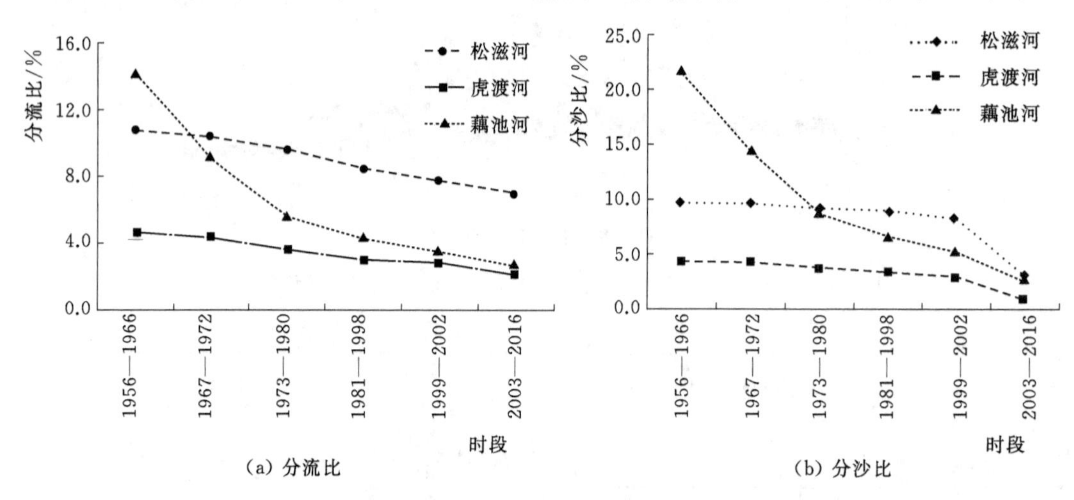


图 4.40 “三口”河道的多年分流比与分沙比

1956—1966 年与 1973—1980 年相比，藕池河分沙比下降速率较快，从 21.5%降至 8.7%，同期松滋河与虎渡河分别都减少 0.5%。1999—2002 年与 2003—2016 年相比，“三口”河道分沙比都有显著的下降，藕池河、松滋河与虎渡河分别下降 2.7%、5.2%和 2.0%。

### 4.4.3 藕池河经验公式

1. 藕池河经验公式建立

以堰流水力计算公式为基本原型，统计分析藕池河管家铺与康家岗两水文测站 2003—2018 年日平均流量与日平均水位的水文资料。探究 2 个水文测站日平均流量与日平均水位的对应关系，取水位为 2003—2010 年日平均水位分别与流量为 0 时日平均水位平均值（管家铺 30.02m、康家岗 32.61m）的差值。排除断流时的日平均流量与水位，得到 2

个水文测站流量与水位的对应关系（图 4.41），经幂函数非线性拟合初步得到藕池河分流量的计算公式：

$$Q_1 = 42.46 \times (H_1 - 30.02)^2 \tag{4.4}$$

$$Q_2 = 7.28 \times (H_2 - 32.61)^2 \tag{4.5}$$

式中：$Q_1$、$Q_2$ 分别为藕池河管家铺站与康家岗站的日平均流量，$m^3/s$；$H_1$、$H_2$ 分别为管家铺站与康家岗站的水位，m。

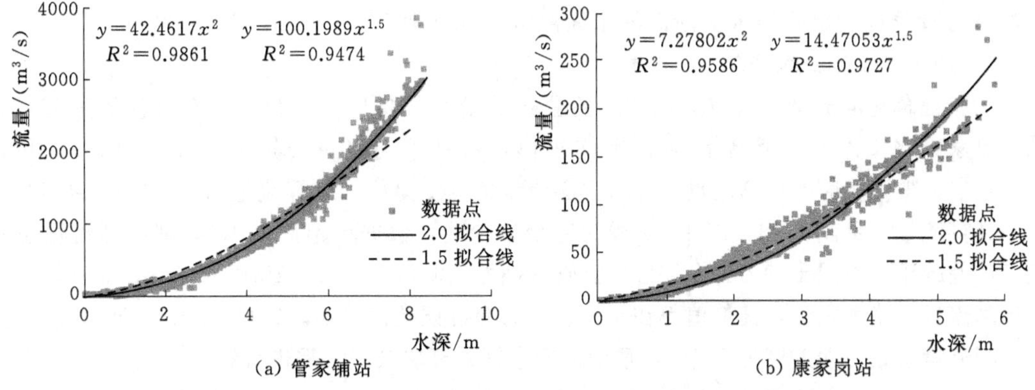


图 4.41　2003—2010 年藕池河两水文站流量与水深相关关系

三峡水库蓄水后，清水下泄导致荆江干流河道平均冲刷深度超过 2m，枯水期水位下降。口门区断流时水位下降的变化是藕池河流量与水位关系的影响因素，统计 2003—2016 年藕池河口门区流量为 0 时年平均水位，得到图 4.42，经幂函数非线性拟合后得到在枯水期内管家铺站与康家岗站的年均水位变化。当长江干流冲淤平衡时，口门区断流时水位高程将不再持续下降。三峡水库运用至 40 年后，下荆江段冲刷基本停止，因此确定水位下降的时间至 2040 年截止，之后年份以 2040 年断流时的水位为准。

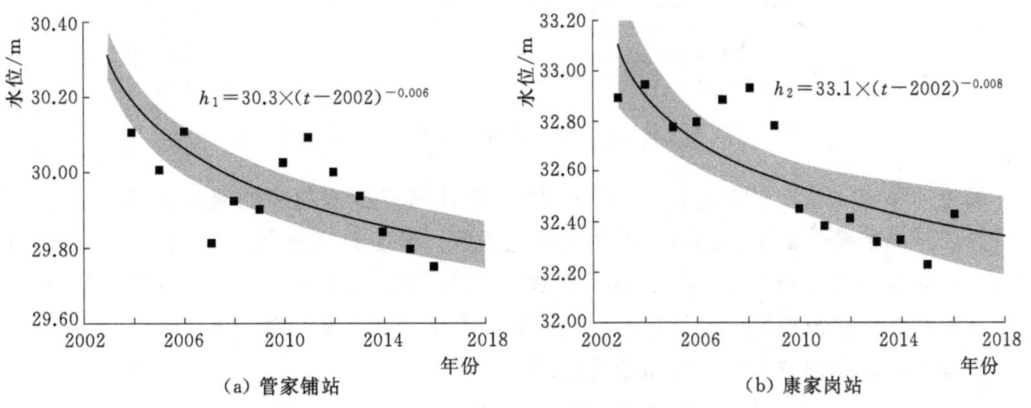


图 4.42　2003—2016 年藕池河两水文站断流年平均水位

根据 2006 年管家铺水文站断面数据，水位在 30.00m 时的河宽为 215m。同年康家岗水文站水位在 32.00m 时河宽为 35m。将流量为 0 时口门区水位变化、断流时对应的藕池河水面河宽等因素考虑至式（4.4）与式（4.5）中，得到

$$\begin{cases}h_1=30.3\times(t-2002)^{-0.006}\\Q_{1r}=0.20\times W_1(H_1-h_1)^2\end{cases}\tag{4.6}$$

$$\begin{cases}h_2=33.1\times(t-2002)^{-0.008}\\Q_{2r}=0.21\times W_2(H_2-h_2)^2\end{cases}\tag{4.7}$$

式中：$h_1$、$h_2$ 分别为管家铺站、康家岗站断流时的水位，m；$t$ 为2003年三峡水库蓄水后的年份时间（$2003\leqslant t\leqslant 2040$，当 $t>2040$ 时，取 $t=2040$），a；$Q_{1r}$、$Q_{2r}$ 分别为考虑枯水期口门区水位、水面河宽等因素时管家铺站、康家岗站的分流量，$m^3/s$；$W_1$、$W_2$ 分别为断流时管家铺、康家岗水文断面的水面河宽，此处取 $W_1=215m$，$W_2=35m$。

2. 藕池河经验公式修正

为验证藕池河流量与水位关系的经验公式的精度，取2011—2016年藕池河管家铺水文站与康家岗水文站日平均流量与日平均水位，将日平均水位分别输入至式（4.6）和式（4.7）中，得到相应的计算流量值。取实测流量值为横坐标，计算流量为纵坐标得到实测流量与计算流量，见图4.43，图中45°线为完全拟合线，数据点越接近45°线则计算流量越精确，误差越小，设置±10%为允许误差。管家铺站实测流量在 $Q=1500\sim2000m^3/s$ 时，除几个计算流量值略大之外，其他值都在±10%，为允许误差范围内。2011—2016年计算流量值与实测流量值相对误差值为2.4%，藕池河管家铺站经验公式无需进行修正。

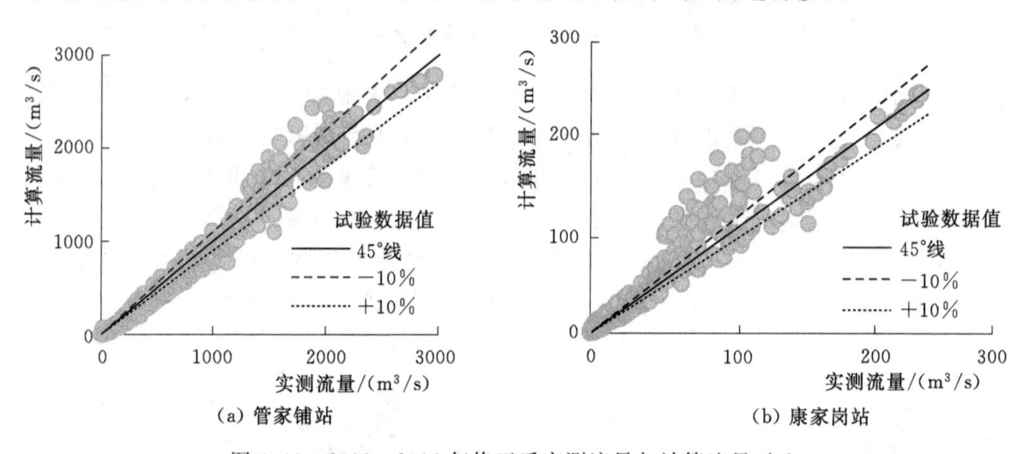


图4.43 2011—2016年修正后实测流量与计算流量对比

藕池河康家岗站未修正之前，2011—2016年计算流量值与实测流量值相对误差值为19.7%，计算值整体大于实测值，需引进修正系数，修正系数分别为0.9、0.8和0.7时，得到的相对误差值分别为14.6%、10.6%和7.8%，修正系数过小，整体相对误差小，但致使高流量下实测流量值大于计算流量，因此综合选用修正系数为0.8。

修正后的管家铺站与康家岗站经验公式为

$$\begin{cases}h_1=30.3\times(t-2002)^{-0.006}\\Q_{1R}=1.0\times42.46\times(H_1-h_1)^2\end{cases}\tag{4.8}$$

$$\begin{cases}h_2=33.1\times(t-2002)^{-0.008}\\Q_{2R}=0.8\times7.28\times(H_2-h_2)^2\end{cases}\tag{4.9}$$

式中：$Q_{1R}$、$Q_{2R}$ 分别为考虑口门区水位下降等因素修正后的管家铺站、康家岗站的分流

量，$m^3/s$。

藕池河康家岗站实测流量在 $Q=50\sim100m^3/s$ 时，计算流量大于实测流量，且超出误差范围。为分析误差产生的原因，根据2003—2018年已有日平均流量与日平均水位的数据，统计水文站不同流量级别水位的变化。由于管家铺水文站过流能力强，分流量大，因此管家铺站分 $Q=0\sim100m^3/s$、$Q=100\sim500m^3/s$、$Q=500\sim1000m^3/s$、$Q=1000\sim2000m^3/s$ 和 $Q=2000\sim3000m^3/s$ 等5个流量级别；康家岗水文站过流能力小，则分为 $Q=0\sim50m^3/s$、$Q=50\sim100m^3/s$ 和 $Q=100\sim200m^3/s$。

进一步结果见图4.44，2003—2018年管家铺站5个流量级别下水位都是呈下降趋势，康家岗水文站流量在 $Q=0\sim50m^3/s$ 时，线性拟合后斜率为−0.07，即在此流量级下，水位以0.07m/a的速度下降，而在 $Q=50\sim100m^3/s$ 流量级别下，斜率为0.07，水位呈递增趋势。在康家岗站建立经验公式时，是以断流时水位变化来推算口门区水位的下降，断流时水位斜率为−0.056，因此与 $Q=50\sim100m^3/s$ 流量级的水位变化相反，因此在 $Q=50\sim100m^3/s$ 时，计算流量大于实测流量。藕池河康家岗水文站2003—2016年年均断流天数达到185d，数据样本少，也是导致误差的一个因素。

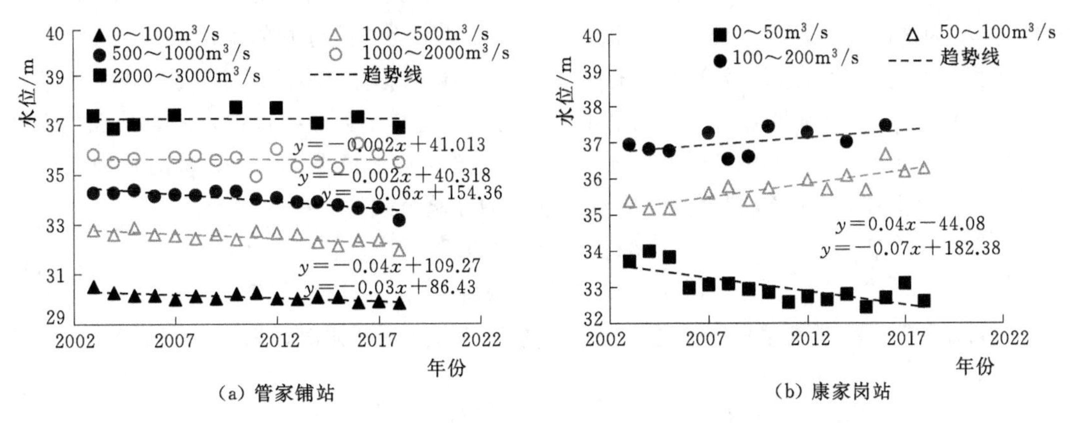


图4.44 2003—2018年藕池河不同流量级别水位变化

3. 藕池河经验公式验证

以管家铺与康家岗水文站2017—2018年日平均流量与水位资料验证修正后的藕池河两站流量与水位经验公式，图4.45（a）、（b）分别为2017—2018年两站实测流量值与计算流量值对比，管家铺站计算流量值基本在±10%以内，计算得到相对误差值为4.5%。康家岗站修正之后实测流量值与计算流量值相对误差值为13.7%。藕池河两个水文站计算流量值与还原的实测流量值高度相符，藕池河经验公式基本符合实际情况。

### 4.4.4 虎渡河经验公式

1. 虎渡河经验公式建立

统计2003—2016年弥陀寺水文站流量为0时的年平均水位，取平均值为31.96m，日平均水位与31.96m的差值得到断流时相对水深，排除流量为0的日平均流量之后得到与相对水深的对应关系（图4.46）。利用Origin的幂函数非线性拟合，指定指数为1.5和2回归其他系数，指数为2时，$R^2=0.98$；指数为1.5时，$R^2=0.96$。指数为2时拟合的结

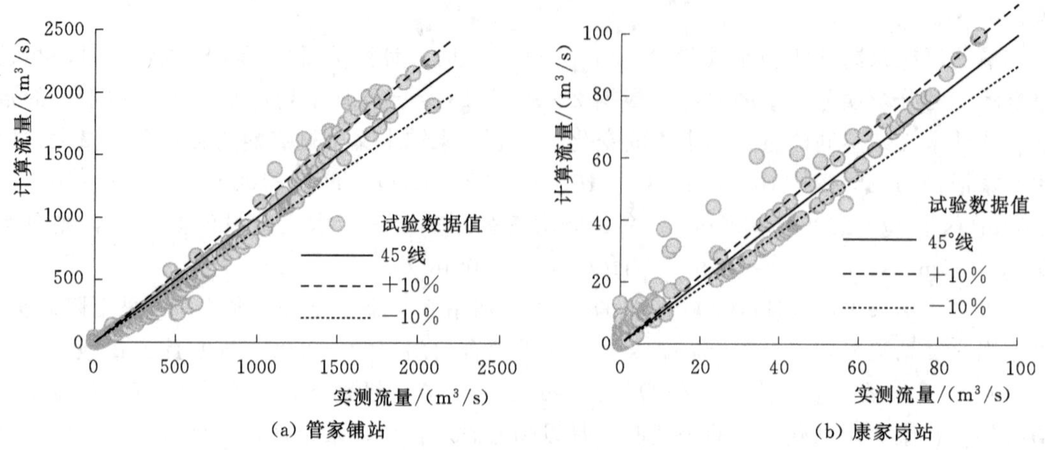

图 4.45　2017—2018 年实测流量与计算流量对比

果较好，初步得到弥陀寺站日平均流量与日平均水位关系式为

$$Q_3=16.35\times(H_3-31.96)^2 \tag{4.10}$$

式中：$Q_3$ 为虎渡河弥陀寺站的日平均流量，$m^3/s$；$H_3$ 为弥陀寺站的水位，m。

考虑弥陀寺口门区水位的变化，统计 2003—2016 年弥陀寺站每年流量为 0 时的平均水位，见图 4.47，断流时的年均水位呈现递减趋势，经幂函数非线性拟合后得到在枯水期内弥陀寺站的年均水位变化。测量得到 2006 年弥陀寺站水位在 32.00m 时的水面河宽为 63.0m。综合上述因素，得到虎渡河流量与水位的经验公式为

$$\begin{cases}h_3=32.26\times(t-2002)^{-0.005}\\ Q_{3r}=0.26\times W_3(H_3-h_3)^2\end{cases} \tag{4.11}$$

式中：$W_3$ 为虎渡河断流时水面河宽，当位于弥陀寺水文站断面时，取 $W_3=63.0$m。

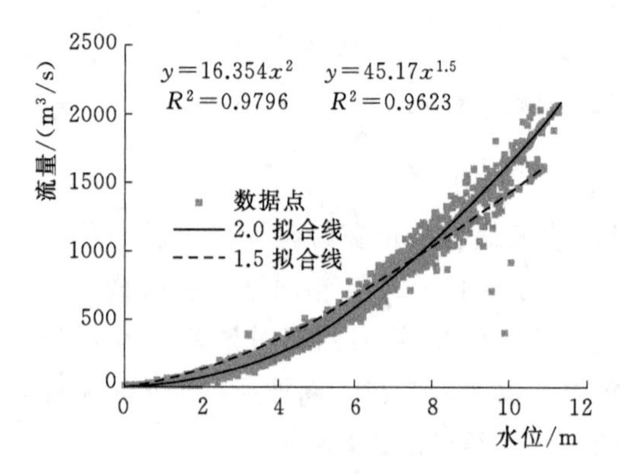

图 4.46　2003—2010 年虎渡河弥陀寺站流量与水位相关关系

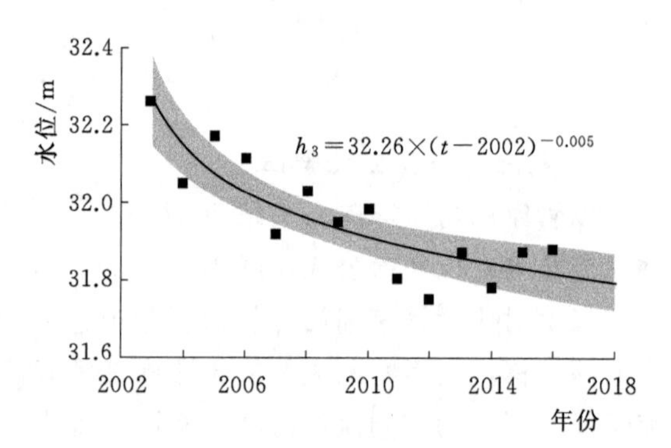

图 4.47　2003—2016 年虎渡河弥陀寺站断流年平均水位

2. 虎渡河经验公式修正与验证

取 2011—2016 年虎渡河弥陀寺水文站日平均流量与日平均水位，以日平均水位作为自变量输入至式（4.11）中，得到相应的计算流量值，见图 4.48。未修正时计算得到相对误差为 12.1%。引入修正系数 0.9 和 0.8，得到的相对误差值分别为 10.7%和 10.5%，

当修正系数为0.8时，计算流量能更吻合45°拟合线，综合考虑修正系数为0.8。修正之后的公式为

$$\begin{cases} h_3 = 32.26 \times (t-2002)^{-0.005} \\ Q_{3r} = 0.8 \times 16.35 \times (H_3 - h_3)^2 \end{cases} \tag{4.12}$$

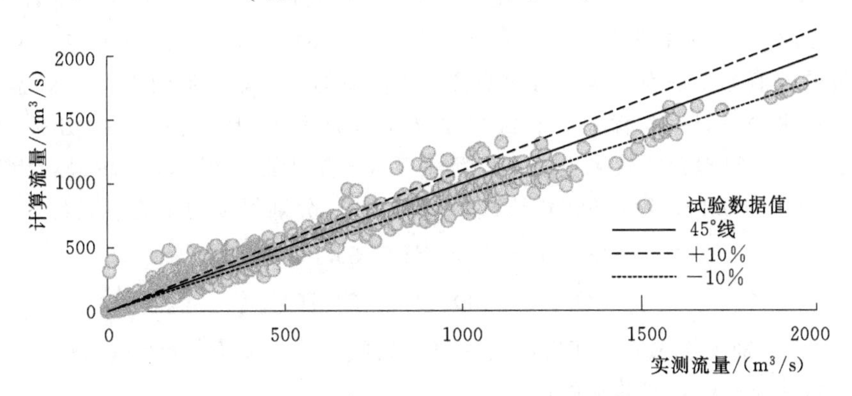


图 4.48 2011—2016 年修正后实测流量与计算流量对比

以弥陀寺水文站2017—2018年日平均流量与水位实测资料验证修正后的虎渡河流量与水位经验公式，实测流量与计算流量对比分析见图4.49。修正之后原计算流量与实测流量的相对误差值为11.5%，计算流量值基本还原实测流量，弥陀寺站经验公式基本符合实际情况。

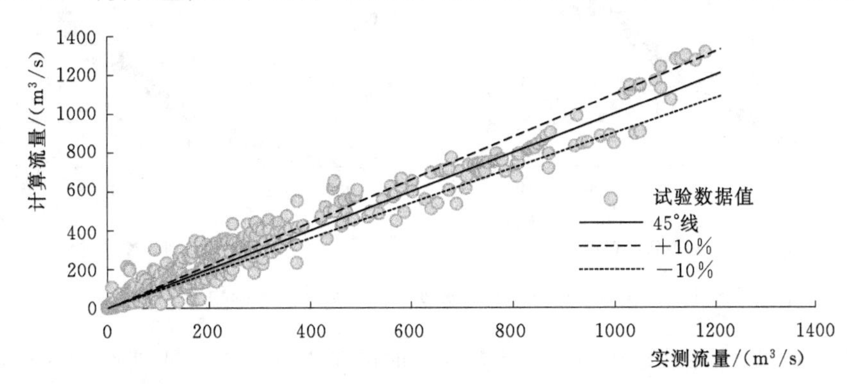


图 4.49 2017—2018 年实测流量与计算流量对比

弥陀寺水文站将实测流量分0～100m³/s、100～500m³/s、500～1000m³/s和1000～2000m³/s共4个流量级别，分析不同流量级别下虎渡河水位的变化，见图4.50。结果显示，0～100m³/s和100～500m³/s两个流量级别下水位变化较小。流量为500～1000m³/s时，2003—2018年弥陀寺水位呈现递增趋势，线性拟合斜率为0.03，而流量为1000～2000m³/

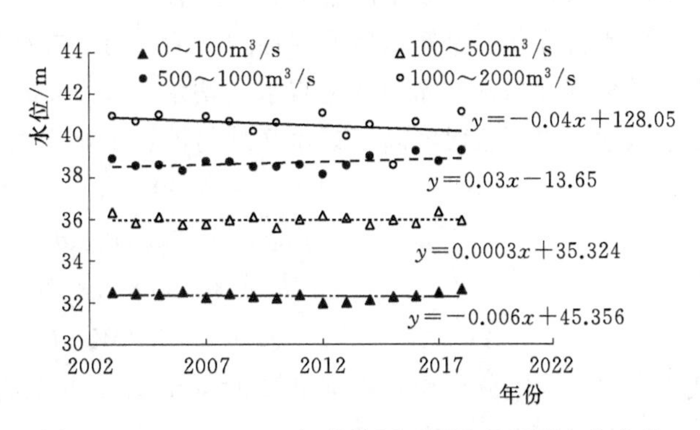


图 4.50 2003—2018 年虎渡河不同流量级别水位变化

s 时水位则呈现递减的趋势，斜率为−0.04。

### 4.4.5　松滋河经验公式

1. 松滋河经验公式建立

2003—2010 年松滋河新江口水文站未出现断流情况，统计 14 年年均最低水位值为 35.00m。沙道观水文站流量为 0 时的多年平均水位为 34.70m。两站日平均水位与多年平均最低水位的差值为日平均水深，与同期日平均流量的对应关系见图 4.51，经幂函数非线性拟合日平均水深与日平均流量，新江口水文站指数为 2 和 1.5 时，$R^2$ 分别为 0.97 和 0.99，指数为 1.5 时拟合的效果更好，故新江口水文站指数选用 1.5；沙道观指数为 2 与 1.5 时，$R^2$ 分别为 0.988 和 0.990，故选用指数为 2。分别得到初步关系式为

$$Q_4=148.50\times(H_4-35.00)^{1.5} \tag{4.13}$$

$$Q_5=20.43\times(H_5-34.70)^2 \tag{4.14}$$

式中：$Q_4$、$Q_5$ 分别为松滋河新江口站与沙道观站的日平均流量，$m^3/s$；$H_4$、$H_5$ 分别为松滋河新江口站与沙道观站的水位，m。

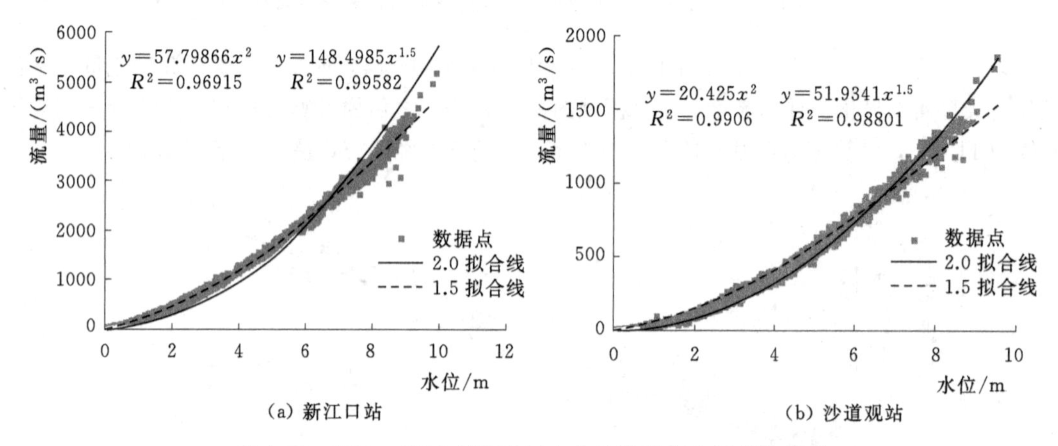


图 4.51　2003—2010 年松滋河水文站流量与水深相关关系

统计 2003—2016 年沙道观站每年流量为 0 时的年平均水位，见图 4.52，经幂函数非线性拟合后得到在枯水期内沙道观站的年均水位变化。同期新江口水文站未发生断流，统计年平均水位，未出现下降趋势，水位在 35.00m 时的流量整体较小，取流量 0～100$m^3/s$ 对应的水位变化，经幂函数非线性拟合后，得到在枯水期内新江口站的年均水位变化。测得松滋河新江口水文站与沙道观水文站水位在 35.00m 时河宽分别为 160m 和 60m。综合上述因素，得到松滋河新江口水文站与沙道观水文站流量与水位的经验公式为

$$\begin{cases}h_4=34.80\times(t-2002)^{0.001}\\Q_{4r}=0.93\times W_4(H_4-h_4)^{1.5}\end{cases} \tag{4.15}$$

$$\begin{cases}h_5=34.90\times(t-2002)^{-0.003}\\Q_{5r}=0.41\times W_5(H_5-h_5)^2\end{cases} \tag{4.16}$$

式中：$W_4$、$W_5$ 分别为松滋河断流时或流量接近 0 时新江口站与沙道观站断面的水面河宽，取 $W_4=160m$，$W_5=60m$。

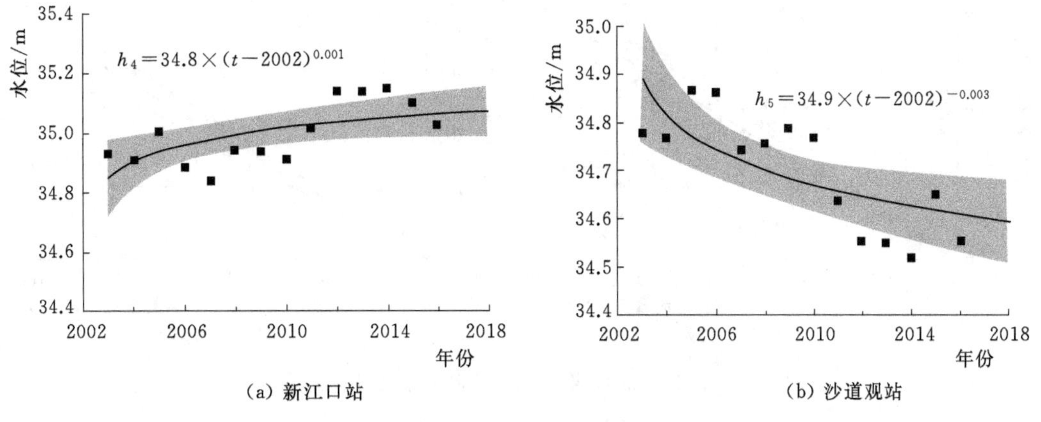


图 4.52 2003—2016 年松滋河断流年平均水位

2. 松滋河经验公式修正与验证

取 2011—2016 年松滋河新江口与沙道观水文站日平均流量与日平均水位，将日平均水位输入至式（4.15）和式（4.16）中，得到相应的计算流量值，实测流量与计算流量对比见图 4.53。2011—2016 年新江口站与沙道观站计算流量值与实测流量值相对误差值分别为 6.6%和 8.7%，两水文测站计算流量基本在±10%，为允许误差范围内，松滋河两站经验公式无需进行修正。

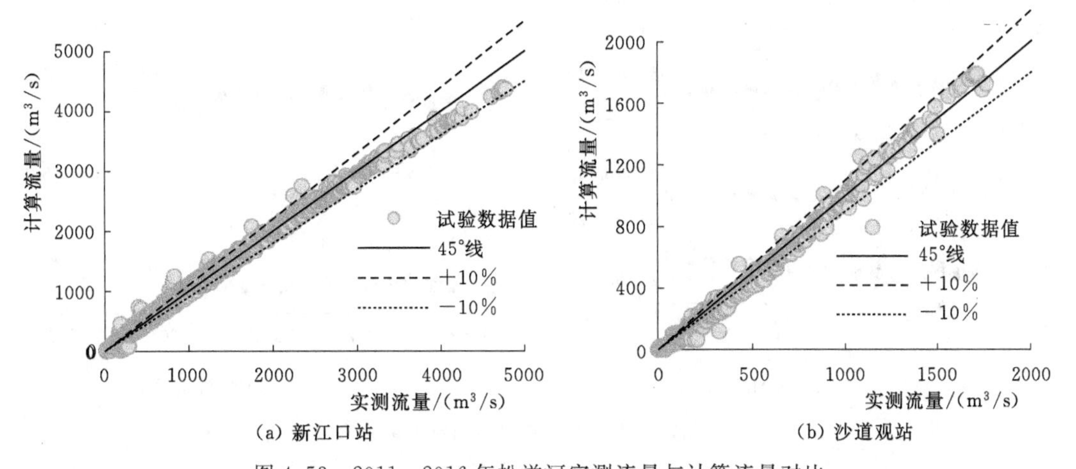


图 4.53 2011—2016 年松滋河实测流量与计算流量对比

以新江口水文站与沙道观水文站 2017—2018 年日平均流量与水位资料验证修正后的松滋河两站流量与水位经验公式，图 4.54（a）、（b）分别为新江口站与沙道观站实测流量值与计算流量值对比，两水文站 2017—2018 年流量实测值与计算值对比数据值基本接近 45°拟合线。2017—2018 年新江口站与沙道观站计算流量值与实测流量值相对误差值分别为 4.5%和 7.3%，说明两水文站计算流量值基本还原实测流量，松滋河经验公式符合实际情况。

统计松滋河两水文站不同流量级别水位的变化。新江口水文站分 0～100$m^3/s$、100～500$m^3/s$、500～1000$m^3/s$、1000～2000$m^3/s$、2000～3000$m^3/s$、3000～4000$m^3/s$ 共 6 个流量级别，沙道观水文站过流能力较小，则分为 0～100$m^3/s$、100～500$m^3/s$、500～

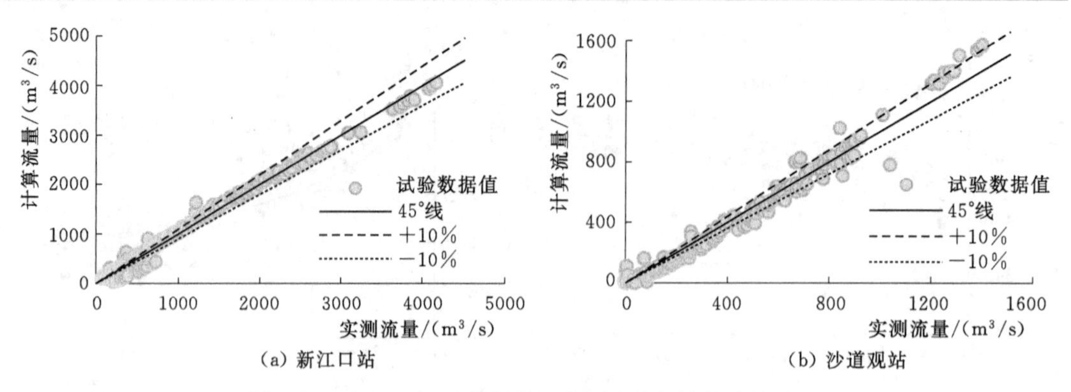


图 4.54　2017—2018 年松滋河实测流量与计算流量对比

1000m³/s、1000～2000m³/s 共 4 个流量级，见图 4.55。流量在 0～100m³/s 时，新江口站水位呈现上升趋势，线性拟合之后斜率为 0.03，即平均每年以 0.03m 的速率在递增。其他流量级别下水位都呈递减趋势，其中流量区间在 3000～4000m³/s 时，斜率最低为 -0.06。沙道观站 4 个不同流量级别水位都呈现递减趋势，2003—2018 年水位斜率分别为 -0.01、-0.06、-0.003 和 -0.03。

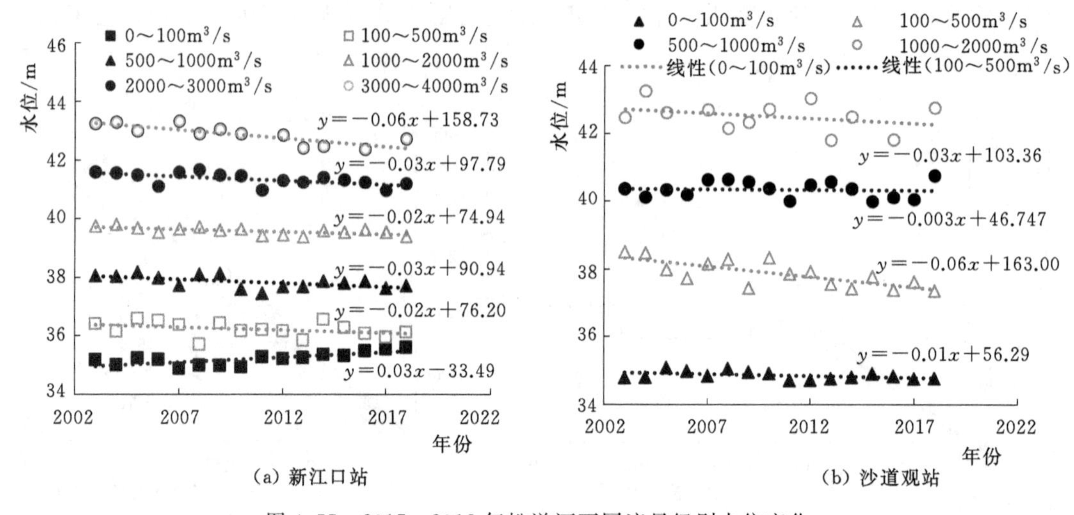


图 4.55　2017—2018 年松滋河不同流量级别水位变化

## 4.4.6　荆江干流枝城经验公式建立

统计荆江干流枝城水文站 2012—2018 年日平均流量与日平均水位的水文资料。为得到枝城站日平均流量与日平均水位的相关关系，经统计得到 2012—2018 年最低水位为 37.00m，对应的水位值与最低水位的差值与同期日平均流量进行非线性拟合，见图 4.56。采用幂函数拟合，初步得到枝城流量与水位的关系式为

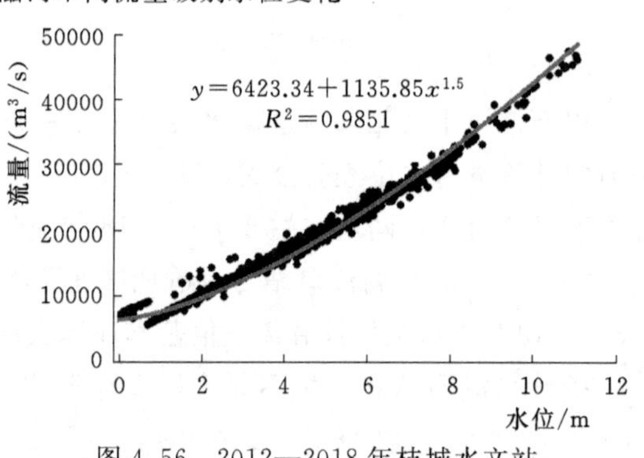


图 4.56　2012—2018 年枝城水文站流量与水位相关关系

$$Q_0 = 6424.3 + 1135.85 \times (H_0 - 37.0)^{1.5} \tag{4.17}$$

式中：$Q_0$ 为枝城站的日平均流量，$m^3/s$；$H_0$ 为枝城站的水位，m。

统计 2012—2018 年日平均流量与日平均水位数据，以及枝城水文站同流量级别下水位的变化。枝城站分 0～10000$m^3/s$、10000～20000$m^3/s$、20000～30000$m^3/s$、30000～40000$m^3/s$ 共 4 个流量级别的水位，流量在 0～10000$m^3/s$ 时，水位呈现上升趋势，线性拟合之后斜率为 0.076，即平均每年以 0.076m 的速率在递增。而其他流量级别下的水位都呈现递减的趋势，见图 4.57。

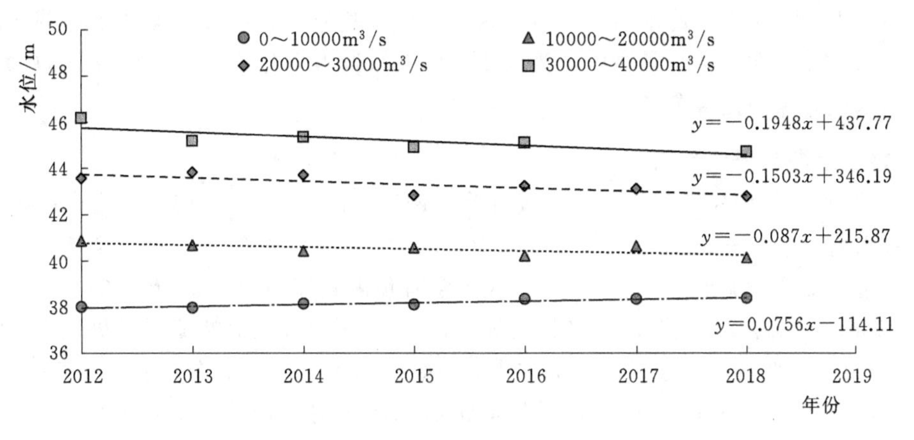


图 4.57　2012—2018 年枝城站水位变化

## 4.5 “三口”水系生态基流及其水文连通性

为加快农业现代化和城市社会经济发展的进程，近几十年来人类过度开发利用水资源，改变水系原有的天然水文情势，挤占水生态系统中的河流生态流量，造成局部地区出现资源型缺水、水质恶化和生物多样性减退等问题（徐宗学等，2016；陈昂等，2016）。生态基流是指在生态需水与人类用水矛盾加剧的背景下，满足水生态系统保护目标，保证水系发挥基本生态功能和维持基本形态结构必需的下限流量（徐宗学等，2016）。若低于此值，河流无法实现生态水文连通或连而不通，生态系统将遭到破坏且在短期内不可恢复（陈昂等，2016；吴喜军等，2011）。

生态基流的计算是河流生态水文学研究和水生态保护的关键所在，国外从 20 世纪 40 年代开始对其深入探讨，并逐步形成了 4 类主要方法，包括水文学法、水力学法、生物栖息地法和整体分析法（Tharme，2003）。国内学者将国外方法引入、改进和创新，并讨论不同方法的适应性和优缺点（徐宗学等，2016；陈昂等，2016；黄康等，2019；于鲁冀等，2016）。水文学法基于整条河流或部分河段的长序列流量数据，计算过程简单，是目前在我国得到最广泛运用和适用性最高的计算方法（钟华平等，2006）。水力学法涉及水力参数的选定和度量，只要不打破该参数的阈值，河流就能维持适宜的生态流量（史方方等，2009）。该方法可得出全年固定值，无法体现不同月份下生态基流值的差异，不适用于水文变化显著的季节性河流。生物栖息地法和整体法分别考虑水生生物的适宜栖息条件和水生态系统的整体功能，计算要求丰富和高精度的生态资料，但部分数据难以获取，实际可操作性较低（徐宗学等，2016）。

三峡水库蓄水后，洞庭湖区“三口”水系分流量减少的趋势虽有所缓解且断流情况变化不显著，但生态缺水仍较为严重，水文连通性较差，局部地区的水生态、水安全和居民用水受到较大威胁（胡光伟等，2014；赵秋湘等，2020）。目前关于“三口”水系的生态基流计算所用的方法较少，多基于历史早期的水文资料，计算结果不适于揭示三峡水库蓄水至今的生态基流满足情况。综合 5 种水文学方法的 6 种计算结果，提出一种生态基流的确定方法，得到三峡水库蓄水后“三口”水系的生态基流推荐值及其保证率，并在此基础之上分析水文连通性及其改善措施，为实现江湖关系调整后分流量减少情况下的水资源综合利用和水生态保护提供参考。

### 4.5.1 数据来源与研究方法

“三口”水系年均径流量由下荆江裁弯前（1959—1966 年）的 1335.7 亿 $m^3$ 削减为三峡水库蓄水后（2003—2018 年）的 481.4 亿 $m^3$。沙道观、弥陀寺、康家岗、管家铺等 4 个水文站常年出现断流现象（图 4.58），相关学者预测其在 2016—2026 年的平均断流天数分别为 203d、207d、279d 和 188d（甘明辉等，2013），部分河流断流形势仍较为严峻（朱玲玲等，2016）。新江口、沙道观、弥陀寺、康家岗和管家铺等 5 个水文站 2003—2018 年逐日平均流量和 1973—2002 年逐月平均流量数据，适用于计算三峡水库蓄水后“三口”水系的生态基流推荐值及其保证率。

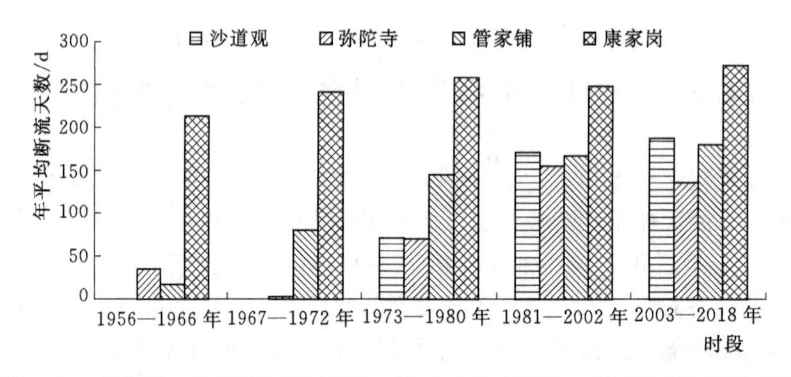


图 4.58　松滋河、虎渡河和藕池河的 4 个水文站在不同水平年的年均断流天数

#### 4.5.1.1 生态基流的水文学计算方法

生态基流是维持河流水生态系统基本功能和河道基本形态所需的最低流量，若低于此值则无法实现有效的生态水文连通，水生态系统将会遭受破坏且在短期内难以恢复（徐宗学等，2016；陈昂等，2016；吴喜军等，2011）。目前关于生态基流的计算方法较多，其中水文学法的运用程度最高，仅需要长序列的实测水文数据即可进行计算。基于已有水文数据，选取 5 种适用于计算“三口”水系的水文学计算方法。

1. Tennant 法

Tennant 等通过对美国的 11 条河流进行野外调研，研究表明多年平均流量的 10% 是保障河流发挥其基本功能和维持河道形态稳定的最小生态流量，低于该值将会使得生态环境遭受严重破坏。多年平均流量的 30% 能为绝大多数的水生生物提供良好的生存空间，

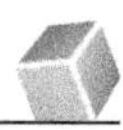

但长期高于该值会使得水生态系统承受过大压力（Tennant，1976）。

2. 90%保证率法

该方法是对每月的日平均流量进行频率分析，取90%保证率下某一月份的多年最枯日平均流量为当月的生态基流（于松延等，2013）。

3. NGPRP法

该方法考虑了不同年份的气候状况以及可接受频率，采用距平百分率法将不同水平年划分为丰水年、平水年和枯水年。若$E>20\%$，则为丰水年；若$-20\%<E\leqslant 20\%$，则为平水年；若$E\leqslant -20\%$，则为枯水年。取平水年组90%保证率下的逐月平均流量为计算结果。距平百分率$E$的计算公式（吴喜军等，2011）为

$$E=\frac{Q_i-Q_a}{Q_a}\times 100\% \tag{4.18}$$

式中：$E$为断面的距平百分率，%；$Q_a$为断面的多年平均流量，$m^3/s$；$Q_i$为断面在第$i$年的平均流量，$m^3/s$。

4. Texas法

该方法是在Tennant法的基础之上考虑特定河流的季节性变化特征，取50%保证率下月平均流量的某一指定百分比为计算结果（Mathews et al.，1991）。参考吴喜军的分析结果，取20%的指定百分比（吴喜军等，2011）。

5. 最枯日法

该方法通常取最近10年第$i$月最枯日平均流量的多年平均值作为当月的生态基流，取2003—2018年共16年的水文数据，以保证各计算方法选取的时间尺度一致。计算公式（于松延等，2013）为

$$Q_i=\sum_{i=1}^{n}\min(Q_{ij})/n \tag{4.19}$$

式中：$Q_i$为第$i$月的生态基流（$i=1,2,\cdots,12$），$m^3/s$；$Q_{ij}$为第$i$月第$j$天的平均流量，$m^3/s$；$n$为统计年数。

#### 4.5.1.2 确定生态基流的Tennant改进方法

前人通常是通过对比多种方法的计算结果，以1种最适宜方法的计算结果作为河流全部月份或全年的生态基流。若不同方法对计算某1条河流的生态基流都有较好的适用性，且计算结果较为接近和难以取舍。

针对“三口”水系这类断流情况严重且季节性变化显著的河流，应综合多种方法的计算结果以确定不同月份的生态基流推荐值。首先，分析各水系在不同时期的水文变化特征，将松滋西河、松滋东河、虎渡河和藕池河东支的水期细分为丰水期（6—9月）、平水期（4—5月、10—11月）和枯水期（12月至翌年3月）。藕池河西支的水资源短缺问题尤为严重，在此不考虑丰水期，只分为平水期（6—9月）和枯水期（10月至翌年5月）。枯水期根据其水量进一步细分为一般枯水期和长断流期（月均流量近似于0的水文时期）。其次，Tennant法可作为1种经验公式，以界定和修正生态基流推荐值。

根据Tennant法的判定原则，月生态基流应介于月多年平均流量的10%～30%，因此首先将小于月均流量10%和大于月均流量30%的计算结果舍去。其次，对不同水期采用不同

的生态基流确定方法。在丰水期，由于流量较大，达到最高程度生态基流的概率最大，因此以 Tennant（30%）法的计算结果为当月的生态基流推荐值。在平水期，以 Tennant（30%）法的计算结果为最高上限，取其他不同方法的平均值。对于一般枯水期，由于流量较小，宜以较低程度的生态基流为基准目标，因此以 Tennant（10%）法的结果为最低下限，取其他不同方法的较低值。长断流期考虑到河流生态流量恢复能力和口门区疏挖的工程量，将三峡水库蓄水前（1973—2002 年）Tennant（10%）法的计算结果拟定为当月生态基流推荐值。最后，取各月生态基流推荐值的平均值为全年生态基流推荐值。该方法可保证全年和逐月的生态基流推荐值分别处于年、月均流量 10%～30%的合理范围内，见表 4.5。

**表 4.5　　年内不同水文时期逐月生态基流的确定方法**

| 年内不同水文时期 | 逐月生态基流的确定方法 |
|---|---|
| 丰水期 | 取 Tennant（30%）法的计算结果 |
| 平水期 | 以 Tennant（30%）法为最高上限，取其他水文学方法计算结果的平均值 |
| 一般枯水期 | 以 Tennant（10%）法为最低下限，取其他水文学方法计算结果的最小值 |
| 长断流期 | 以 1973—2002 年非汛期 Tennant（10%）法的计算结果进行推算和赋值 |

将统计年份的逐日平均流量与确定的生态基流推荐值进行对比，计算逐月的生态基流保证率并由此推算全年的生态基流保证率。逐月的生态基流保证率计算公式（于松延等，2013）为

$$P_i=\frac{D}{D_i}\times 100\% \quad (Q_d\geqslant S_i) \tag{4.20}$$

式中：$P_i$ 为第 $i$ 月的生态基流保证率，%；$Q_d$ 为该月断面逐日流量，$m^3/s$；$S_i$ 为第 $i$ 月生态基流值，$m^3/s$；$D_i$ 为第 $i$ 月的天数，d；$D$ 为满足 $Q_d\geqslant S_i$ 的天数，d。

### 4.5.2 “三口”水系生态基流的确定

松滋西河新江口水文站在丰水期的月均流量 $Q_a$=1169.59～1558.73$m^3/s$，6—9 月的生态基流 $S_i$ 以 Tennant（30%）法的计算结果为准，分别为 350.88$m^3/s$、713.30$m^3/s$、570.23$m^3/s$ 和 467.62$m^3/s$。平水期的月均流量 $Q_a$=207.70～681.80$m^3/s$，4 月、5 月、10 月的生态基流 $S_i$ 取 Texas 法的计算结果，分别为 33.79$m^3/s$、126.13$m^3/s$ 和 127.33$m^3/s$，11 月生态基流 $S_i$ 取最枯日法（$Q_b$=84.05$m^3/s$）和 Texas 法（$Q_b$=53.45$m^3/s$）的平均值（$S_i$=68.75$m^3/s$）。12 月至翌年 3 月的月均流量 $Q_a$=44.44～67.52$m^3/s$，属于一般枯水期，取 Texas 法的计算结果，12 月至翌年 3 月的生态基流 $S_i$ 分别为 10.60$m^3/s$、9.54$m^3/s$、7.62$m^3/s$ 和 12.35$m^3/s$，见图 4.59（a）。

松滋东河沙道观水文站在丰水期的月均流量 $Q_a$=216.62～705.87$m^3/s$，6—9 月的生态基流 $S_i$ 以 Tennant（30%）法的计算结果为准，分别为 64.99$m^3/s$、211.76$m^3/s$、154.28$m^3/s$ 和 116.11$m^3/s$。平水期的月均流量 $Q_a$=5.65～89.52$m^3/s$，由于其他方法的计算结果都小于 4 月、11 月月均流量的 10%，在此取最高上限即 Tennant（30%）法的计算结果为当月生态基流，分别为 1.70$m^3/s$ 和 5.08$m^3/s$。5 月取最枯日法（$Q_b$=6.74$m^3/s$）、Texas 法（$Q_b$=9.07$m^3/s$）和 90%保证率法（$Q_b$=12.91$m^3/s$）的平均值（$S_i$=9.57$m^3/s$），11 月取最枯日法（$Q_b$=16.51$m^3/s$）、Texas 法（$Q_b$=12.71$m^3/s$）和 90%保证率法（$Q_b$=21.98$m^3/s$）的平均值（$S_i$=17.07$m^3/s$）。12 月至翌年 3 月的月均流量 $Q_a$=0.00～

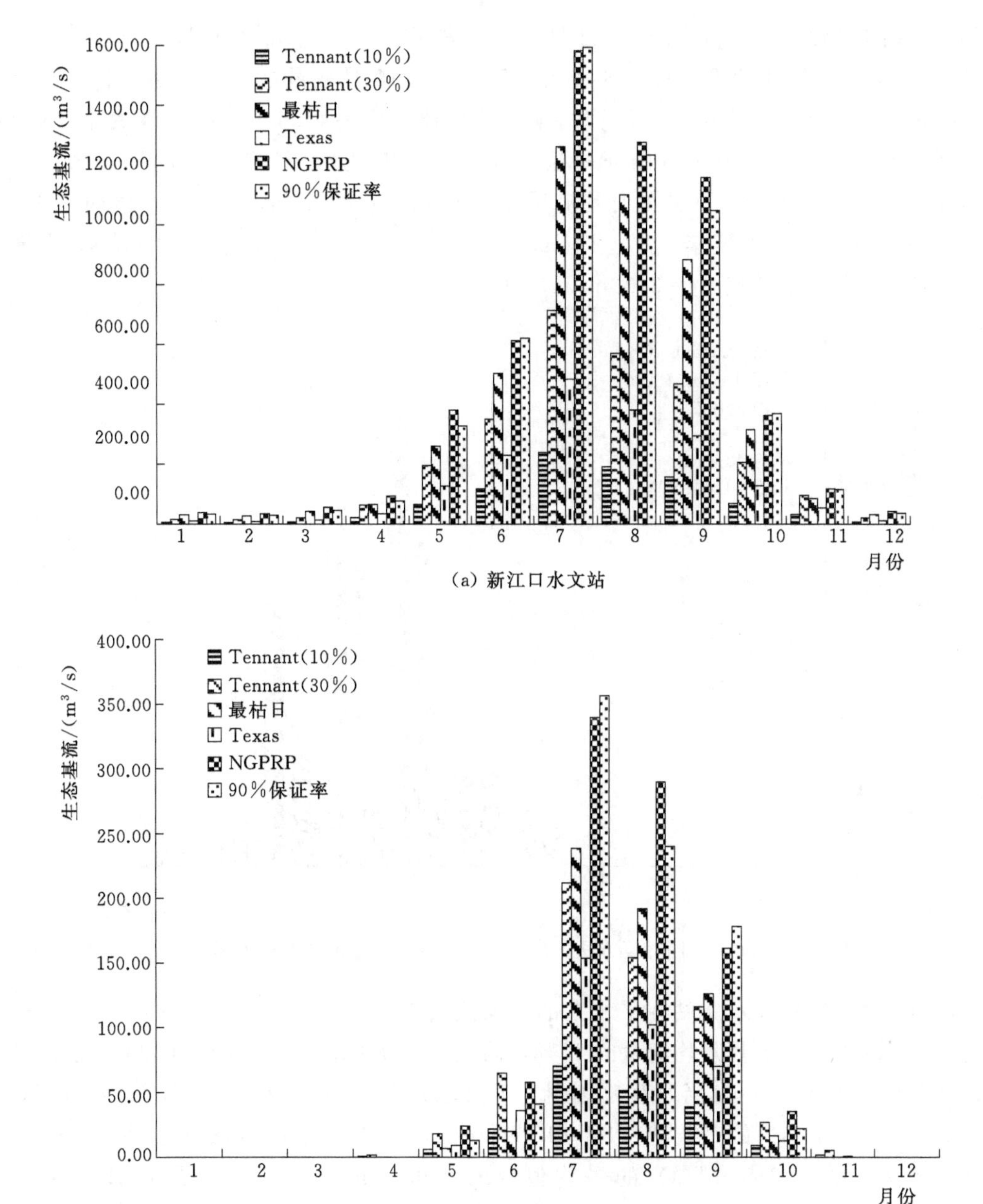


(a) 新江口水文站

(b) 沙道观水文站

图 4.59　不同计算方法下松滋河两个水文站逐月生态基流

0.02m³/s，属于长断流期。1973—2002 年非汛期（10 月至翌年 3 月）Tennant（10%）法的计算结果为 5.81m³/s，推算 12 月至翌年 3 月的逐月生态基流 $S_i$ = 3.18m³/s，见图 4.59（b）。

虎渡河弥陀寺水文站在丰水期的月均流量 $Q_a$ = 406.31～908.76m³/s，6—9 月的生态基流 $S_i$ 以 Tennant（30%）法的计算结果为准，分别为 121.89m³/s、272.63m³/s、220.55m³/s 和 173.71m³/s。平水期的月均流量 $Q_a$ = 35.52～194.89m³/s，4 月取 Texas

法的计算结果（$Q_b$=4.18m$^3$/s），5 月取最枯日法（$Q_b$=42.71m$^3$/s）和 Texas 法（$Q_b$=36.55m$^3$/s）计算结果的平均值（$S_i$=39.63m$^3$/s），10 月取最枯日法（$Q_b$=53.03m$^3$/s）和 Texas 法（$Q_b$=34.33m$^3$/s）计算结果的平均值（$S_i$=43.68m$^3$/s），11 月取 NGPRP 法（$Q_b$=18.13m$^3$/s）和 90%保证率法（$Q_b$=12.84m$^3$/s）计算结果的平均值（$S_i$=15.48m$^3$/s）。12 月至翌年 3 月的月均流量 $Q_a$=0.20～1.42m$^3$/s，属于长断流期。1973—2002 年非汛期（10 月至翌年 3 月）Tennant（10%）法的计算结果为 12.01m$^3$/s，推算 12 月至翌年 3 月的生态基流 $S_i$=3.23m$^3$/s，见图 4.60。

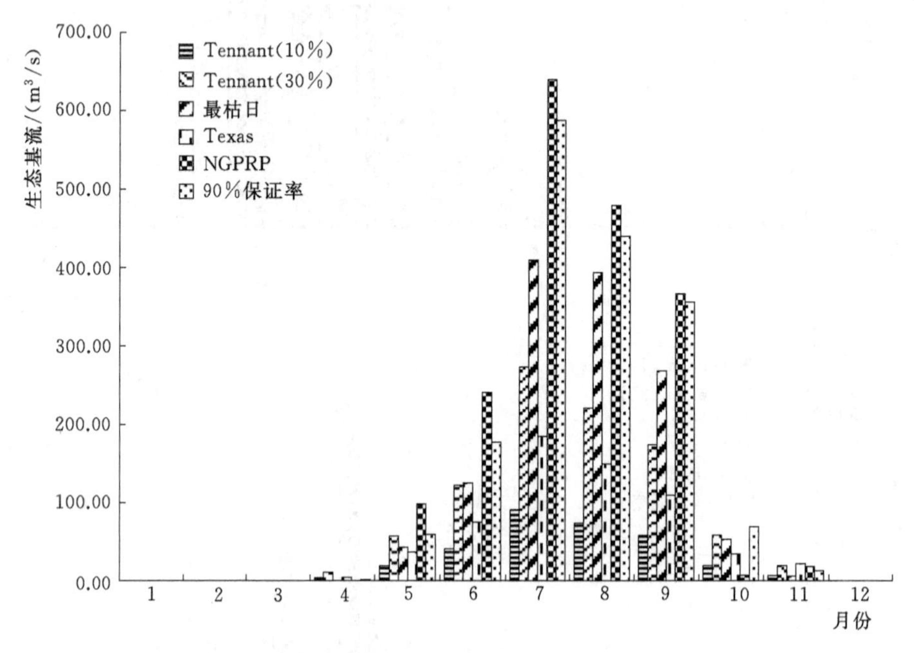


图 4.60　不同计算方法下虎渡河弥陀寺水文站的逐月生态基流

藕池河西支康家岗水文站在平水期的月均流量 $Q_a$=11.45～55.92m$^3$/s，由于其他方法的计算结果都小于 6 月月均流量的 10%，因此取最高上限即 Tennant（30%）法的计算结果（$S_i$=3.43m$^3$/s）为当月生态基流。7 月取最枯日法（$Q_b$=9.79m$^3$/s）和 Texas 法（$Q_b$=11.22m$^3$/s）的平均值（$S_i$=10.51m$^3$/s），8 月取最枯日法（$Q_b$=10.59m$^3$/s）和 Texas 法（$Q_b$=7.59m$^3$/s）的平均值（$S_i$=9.09m$^3$/s），9 月取最枯日法（$Q_b$=4.93m$^3$/s）和 Texas 法（$Q_b$=4.93m$^3$/s）的平均值（$S_i$=4.93m$^3$/s）。10 月至翌年 5 月的月均流量 $Q_a$=0.00～1.80m$^3$/s，属于长断流期，其生态基流推荐值取 1973—2002 年非汛期（10 月至翌年 3 月）Tennant（10%）法的计算结果（$S_i$=0.28m$^3$/s），见图 4.61（a）。

藕池河中支、东支管家铺水文站在丰水期的月均流量 $Q_a$=499.35～1237.67m$^3$/s，6—9 月的生态基流 $S_i$ 以 Tennant（30%）法的计算结果为准，分别为 149.81m$^3$/s、371.30m$^3$/s、286.32m$^3$/s 和 214.96m$^3$/s。平水期的月均流量 $Q_a$=22.04～175.96m$^3$/s，4 月取 Texas 法的计算结果（$S_i$=2.27m$^3$/s），5 月取最枯日法（$Q_b$=35.53m$^3$/s）、Texas 法（$Q_b$=30.75m$^3$/s）和 90%保证率法（$Q_b$=51.16m$^3$/s）的平均值（$S_i$=39.15m$^3$/s），

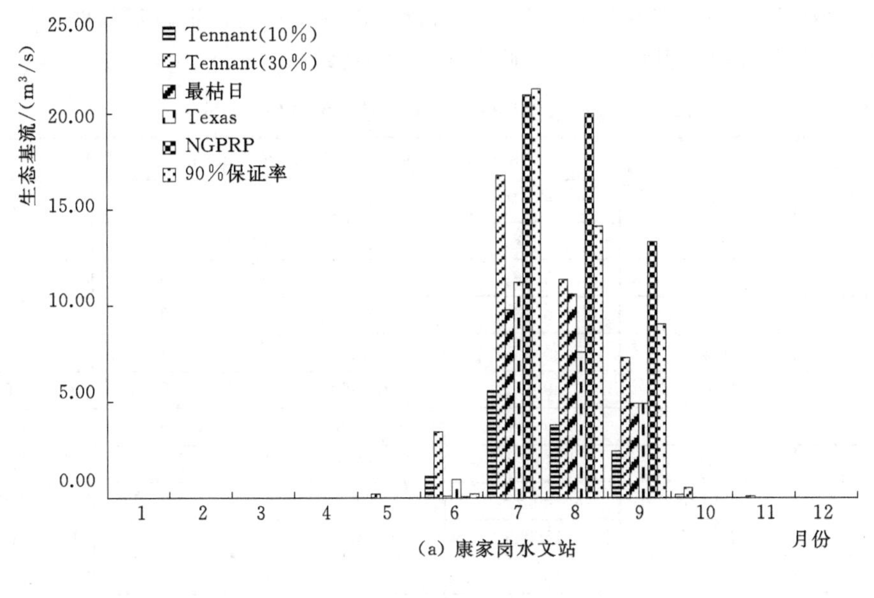


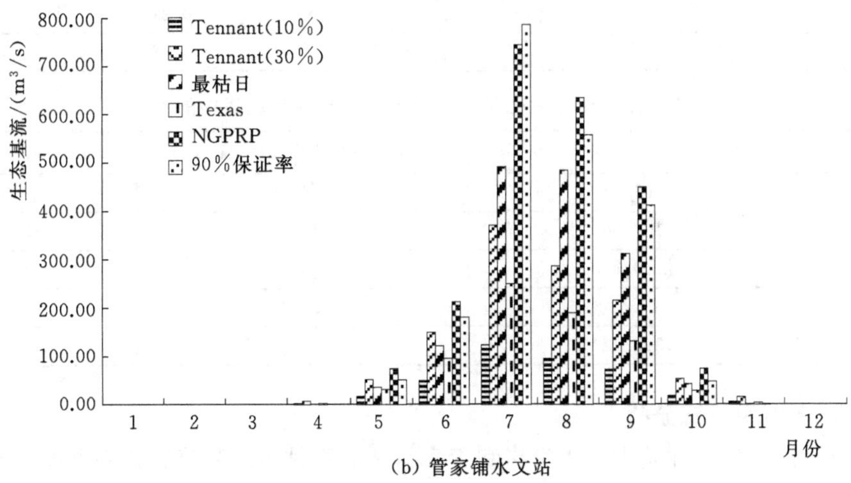


图 4.61 不同计算方法下藕池河两个水文站逐月生态基流

11 月取最枯日法（$Q_b=42.45\text{m}^3/\text{s}$）、Texas 法（$Q_b=28.21\text{m}^3/\text{s}$）和 90%保证率法（$Q_b=47.90\text{m}^3/\text{s}$）的平均值（$S_i=39.52\text{m}^3/\text{s}$），12 月取 Tennant（30%）法的计算结果（$S_i=15.99\text{m}^3/\text{s}$）。12 月至翌年 3 月的月均流量 $Q_a=0$，属于长断流期。1973—2002 年非汛期（10 月至翌年 3 月）Tennant（10%）法的计算结果为 $10.57\text{m}^3/\text{s}$，推算 12 月至翌年 3 月的生态基流 $S_i=3.31\text{m}^3/\text{s}$，见图 4.61（b）。

由逐月生态基流推荐值（表 4.6）推算新江口、沙道观、弥陀寺、康家岗和管家铺站的全年生态基流推荐值，分别为 $208.18\text{m}^3/\text{s}$、$49.44\text{m}^3/\text{s}$、$75.39\text{m}^3/\text{s}$、$2.52\text{m}^3/\text{s}$ 和 $93.94\text{m}^3/\text{s}$。2003—2018 年新江口、沙道观、弥陀寺、康家岗和管家铺站的年平均流量分别为 $763.04\text{m}^3/\text{s}$、$167.66\text{m}^3/\text{s}$、$260.84\text{m}^3/\text{s}$、$11.49\text{m}^3/\text{s}$ 和 $322.72\text{m}^3/\text{s}$。全年生态基流推荐值在多年平均流量中的占比分别为 27.28%、29.49%、28.90%、21.93% 和

29.11%（表 4.7），处于年均流量 10%～30%的范围内，且逐月生态基流推荐值也处于当月平均流量 10%～30%的范围内，验证得知该方法和结果合理。

**表 4.6　　5 个水文站逐月的生态基流推荐值**

| 月份 | 5 个水文站的生态基流推荐值/($m^3$/s) | | | | |
|---|---|---|---|---|---|
| | 新江口 | 沙道观 | 弥陀寺 | 康家岗 | 管家铺 |
| 1 | 9.54 | 3.18 | 3.23 | 0.28 | 3.31 |
| 2 | 7.62 | 3.18 | 3.23 | 0.28 | 3.31 |
| 3 | 12.35 | 3.18 | 3.23 | 0.28 | 3.31 |
| 4 | 33.79 | 1.70 | 4.18 | 0.28 | 2.27 |
| 5 | 126.13 | 9.57 | 39.63 | 0.28 | 39.15 |
| 6 | 350.88 | 64.99 | 121.89 | 3.43 | 149.81 |
| 7 | 713.30 | 211.76 | 272.63 | 10.50 | 371.30 |
| 8 | 570.23 | 154.28 | 220.55 | 9.09 | 286.32 |
| 9 | 467.62 | 116.11 | 173.71 | 4.93 | 214.96 |
| 10 | 127.33 | 17.07 | 43.68 | 0.28 | 39.52 |
| 11 | 68.75 | 5.08 | 15.48 | 0.28 | 10.66 |
| 12 | 10.60 | 3.18 | 3.23 | 0.28 | 3.31 |

**表 4.7　　5 个水文站的全年生态基流推荐值在多年平均流量中的占比**

| 水文测站 | 2003—2018 年平均流量/($m^3$/s) | 全年生态基流推荐值/($m^3$/s) | 生态基流占比/% |
|---|---|---|---|
| 新江口 | 763.04 | 208.18 | 27.28 |
| 沙道观 | 167.66 | 49.44 | 29.49 |
| 弥陀寺 | 260.84 | 75.39 | 28.90 |
| 康家岗 | 11.49 | 2.52 | 21.93 |
| 管家铺 | 322.72 | 93.94 | 29.11 |

### 4.5.3　生态基流保证率分析

新江口、沙道观、弥陀寺、康家岗和管家铺站的逐月生态基流保证率见图 4.62，推算

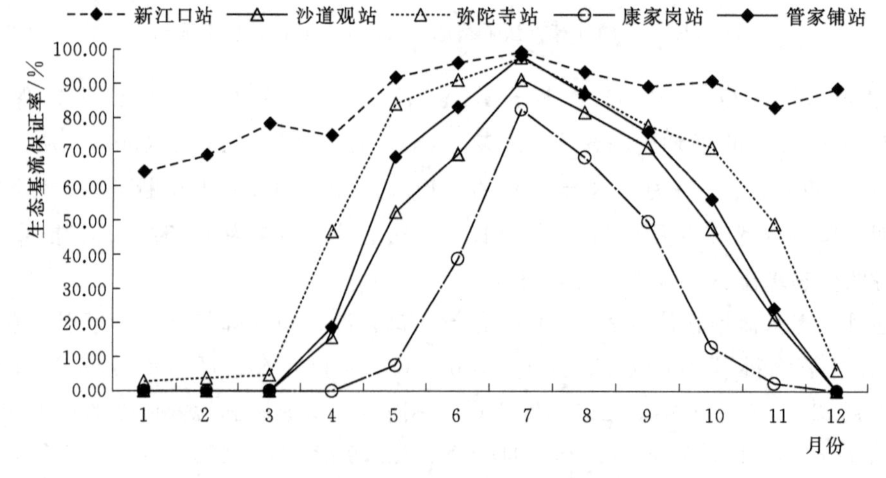


图 4.62　5 个水文站的生态基流逐月保证率

其全年生态基流保证率分别为84.83%、37.52%、51.88%、21.84%和42.60%。松滋西河、松滋东河、虎渡河、藕池河中支、藕池河东支全年的生态基流水文过程需经历“枯-平-丰-平-枯”等5个水期阶段，而藕池河西支断流期较早，仅经历“枯-平-枯”等3个水期阶段。非汛期除新江口站外，其余4个水文站基本处于长断流期，康家岗站即使在汛期生态基流也非常小。各水文站的生态基流最高值均出现在7月，8月、9月和6月依次递减，且汛期的生态基流值及其保证率都明显高于非汛期。除新江口站外，其余各站1月、2月、3月、4月和12月的生态基流都较低甚至接近0。松滋西河的全年生态基流保证率最高，达到84.83%。其他河流的全年生态基流保证率均低于60.00%，特别是藕池河西支全年的生态基流保证率仅为21.84%。除新江口站外，其余各站1月、2月、3月、4月、12月的生态基流保证率都近似于0。

### 4.5.4 水文连通性定量分析

不同学者对水文连通性内涵的理解角度不同，目前暂无统一的评价指标，通过计算和分析河流流量值及其变化特征是对水文连通性定量评价的重要方法。将水文连通分为未连通、基本水文连通和生态水文连通3个阶段性类别，其中，不连通指日均流量$Q_d=0$，基本水文连通指$0<Q_d<S_i$（月均生态基流），生态水文连通指$Q_d \geqslant S_i$。有流量表示河流是连通而非断连状态，当流量提高至生态基流值，表示已达到保证水生态环境所需最低流量的生态水文连通状态，该3个阶段可较好界定水文连通性的特征状态水平。生态水文连通可通过生态水文连通率以定量描述，即生态基流保证率，见式（4.20）。基本水文连通可通过基本水文连通率$i$定量描述，其公式为

$$i=\frac{t_i}{t} \tag{4.21}$$

式中：$t_i$为第$i$月中$0<Q_d<S_i$的天数，d；$t$为第$i$月的天数，d。

“三口”水系不同月的生态水文连通率和基本水文连通率的计算结果见图4.63～图4.65，分析可知“三口”水系各月都存在低效连通的情况，流量虽满足了河流基本的水文连通，但未达到生态水文连通，即在该流量下难以较好实现满足河流水生态系统保护最低需水量的水文连通。“三口”水系中，松滋河西支的水文连通性最好，每个月都达到了100%的基本水文连通率，即不存在未连通的现象，全年的生态连通率达84.83%，水文连通性好。松滋河东支在1—4月和12月的基本水文连通率低于20.00%，全年的基本水文连通率为48.61%，表明水文连通性较差。

虎渡河在1—4月和12月的基本水文连通率低于20.00%，全年的基本水文连通率为62.31%，水文连通性较差。藕池河西支在1—5月和10—12月的基本水文连通率低于20.00%，全年的基本水文连通率仅为25.26%，水文连通性在“三口”水系中处于最差水平。藕池河中支、东支在1—4月和12月的基本水文连通率低于20.00%，全年的基本水文连通率为49.47%，表明全年有过半的时间无法实现基本的河流连通，水文连通性较差。除松滋河西支全年满足基本水文连通外，其余水系的基本水文连通率与生态水文连通率的变化规律相同。“三口”水系的基本水文连通率和生态连通率排序均为松滋河最高，虎渡河和藕池河依次递减。藕池河逐月的基本水文连通率与生态水文连通率的差值均低于20.00%，表明该河流较其他水系更难以达到生态水文连通。

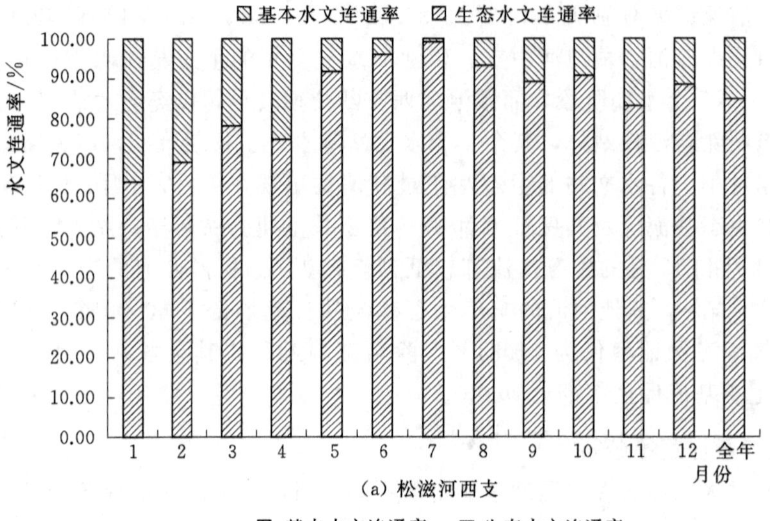


(a) 松滋河西支

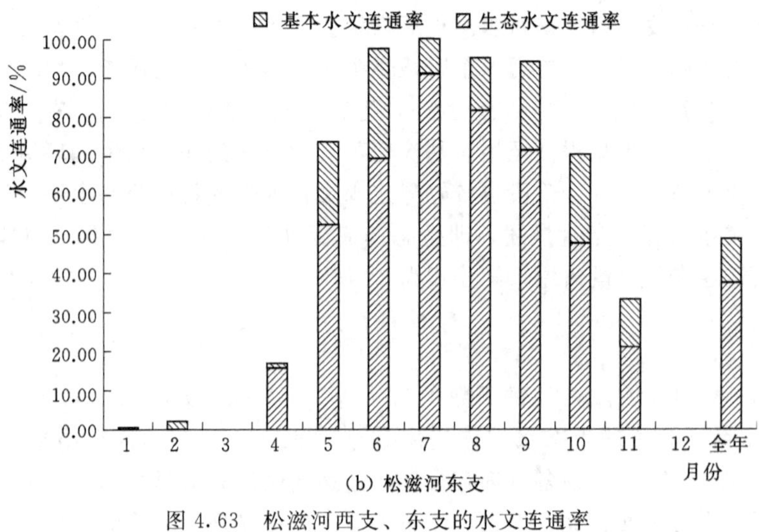


(b) 松滋河东支

图 4.63　松滋河西支、东支的水文连通率

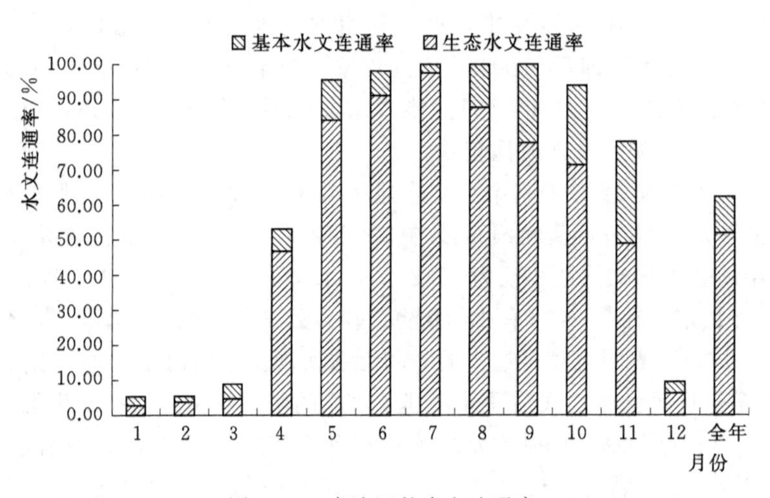


图 4.64　虎渡河的水文连通率

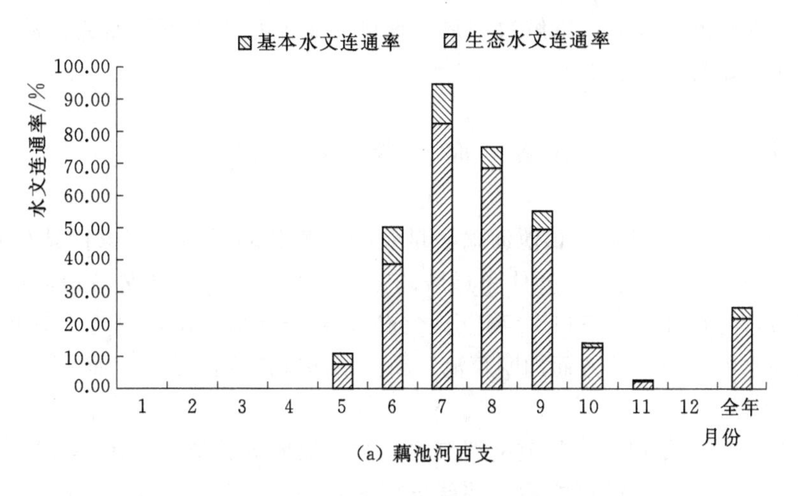

(a) 藕池河西支

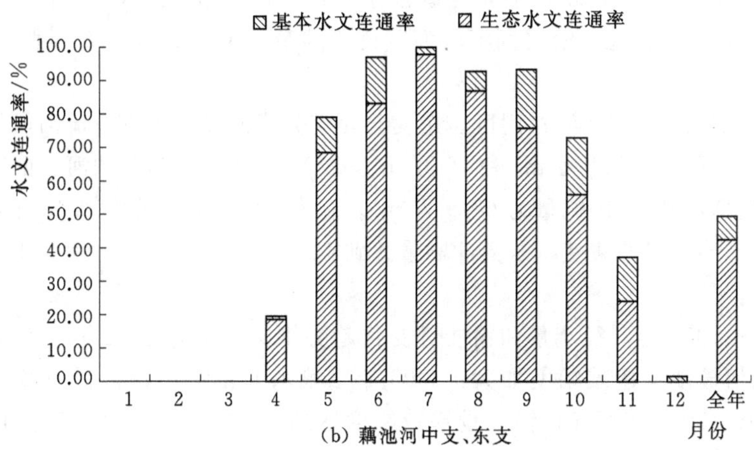

(b) 藕池河中支、东支

图 4.65 藕池河西支、中支、东支的水文连通率

“三口”水系的生态基流在非汛期得不到保证，水文连通性低，主要有以下原因：

(1) 从三峡水库的运行调度来看，其蓄水作用降低了长江干流的来流量和中高流量的持续时长，“三口”分流量相应减小（朱玲玲等，2016；王冬等，2016)，在枯水期的泄水量又难以抵消因长江干流冲刷（水位下降）而引起“三口”分流量的减少（李景保等，2016)。

(2) 从“三口”“五站”的多年实测水文数据来看，汛期来水量占全年总来水量约96.00%，非汛期除松滋西支外，其余河流流量小，断流期早，断流延续时间长。

(3) 口门区的河底高程和口门宽度不同，不同水系的荆江分流量存在差异。如松滋西支较东支的口门区高程低且宽，因此成为松滋河的分洪主流（李景保等，2016)。

(4) 河道外的城镇用水量和工业用水量逐年增加，挤占河道内的生态流量，也是生态基流得不到保证的原因之一。

为改善生态基流保证率低的现状，当前洞庭湖区开展了一系列“三口”水系综合整治措施，包括实施引水补水工程、河道疏浚工程和水系连通工程。建议今后继续优化生态基流适应性管理方案和补水调度方案，适时加大三峡水库的下泄流量或提前泄流，增加“三口”分流量，缩短断流天数，以解决因局部地区生态流量严重不足而造成的水生态恶化、生活生产用水不足等问题。

## 4.6　本　章　小　结

（1）1951—1980 年下荆江藕池河输沙量及径流量急剧减少，管家铺站分别减少 7350 万 t 和 396 亿 $m^3$。1980 年之后整体呈递减趋势，但径流量递减趋势减缓，进入相对稳定期。下荆江裁弯工程加速“三口”河道分水分沙、断流天数衰减的进程。三峡水库蓄水后打破藕池河的水沙平衡，一方面加剧藕池河输沙量递减进程，另一方面又延缓藕池河径流量的衰减。

（2）1984—2000 年藕池口从散乱洲滩逐渐淤积发展为整体，随后往北冲刷斜长发展；东支尾闾段南、北两分支封堵之后，尾闾段淤积区不断淤积发展，1984—2015 年平均增长速率为 8.10$m^2$/a。藕池口及尾闾河段河宽逐年缩窄，平均递减速率分别为 3.70m/a 和 3.60m/a。

（3）2003—2011 年藕池河口门区、东支与西支分流河段、中支分流河段等 3 处局部河段分别冲刷 190 万 $m^3$、111 万 $m^3$ 和 20 万 $m^3$。2006—2009 年鲇鱼须河、西支河段整体淤积，中支河段整体冲刷，冲刷量为 68.9 万 $m^3$。东支以黄金闸、殷家洲、南县为地理节点分为 4 个河段，冲淤交替演变，东支冲刷量达到 15.8 万 $m^3$。2006—2009 年藕池河共冲刷 40.2 万 $m^3$。

（4）1951—1980 年，径流量和输沙量变化趋势维持相对稳定状态，1981 年葛洲坝截流之后，松滋河输沙量递减幅度加大，2003 年三峡水库蓄水后输沙量持续降低，1981—1990 年至 2006—2010 年新江口输沙量递减幅度达到 93.1%，径流量变化趋势较为稳定。1961—1970 年至 1981—1990 年多年平均断流天数增长最快，达 155d，三峡水库蓄水后，缓解沙道观水文站断流天数递增趋势。

（5）松滋河口门区位于山区向平原地区的过渡段，右岸岸线较为稳定，1987—2018 年松滋河口门区平面形态变化相对较小。1984—2016 年松滋河与虎渡河汇流处沙洲淤积严重，3 个独立沙洲将逐渐淤积为整体，右岸河道淤积废退。

（6）2003—2011 年松滋河中支-西支、东支-西支分水局部河段以淤积为主，汇流河段除中支-东支局部河段淤积外，松滋-虎渡河、中支-西支汇流河段分别冲刷 165 万 $m^3$ 和 214 万 $m^3$。2006—2009 年松滋河整体淤积 682.7 万 $m^3$，西支河段淤积量较大，达到总淤积量的 89%。

（7）荆江“三口”分流量是口门区水位的函数，考虑枯水期口门区水位下降、河道宽度等因素，根据水位-流量关系建立“三口”河道 5 个水文站的分流量公式与修正经验公式。以 2017—2018 年实测日平均水位值与流量计算值验证藕池河的管家铺站与康家岗站分流量经验公式，得到相对误差分别为 4.5%和 13.7%，同期验证虎渡河弥陀寺站得到的相对误差为 11.5%，松滋河新江口与沙道观计算流量值与实测流量值相对误差值分别为 4.5%和 7.3%。

（8）根据“三口”河道 5 个水文站实测流量与计算流量对比，发现松滋河两站计算流

量与实测流量验证精度最好，藕池河康家岗水文站 2003—2016 年断流天数均达到 185d，数据样本少，且 0～50m$^3$/s 和 50～100m$^3$/s 流量级别水位变化差异大，导致康家岗水文站的分流量经验公式验证时精度低。

(9) 建立的“三口”河道分流量的修正经验公式可预测由于荆江干流枯水期水位下降对“三口”分流量的影响。由于考虑到“三口”河道沿程水位比降变化，也可预测分流量减少对于沿程水位-流量关系的影响，应用于“三口”河道防洪安全评价和灌溉引水规划设计。

(10) 提出了洞庭湖区“三口”水系生态基流推荐值的确定方法，基于“三口”水系 5 个水文站 2003—2018 年逐日平均流量，取不同水文学法的计算结果为丰水期、平水期和一般枯水期的逐月生态基流，并拟定 1973—2002 年非汛期 Tennant (10%) 法的计算结果为长断流期的逐月生态基流。经验证，该方法确定的全年和逐月生态基流分别处于多年平均流量和逐月平均流量 10%～30%的合理范围之内。

(11)“三口”水系中松滋西河的全年生态基流保证率最高，达到 84.83%。其余河流的全年生态基流保证率均低于 60.00%，特别是藕池河西支全年的生态基流保证率仅为 21.84%。除松滋西河外，其余河流的逐月生态基流未得到良好保证。

# 第5章 洞庭湖区蓄洪垸内水系连通度分析

洞庭湖区地处长江中游荆江段南岸，由西洞庭湖、南洞庭湖、东洞庭湖、数量众多的中小湖泊和环湖河流，以及重点垸、蓄洪垸和一般垸组成。蓄洪垸作为长江防洪体系的重要组成部分，对调蓄长江中下游洪水和保障洞庭湖区人民生命财产安全具有举足轻重的作用（张晓红，2010）。近几十年来，在荆江-洞庭湖关系的自然演变和人为干扰的双重影响下，洞庭湖区河湖淤积及湿地萎缩，堤垸内渠系、内湖和哑河由于建成年代久远，建设标准低且缺乏有效管理，导致洪水宣泄不畅。特别是蓄洪垸内部分农田渠系被不同程度地覆盖和填埋，缺乏连通或连而不通，影响其正常发挥农业灌溉和行洪排涝功能。

水系连通是合理配置水资源、提高供水保障率和增强局部洪旱灾害防治能力的重要方法（李宗礼等，2011）。水系连通性作为研究水系连通的关键一环，是指自然河道或人工渠道和与之连通的湿地之间的水力联系（张欧阳等，2010），还可定义为水系景观空间的结构连接程度（Van Looy et al.，2014）。水系连通性对优化区域蓄水治涝能力具有指导意义，如Cui等（2009）基于图论法对小清河流域不同流量下水系网络进行连通性评估，揭示了保证河道畅通可减少高流量期的洪水风险。李普林等（2018）构建了水系连通性评价指标体系，运用于评价城镇水系规划中，结果表明水系连通性的提高可缩短洪涝排水时间。徐光来等（2012）基于水流阻力和图论法，分析太湖流域嘉兴平原河网区水系连通性，得出连通疏浚河道可提高泄洪能力。孟慧芳等（2012）提出基于水文过程与水流阻力的水系连通度定量评价方法，揭示城市蓄洪排涝能力与河流连通程度呈正相关关系。现有结果主要针对大尺度的流域或城市自然河系，对于“自然-人工”复合因素作用下断面窄小，连通受阻较严重的农田渠系连通性研究缺少报道。

为治理洞庭湖区蓄洪垸洪涝灾害，目前主要在蓄滞洪区的分类调整（余启辉等，2013）、洪水的可视化模拟（冯畅等，2013）和生态补偿（毛德华等，2012）等方面展开理论探讨。畅通的水系网络是地区防洪排涝和供水安全的重要保障（徐光来等，2012；孟慧芳等，2012），蓄洪垸内自然河湖较少，农田渠系承担主要的灌排任务，其连通性亟待评价和优化。通过定量评价洞庭湖区蓄洪垸农田渠系连通现状，分析其与灌溉、行洪和排涝的内在关联，提出合理的农田渠系连通工程设想，为提高蓄洪垸防洪调蓄能力提供借鉴。

## 5.1 数据来源与研究方法

### 5.1.1 研究区域概况

洞庭湖区蓄洪垸（图5.1）是指通过人工围垸垦殖形成的农田，可进行农业生产并贮存超额洪水的蓄滞洪区。在遭遇极端洪水情景下，通过蓄洪和破堤行洪，降低洞庭湖区城镇和重点垸的洪水水位，减少区域生命和经济损失。长江上游干支流控制性水利工程建成

后，中下游超额洪量减少，2020年后拟取消安化垸、六角山垸、和康垸和南顶垸等4个蓄洪垸，数量上由24个减少至20个（余启辉等，2013）。蓄洪垸根据其启用频率和保护区域的作用由高到低分为重要蓄洪垸、一般蓄洪垸和蓄滞洪保留区。

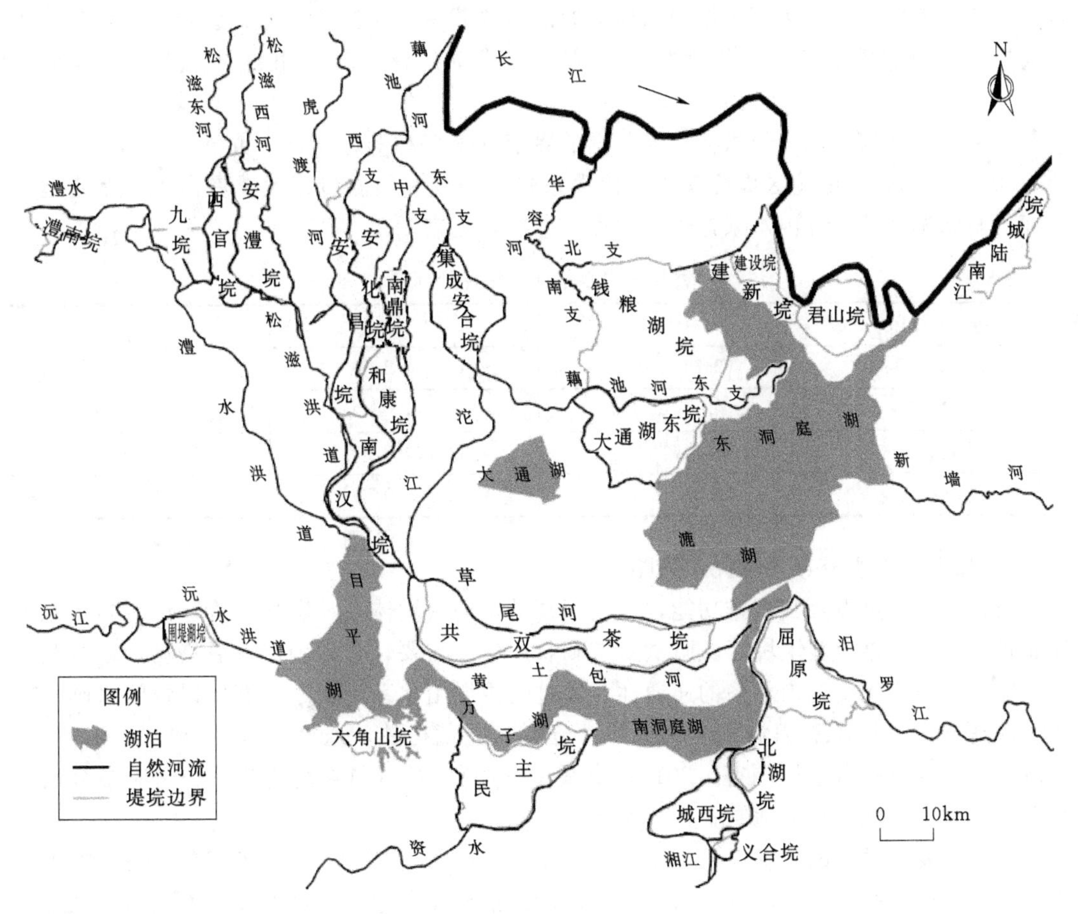


图5.1 洞庭湖区蓄洪垸位置

### 5.1.2 数据来源

根据Google Earth遥感影像，在不考虑水体流动变化的情况下，运用标尺工具描绘蓄洪垸内的农田渠系及垸内外的自然河系。洞庭湖区灌排渠道总长约29407km，其中小型渠道（底宽1～5m）约占49.60%，20世纪60—70年代基本建成后未得到系统整治，急需清淤疏浚的渠道约占总渠长的68.02%。由于蓄洪垸内渠系断面窄小，遥感影像的分辨率约为0.6m，因此仅描绘完全连通或堵塞较轻的干渠、支渠和农渠。根据湖南省洞庭湖区堤垸图集和洞庭湖区1∶30万水利工程图对描绘的水系进行校对，借助ArcGIS平台的转换工具将Google Earth生成的图像转为水系格局图形，运用AutoCAD统计水系起点和交汇点的数量并计算水系的长度。

### 5.1.3 农田渠系连通性评价方法与指标

基于景观生态学中关于廊道与空间网络的分析方法，将水系概化为廊道，水系起点和交汇点概化为节点，廊道之间相互交错形成空间网络。选取河网密度 $D_R$ 定量评价水系自身结构的连通形态，选取水系环度 $\alpha$、节点连接率 $\beta$ 和网络连接度 $\gamma$ 定量评价不同水系相互交汇连通的程度（窦明等，2015；张嘉辉等，2019；黄草等，2019），具体定义详见第 3 章 3.1 节。考虑渠道作为蓄洪垸内水体流通的主要载体，在打通河湖关系和调配水资源上与河道处于同等重要地位，因此将上述方法和指标的评价对象由自然河系延伸至农田渠系。

参考相关文献中对评价指标取值范围的界定（李普林等，2018；黄草等，2019；窦明等，2013），结合洞庭湖区堤垸现状农田渠系建设布局和新农村建设发展需求，制定适用于评价洞庭湖区蓄洪垸内水系连通性的评价标准，见表 5.1。

**表 5.1　蓄洪垸内水系连通性评价标准**

| 连通性指标 | 优 | 良 | 差 |
|---|---|---|---|
| 河网密度 $D_R$ | (2.50，4.50] | (1.00，2.50] | (0.00，1.00] |
| 水系环度 $\alpha$ | (0.40，0.60] | (0.20，0.40] | (0.00，0.20] |
| 节点连接率 $\beta$ | (1.50，2.00] | (1.00，1.50] | (0.00，1.00] |
| 网络连接度 $\gamma$ | (0.50，1.00] | (0.25，0.50] | (0.00，0.25] |

### 5.1.4　蓄洪垸内水系连通性优化策略

农田水系通过发挥其灌排功能，以巩固蓄洪垸的防洪体系。定量评价蓄洪垸内水系的连通状况后，需结合蓄洪垸区域防洪要求和农业生产需要，合理确定连通格局，通过实施水系连通工程以优化垸内水系的连通性。通过疏浚淤堵水系，新建或翻新损毁的水闸和电排，提高行洪、排涝和灌溉能力，保障“分得进，蓄得住，退得出”，达到“蓄泄兼筹，以泄为主”的目的（李原园等，2019；要威，2019）。对不同类别的蓄洪垸，应结合其蓄洪重要性和启用概率，因地制宜，分类指导。

（1）重要蓄洪垸的防洪启用概率为 10～20 年一遇，防洪地位最高，应尽快实施水系连通工程以适应堤垸行洪。以水系连通性指标为指导和参考，不宜单纯为了提高水系连通性而连通，需注重与当地乡村建设规划的衔接，尽量避免对农田的占用。

（2）一般蓄洪垸的启用概率一般为 20～30 年一遇，对保障长江荆江段大堤和洞庭湖区“四水”尾闾地区的作用仍较为显著。近 20 年来城镇化和工农业发展进程加快，应在不破坏原有水系、农田和道路的前提下，多通过清淤疏浚和扩宽断面的方式连通水系，尽量不开挖新渠道。

（3）蓄滞洪保留区虽启用概率较小，人口稠密，经济发展迅速，与重点垸无明显差别，但若发生超标准洪水，一旦启用，将造成巨大的财产损失。因此还需结合乡村城镇布局适当优化水系连通性，保证适时泄洪。

## 5.2　洞庭湖区蓄洪垸内水系连通性评价及优化

### 5.2.1　蓄洪垸内水系连通性评价

计算蓄洪垸内水系的连通性评价指标（表 5.2）并对比表 5.1 可得，总体的河网密度

$D_R$、节点连接率$\beta$和网络连接度$\gamma$的水平良好，水系环度$\alpha$差，表明水系的自身发育和相互通达程度良好，但未形成良好的水资源循环路径。共双茶垸的$\alpha$、$\beta$和$\gamma$指数都最高，其渠系相互连通成环，为农业灌排和调蓄城陵矶附近超额洪水提供支撑。建新垸的$D_R$指数最高，水系自身发育情况最好。集成安合垸各指标的达优率最高，表明水系已建立较好的连通关系。围堤湖垸、澧南垸、君山垸和屈原垸的城镇化进程快，道路阻隔了水系的互联互通，削弱了水系连通性。民主垸、城西垸、西官垸、建设垸、南汉垸、安昌垸、北湖垸和九垸的$D_R$、$\beta$和$\gamma$指数良好，$\alpha$指数低，表明垸内渠系虽多，但未得到合理的规划布置。义合垸有待通过退田还湖以恢复湖泊与渠道的连通，大通湖东垸的断头渠多，整体连通性不足。江南陆城垸由江南垸和陆城垸合并而成，是典型的湖汊型丘陵岗地。陆城垸农田渠系规划少，水系环度较低，总体河网密度较低。

**表 5.2　20个蓄洪垸内水系的连通性指标值及其等级**

| 蓄洪垸 | | $D_R$ | | $\alpha$ | | $\beta$ | | $\gamma$ | |
|---|---|---|---|---|---|---|---|---|---|
| | | 数值 | 等级 | 数值 | 等级 | 数值 | 等级 | 数值 | 等级 |
| 重要蓄洪垸 | 钱粮湖 | 2.16 | 良 | 0.30 | 良 | 1.60 | 优 | 0.53 | 优 |
| | 共双茶 | 2.17 | 良 | 0.36 | 良 | 1.72 | 优 | 0.57 | 优 |
| | 大通湖东 | 2.38 | 良 | 0.23 | 良 | 1.45 | 良 | 0.49 | 良 |
| | 围堤湖 | 2.28 | 良 | 0.18 | 差 | 1.33 | 良 | 0.46 | 良 |
| | 民主 | 1.59 | 良 | 0.13 | 差 | 1.25 | 良 | 0.42 | 良 |
| | 城西 | 2.54 | 优 | 0.16 | 差 | 1.30 | 良 | 0.44 | 良 |
| | 澧南 | 2.23 | 良 | 0.18 | 差 | 1.34 | 良 | 0.45 | 良 |
| | 西官 | 1.84 | 良 | 0.20 | 差 | 1.40 | 良 | 0.47 | 良 |
| 一般蓄洪垸 | 屈原 | 1.64 | 良 | 0.18 | 差 | 1.35 | 良 | 0.46 | 良 |
| | 江南陆城 | 0.61 | 差 | 0.18 | 差 | 1.34 | 良 | 0.45 | 良 |
| | 建新 | 4.21 | 优 | 0.22 | 良 | 1.41 | 良 | 0.48 | 良 |
| | 建设 | 1.34 | 良 | 0.20 | 差 | 1.39 | 良 | 0.47 | 良 |
| 蓄滞洪保留区 | 君山 | 1.29 | 良 | 0.16 | 差 | 1.31 | 良 | 0.45 | 良 |
| | 集成安合 | 3.11 | 优 | 0.33 | 良 | 1.66 | 优 | 0.55 | 优 |
| | 南汉 | 2.52 | 优 | 0.16 | 差 | 1.31 | 良 | 0.44 | 良 |
| | 安澧 | 1.60 | 良 | 0.22 | 良 | 1.43 | 良 | 0.48 | 良 |
| | 安昌 | 3.12 | 优 | 0.18 | 差 | 1.36 | 良 | 0.45 | 良 |
| | 北湖 | 1.28 | 良 | 0.13 | 差 | 1.23 | 良 | 0.42 | 良 |
| | 义合 | 1.55 | 良 | 0.21 | 良 | 1.39 | 良 | 0.48 | 良 |
| | 九垸 | 1.11 | 良 | 0.16 | 差 | 1.29 | 良 | 0.45 | 良 |

经计算，重要蓄洪垸、一般蓄洪垸和蓄滞洪保留区的河网密度$D_R$平均值分别为2.15、1.95和1.95，水系环度$\alpha$平均值分别为0.22、0.20和0.19，节点连接率$\beta$平均值分别为1.42、1.38和1.37，网络连接度$\gamma$平均值分别为0.48、0.47和0.47。对20个蓄洪垸各连通性指标和3类蓄洪垸各指标平均值进行单因素方差分析，结果见表5.3，一是

可见水系环度 $\alpha$、节点连接率 $\beta$ 和网络连接度 $\gamma$ 在 20 个蓄洪垸之间和不同类蓄洪垸之间都无明显差异；二是表明不同类蓄洪垸的水系连通性水平与其防洪重要性不匹配，局部河、渠规划不合理，都存在较大的优化空间。当前，通过新增、扩挖或疏浚连通渠系，新建或改造提水闸站和灌排泵站等水系连通措施，可完善洞庭湖区灌排体系，已得到部分工程规划和建设（湖南省水利水电勘测设计研究总院，2016；湖南省洞庭湖水利工程管理局，2017）。

**表 5.3　　水系连通性指标单因素方差分析**

| 连通性指标 | 20 个蓄洪垸各指标的单因素方差 | 3 类蓄洪垸各指标平均值的单因素方差 |
|---|---|---|
| 河网密度 $D_R$ | $69.03\times10^{-2}$ | $13.33\times10^{-3}$ |
| 水系环度 $\alpha$ | $0.38\times10^{-2}$ | $0.23\times10^{-3}$ |
| 节点连接率 $\beta$ | $1.68\times10^{-2}$ | $0.70\times10^{-3}$ |
| 网络连接度 $\gamma$ | $0.16\times10^{-2}$ | $0.03\times10^{-3}$ |

### 5.2.2　典型蓄洪垸内水系连通性评价及优化

从上述 3 类蓄洪垸中各取 1 个作为典型示范，具体展示其水系连通状况，并提出优化农田渠系连通性和加强治涝灌溉能力的连通设想。钱粮湖垸是调蓄城陵矶附近超额洪水启用最早的蓄洪垸，距离城陵矶最近，蓄洪量最大。屈原垸地处湘江、汨罗江尾闾，西、北滨邻洞庭湖，防洪位置关键。安澧垸是长江洪水进入洞庭湖的必经要地，对蓄滞洪水以保障周边重点垸区域起重要作用。以上 3 个蓄洪垸的水系连通性偏低，农业供需水矛盾严重，加之灌排功能不足，与其防洪发展需求不匹配，开展水系连通工程的必要性较大。

（1）钱粮湖垸东临洞庭湖，南接藕池河东支，华容河与华洪运河分别由西北和东北部流入垸内。垸北部除华洪运河以北局部渠系淤堵严重外，总体水系交织密集，垸中部渠系纵横交错，与西南部的东湖连通紧密。华容河两支和华洪运河沿线已建立较多的涵闸和电排，可支撑洪涝排泄。目前已有工程通过新建泵站从长江提水，流经华洪运河向华容河补水。当前宜疏通华洪运河与其以北（涂家垱）和以南（华容河）地区的连通渠系，通过长江水资源调度以满足农业灌溉需求。针对藕池河东支和悦来河沿线局部缺乏连通问题，需在南部通过新增渠系以建立东湖与藕池河东支、藕池河东支与悦来河的“河-渠-湖”连通格局。此外还需建立垸内渠系与采桑湖和洞庭湖的连通，并在已有补水工程的基础上，改造或更新华容河和华洪运河沿线的水闸和电泵。工程设想的具体实施位置见图 5.2，该措施可在不削弱 $\alpha$、$\beta$ 和 $\gamma$ 指标的前提下，将 $D_R$ 提升 5.09%（表 5.4），为泄涝创造更多路径，缓解需水压力。

（2）屈原垸是自然河系分布最密的蓄洪垸，垸内房屋和道路多靠近自然河流而建，东北部和西南部城镇面积大。目前部分河流被人为填埋利用，缺乏合理连通。应考虑在不挤占城镇面积的前提下，对自然河系清淤疏浚，恢复原有形态，并打通河-河之间的连接渠系。疏通断头渠，形成闭合的连通环路，实现多渠道引水和泄水，保证西北部农田需水。工程设想的具体实施位置见图 5.3，实施后河网密度提升 7.32%，节点连接率可提升 3.99%，水系连通度提升 4.35%，特别是水系环度提升 16.67%（表 5.4），由差等优化为良等，为水资源循环畅通提供支撑。

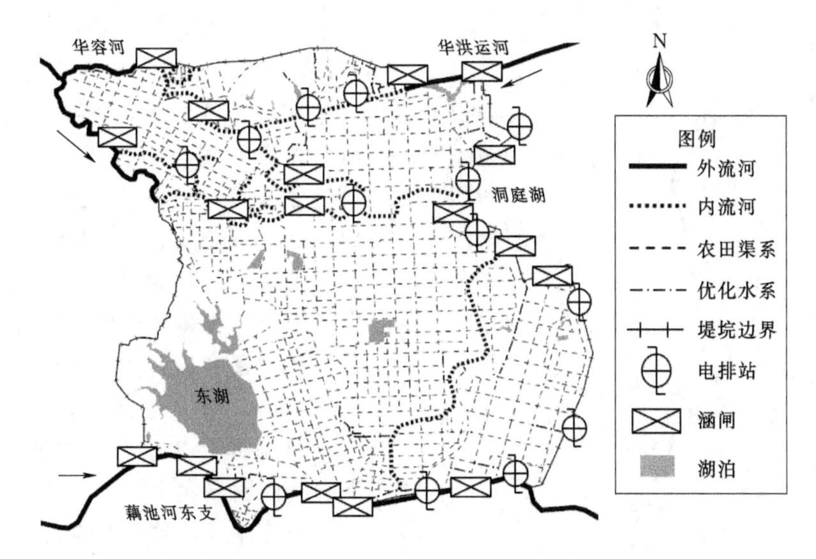


图 5.2 钱粮湖垸现状水系及连通优化

**表 5.4 典型蓄洪垸内水系优化后指标值及指标优化率**

| 蓄洪垸 | $D_R$ | | $\alpha$ | | $\beta$ | | $\gamma$ | |
|---|---|---|---|---|---|---|---|---|
| | 数值 | 优化率/% | 数值 | 优化率/% | 数值 | 优化率/% | 数值 | 优化率/% |
| 钱粮湖垸 | 2.27 | 5.09 | 0.30 | 0.66 | 1.61 | 0.25 | 0.54 | 0.19 |
| 屈原垸 | 1.76 | 7.32 | 0.21 | 16.67 | 1.41 | 3.99 | 0.48 | 4.35 |
| 安澧垸 | 1.77 | 10.63 | 0.23 | 4.55 | 1.47 | 2.16 | 0.49 | 2.08 |

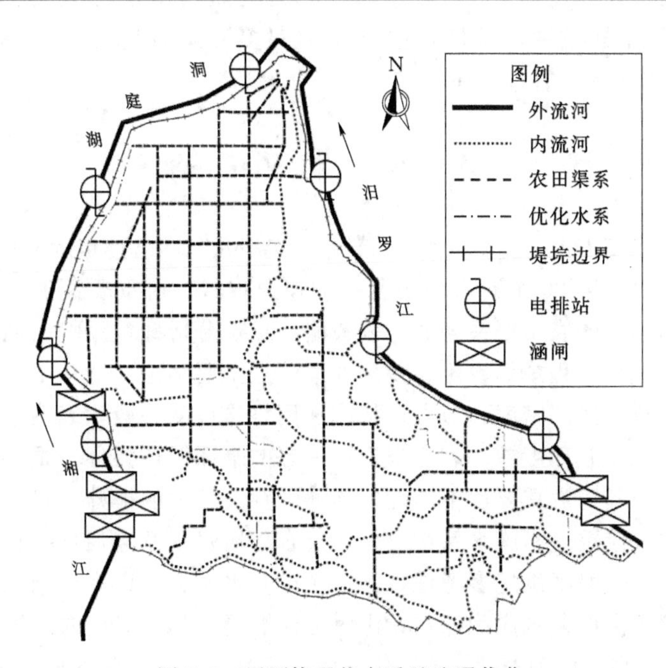


图 5.3 屈原垸现状水系及连通优化

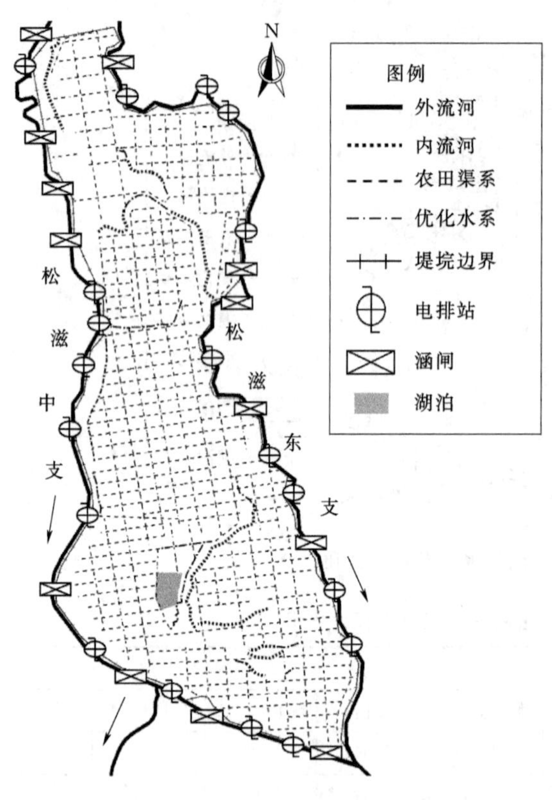


图5.4　安澧垸现状水系及连通优化

(3) 安澧垸夹于松滋东支和松滋中支之间，地势北高南低，地形平坦开阔，水系呈“井”字形的规整格局。水系连通工程可首先考虑连通垸内断头河和松滋中支附近断头渠，若洪水破堤可快速分泄行洪。其次清淤和扩宽内湖周围渠系，并连通渠道末端，创造河-湖-渠内循环路径。工程设想的具体实施位置见图5.4，实施后，河网密度提升10.63%，水系环度提升4.55%，节点连接率提升2.09%，水系连通度提升2.16%（表5.4），灌排体系可得到明显优化。

洞庭湖区蓄洪垸内的人工渠系以农田渠系为主，是农业生产取水和排水的直接通道。部分蓄洪垸内水系的连通性较低，首先，受限于早年的水系规划未综合考虑连通性需求，渠系及其配套设施建设年代久远，且因多年泥沙淤积而形成的阻塞问题未得到系统改善；其次，渠系往往是根据实际的农业灌溉和生产生活用途而设置于房屋或农田附近，或被道路阻隔，难以从空间分布上达到较高的连通性标准。建议今后通过多渠道筹措资金，因地制宜对不同类蓄洪垸内水系进行科学整治和合理布局。

## 5.3　本　章　小　结

本章采用河网密度 $D_R$、水系环度 $\alpha$、节点连接率 $\beta$ 和网络连接度 $\gamma$ 等4个水系连通性指标，定量评价洞庭湖区20个蓄洪垸内水系的连通现状。对重要蓄洪垸、一般蓄洪垸和蓄滞洪保留区提出不同的农田渠系连通工程策略，重点分析钱粮湖垸、屈原垸和安澧垸的水系连通性，提出优化工程规划设想，得到如下三点主要结论：

(1) 蓄洪垸的总体河网密度、节点连接率和网络连接度一般，表明水系的自身发育和相互连通程度良好，水系环度差，表明未形成良好的水体循环路径。重要蓄洪垸和一般蓄洪垸的水系连通性与其防洪重要性不匹配，连通性存在较大的提升空间。

(2) 重要蓄洪垸应重点实施水系优化，通过合理增强水系连通性，优化灌排体系，更好地发挥蓄洪作用。一般蓄洪垸多考虑在不占用已有水系、农田和交通道路的前提下，疏通和扩挖渠系。蓄滞洪保留区应确保在行洪时分泄顺畅，降低堤垸的经济损失。

(3) 钱粮湖垸、屈原垸和安澧垸连通优化后，河网密度、水系环度、节点连接率和网络连接度均有不同程度的提高，可有效增强农业灌溉和治涝行洪能力，保障堤垸防洪安全。

# 第6章 洞庭湖区水系连通工程规划与可行性方案

## 6.1 水系连通工程规划背景

长江流域是我国重要的生物基因宝库和生态安全屏障，是中华民族生生不息、永续发展的重要支撑。但是，由于多年来部分不合理的开发利用，长江一度不堪重负，生态环境恶化，经济社会可持续发展面临极大挑战。洞庭湖位于长江中游荆江河段南岸、湖南省北部，为我国第二大淡水湖泊，湖区有我国第一个湿地保护区和首批国际重要湿地。洞庭湖既是长江中下游最重要的调蓄湖泊和水源地之一，更是1300万湖区人民赖以生存发展的重要基础，在维护长江中下游防洪安全、供水安全，维系完整的湿地生态系统结构，保护丰富的生物资源等方面发挥着不可替代的作用。洞庭湖区在长江大保护、促进区域经济社会健康发展等方面占有十分重要的地位，素有"长江之肾、长江之胃"之称。近年来，受江湖关系、气候变化和人类活动等因素的影响，洞庭湖区水体萎缩、水体流动交换性差、生态功能退化、环境问题突出，常态化、趋势性低枯水位严重制约了湖区经济社会长期可持续发展和生态文明建设。同时，自2018年12月国务院批复《洞庭湖水环境综合治理规划》以来，湖南省水利部门积极推进洞庭湖区水系综合治理，成效显著。

2018年12月，湖南省人民政府办公厅正式发布《加快推进生态廊道建设意见》（湘政办〔2018〕83号），湖南省林业局联合省发展改革委于2019年12月发布了《湖南省省级生态廊道建设总体规划》，其明确提出要建设"一湖四水"的中尺度生态廊道，构建起覆盖连续完整、景观优美、结构稳定、功能完备的全省生态廊道和生物多样性保护网络体系。"河湖水系"是生态廊道基础之一，是维系自然生态系统的重要组成部分，也是社会经济发展的重要支撑。随着经济社会的快速发展，河湖水系的连通格局发生重大变化，部分河流因为水流不畅或者连通断绝，出现了泄洪不畅、水质变差、水资源配置不均的不利情况。

### 6.1.1 河湖现状与问题

#### 6.1.1.1 河湖现状

洞庭湖位于荆江南岸，由于荆江南流不断扩大形成，全盛时期面积达6000km$^2$，号称"八百里洞庭"。1860年、1870年藕池、松滋相继决口后由于泥沙淤积不断萎缩，1949年湖泊面积约4350km$^2$、容积293亿m$^3$，现有湖泊面积2625km$^2$、容积167亿m$^3$。洞庭湖北纳长江松滋、虎渡（太平）、藕池、华容（调弦口于1958年建闸控制）"四口"水系，南汇湘江、资水、沅江、澧水"四水"，东接汨罗江和新墙河，由城陵矶注入长江。洞庭湖区内湖众多，其中面积大于1km$^2$的内湖有138个，面积大于10km$^2$的内湖有18个，总水域面积为3385km$^2$。内湖不仅是湖区水系的重要组成部分和重要的淡水渔业基地，也是调节内涝、保障灌溉、改善水生态环境的重要水源。

江湖关系的持续变化尤其是三峡工程运行后带来的显著变化，湖区常态化、趋势性低枯水位严重制约了湖区经济社会可持续发展，对洞庭湖区水安全保障带来重大影响。尽管湖区已初步形成由防洪与治涝、灌溉与供水等工程组成的局部水网工程体系，但仍不能满足区域经济社会发展和生态文明建设对湖区水安全的综合需求，迫切需要加快建立和形成以“水系完整性、水体流动性、水质良好性、生物多样性、水文化传承性”为目标的洞庭湖区河湖水网生态连通整体方案体系。

受江湖关系与水文情势变化影响，湖区河流湖泊淤积萎缩，日益衰减。垸内渠系和内湖、哑河由于建成年代久远，建设标准低，以及规划布局不当，加之长期以来缺少资金投入，渍堤单薄，沟渠淤塞严重，断头颇多，水流不畅，水资源调配功能下降，导致旱涝灾害频繁发生。同时，由于水体不活，水环境质量、水体降解能力急剧下降，水污染严重，水生态环境日益恶化，对区内防洪安全、供水安全、粮食安全和生态安全造成严重威胁。特别是三峡工程运行后，长江“三口”河道进入洞庭湖的水资源量大为减少，“三口”河流断流，更加剧了上述问题的严重性。

1. 内湖、哑河现状

洞庭湖区原有大小内湖、哑河上千处，水面面积超 1000km²。2000 年以前，内湖总面积为 1227km²，其中面积大于 1km² 的内湖有 157 个，面积大于 10km² 的内湖有 26 个。这些内湖、哑河对城乡供水和蓄渍涝水，构建水生态环境作用巨大。但因围垦、淤积填湖造地等影响，水面缩小，功能下降明显。据统计，至 20 世纪末，内湖、哑河面积较 20 世纪 50 年代减少了 776km²，调蓄涝水转化为鱼塘的面积达 144km²。同时，由于渍堤单薄，长期失修，排水涵闸简陋破旧，内排机埠装机容量不足，设备老化，以及连接渠道阻塞，排水不畅等原因，使内湖、哑河的调蓄功能和水生态功能不断下降，内湖水面率无法达到 10%～15%的控制要求。

2. 撇洪河（渠）现状

撇洪河是指洞庭湖区按照高水高排、低水低排、等高截流要求修筑的人工河道，湖区现有撇洪河 304 条，总长为 1299.3km，撇洪面积为 8406km²。撇洪河由堤防、涵闸、泵站工程构成排灌体系，既排泄洪水，也为供水提供水源。但撇洪河堤建设标准低，险工隐患多，由于资金投入不足，撇洪河建设几乎停滞不前，也未进行过大规模的疏浚整治，河道内淤积严重，水质日益恶化。一般撇洪河内枯水期水质标准均劣于Ⅳ类。现有撇洪河不仅防御洪水能力只有 3～5 年一遇，而且河道水生态功能也基本丧失。

3. 灌排渠系现状

洞庭湖区灌排体系由灌排渠道、涵闸和泵站等设施组成，承担了湖区千万亩耕地的防洪、排涝、灌溉等任务，在确保湖区粮食生产安全，农民增产增收等方面发挥着重要作用。据初步统计，洞庭湖区共有底宽 1m 以上灌排渠道长 29407km，其中大型渠道（底宽 15m 以上）4470km，中型渠道（底宽 5～15m）10351km，小型渠道（底宽 1～5m）14586km。这些灌排设施兴建于 20 世纪 50—60 年代，建设标准低，长期失修。自 20 世纪 60—70 年代基本建成以来，至今几乎没有进行过系统的清淤整治，存在着堵塞、崩坡、淤积、“盲肠”、建筑物老化失灵等严重问题。据初步调查，急需清淤疏浚的渠道达

20003km，占总渠长的68%。以上诸多问题使渠道输水功能日益衰退，阻碍了河湖水系的连通，造成了“排不出、灌不进、水不流、水质差”的不利局面，直接影响了工程效益的发挥。

**6.1.1.2 河湖现存问题**

经过数十年的长期水系综合整治，湖南省洞庭湖区已初步形成了江河安澜的基本水网格局，基本能够满足经济社会发展对灌溉、防洪、供水、航运等方面的需求。但是江湖关系的变化及人类活动影响的加剧，部分地区水系连通性减弱、水体污染加剧、水生态功能退化等问题凸显，尤其随着人民经济生活水平的提高，对良好水生态环境日益增长的需求和当前水环境不断恶化的现实矛盾更加突出，一方面导致水资源、水环境承载能力不断下降，另一方面也对城市现代化建设产生掣肘。主要存在以下问题：

(1) 连通长江与洞庭湖的“四口”水系衰退萎缩，洞庭湖蓄洪、供水、生态功能退化。长江“四口”水系包括松滋、虎渡、藕池、调弦4条河流，是长江中游荆江河段入洞庭湖的分流河道，受江湖关系变化、上游水库蓄水和河道淤积影响，河道衰退萎缩、分流能力减弱、断流时间延长，给洞庭湖的防洪、水资源、水生态带来了一系列不利影响。

1）“四口”水系分洪能力减弱。1949年以来，“四口”水系累计淤积泥沙达6.5亿$m^3$，河床普遍淤高2m以上，河道行洪断面缩小，分洪能力已由20世纪50—60年代的40%降低为现在的25%左右，长江荆江河段下泄流量相应增大，防洪压力与风险不断加大。

2）“四口”水系断流严重。“四口”水系河道断流加剧，除松滋西支全年外，其他河道年均断流达138～265d，藕池西支2006年断流336d。沿岸的湖南、湖北两省11个县的570万亩耕地、450万人口季节性缺水问题十分突出，逐步演变为新的旱区。

3）河湖生态保护压力增大。“四口”水系分流进入洞庭湖的水量大幅减少，特别是枯期由1950—1970年的80亿$m^3$减少至16亿$m^3$，河湖水量减少，环境容量降低、自净能力减弱、水生生物多样性下降及河流湿地生态系统失衡，已成为全国水生态水环境治理的重点区域。

4）垸内沟渠水域生态环境恶化。河湖水量难以流入垸内，洞庭湖区内湖、哑河水体换水频率低、周期长，沟渠生态基流无法保证，水生态环境逐步恶化。

(2) 部分江河水系连通性减弱，洪涝水宣泄不畅，水资源水环境承载能力不足。

1）连通受阻，水循环动力不足。受城市不断扩张建设的影响，不少城市水系呈现破碎化，湖泊与两岸低洼地的天然通道被人为阻隔，水体长期得不到交换，形成了许多臭水沟、黑水体，严重影响城市形象和人居环境。

2）水域淤塞，水污染防治难度加大。由于一直以来的资金投入匮乏、管理缺位和不规范的人类活动等问题，诸多内湖、哑河、排渠等被侵占，部分河湖沟渠淤积不断加剧，工业废水、生活污水和农业面源污染物长期滞留，局部地区水污染加剧。

3）空间萎缩，蓄水行洪能力减弱。非法占用河湖水域现象时有发生，河湖淤积、萎缩严重，蓄水行洪空间被大量挤占，极大加剧了城乡防洪风险，部分河流“小流量、高水位、大灾害”问题凸显，部分城市遇强降雨“看海”成为常态。

4）功能退化，生态环境质量降低。河湖空间萎缩、连通受阻，河湖的净化水质、调节气候等生态功能退化，生物廊道阻断，水生生物多样性呈下降趋势，流域生态环境质量降低。

（3）洞庭湖“四口”水系综合整治工程协调难度大，该工程涉及湖南、湖北两省，两省对工程持不同意见，项目建议书进度严重滞后。由于洞庭湖“四口”水系综合整治工程项目建议书推进周期较长，从长江引水解决湖南省“四口”水系缺水问题近期难以实现，而受“四口”水系断流等影响，湖南省洞庭湖北部地区灌溉供水问题凸显，水生态环境恶化，湖南省立足省内，利用沅江、澧水及周边河湖水源的洞庭湖北部水资源配置方案未作为单独项目纳入国家水利发展“十三五”规划，难以全面推进、系统治理。此外，“四口”水系综合整治工程方案中引水流量偏小，采用 1973—2002 年多年平均流量的 10%计算方法不到 $60m^3/s$，难以满足河道生态流量，也未考虑垸内灌溉供水流量及垸内河渠生态流量。

（4）洞庭湖北部地区分片补水工程应急实施项目，不能全面解决北部地区水资源、水生态环境问题。分片补水应急实施项目完成后，洞庭湖北部地区仍有约 100 万亩耕地灌溉问题和 100 万人的供水水源问题无法解决，且这些区域引流补水难度较大。而北部水资源配置总体方案建设规模大、资金投入多，在当前严控政府债务的大背景下，地方政府要大幅投入难度大，后续的分片补水工程建设资金难以筹措。

### 6.1.2　水系连通的必要性

维护合理的水系格局、维系良好的河湖水系连通性是河流维持自身生态功能的需要，也是促进人水和谐发展的需要。构建和维护合理的水系格局和水系连通性是维系流域良性水循环、保障河湖健康的必然要求，是提高水资源的统筹调配能力、降低水旱灾害风险，实现社会经济可持续发展的必然要求，也是增强应对气候变化能力、保障国家水安全的必然要求。洞庭湖区河湖水系生态连通建设的必要性主要反映在以下方面：

（1）河湖水系连通是实现洞庭湖区水资源统一调配的重要途径，实施势在必行。洞庭湖区的水资源在时空上分布不均，江河水系格局与经济社会发展格局不相匹配。湖区部分地区经济社会快速发展，造成水资源需求量激增，其发展已受到水资源短缺的制约。同时，在气候变化和人类活动的双重影响下，湖区部分地区都出现水环境恶化、水生态危机、防洪压力大等一系列问题，这些问题如果得不到妥善解决，将直接影响我国今后经济社会的可持续发展。江河湖库水系连通已经成为提高水资源统筹调配能力、改善水生态环境状况和抗御自然灾害的重要途径。建设洞庭湖江河湖库水系连通工程，全面发挥水系连通的功效，能有效缓解湖区水资源供需矛盾，构建航运网络，提高发电效益，保障农业灌溉，改善区域水质，修复水生态，增强防洪能力，促进湖南省经济社会的可持续发展，实现人水和谐。

（2）河湖水系连通是改善洞庭湖区水质和生态修复的有效措施。随着经济社会发展，洞庭湖部分地区出现了严重的水环境污染和水生态危机，通过实施水系连通工程，提高水体更新能力、自净能力，让水体流动起来，加快内湖、内河的水体更新速度，是改善水质、修复区域水生态环境，改善人民生活空间的有效措施。

（3）河湖水系连通是构建现代化连通水系，提升水安全保障能力的迫切需要。党的十

九大以来，生态文明建设已成为关系中华民族永续发展的根本大计。生态河湖建设从山水林田湖草生命共同体出发，运用系统思维，统筹做好水灾害防治、水资源利用、水生态环境保护、水务管理的顶层设计。未来一段时间是湖南省生态河湖建设的关键时期。水利作为幸福河湖建设的支撑和保障，迫切要求提高对变化环境下灾害的风险防控能力、加强水资源与生态环境的系统治理能力、完善水对经济社会发展的资源保障能力。建设集防洪安全、供水安全、生态安全、现代化管理于一体的现代化连通水系，是全面提升洞庭湖区的水安全保障能力的迫切需要。

(4) 绿色发展，要求突出区域特色，是加强水生态保护与修复的有力支撑。环洞庭湖经济带是湖南省“一带一部”战略定位的枢纽地带，也是长江经济带建设的直接辐射区，洞庭湖区最重要的特色是“水”，安全、充足的“水”是区域产业绿色转型、旅游业、绿色农业发展的必要条件。近年湖区大部分断面水质超标，内湖富营养化普遍，水环境形势不容乐观，很多中小河流生态流量得不到保障，迫切需要加强水资源保护与水生态修复，保障河流生态流量，加强内湖水环境综合治理，加强生态廊道保护与修复，保障湖区绿色发展。

## 6.2 目标与任务

### 6.2.1 水系连通工程实施目标

洞庭湖区河湖水系生态连通的目的是恢复河流生态环境，重塑健康自然的弯曲河湖岸线、深潭浅滩和泛洪漫滩，保障水安全。按照“十有”具体目标，促进水系完整性、水体流动性、水质良好性、生物多样性、水文化传承性，构建“河畅、水清、岸绿、景美、安全、生态”的水系，让河湖重现生机。

(1) 有安全水体。通过对洞庭湖区河湖水网进行生态连通建设，科学恢复和调整江湖关系，保障洞庭湖区防洪、供水及水生态环境安全。

(2) 有常年流水。河道与湖泊连通性好，河、湖水常年流动。

(3) 有清澈水体。河流及湖泊水体达到水功能区水质标准。

(4) 有通江水道。恢复荆江“四口”与洞庭湖的连通通道，保障荆江与洞庭湖之间出入湖生态通道的畅通，有利于四大家鱼及江豚等水生生物的江湖交流。

(5) 有护岸林草带。河道两岸及湖滨带原生植物保护良好，乔灌草植物体系完善，湿地植被多样化良好发育。

(6) 有野趣乡愁。河流沿岸及湖滨带自然景观良好，人与自然和谐共生，保护人文景观，留住乡愁。

(7) 有生态河岸。河道及湖泊岸堤设施抗冲稳定，河岸型式生态多样，满足生物生活习性需求。

(8) 有自然河态。保持原河道的自然弯曲、深潭、浅滩、泛洪漫滩以及天然的砂石、江心洲（岛），因势利导，恢复自然河态。

(9) 有丰富生物。水域生态空间与生境多样，水生动植物种类丰富。

(10) 有管护机制。划定河道与湖泊岸线与蓝线，建立管护标识系统，健全河湖管护制度，形成河长制、湖长制的有效管护机制。

### 6.2.2　水系连通工程实施任务

为实现上述目标，本次规划从水资源调配、水生态环境和综合管理等 3 个层面确定以下规划任务：

（1）“江湖连通”——重塑长江与洞庭湖生态廊道。加快推进洞庭湖“四口”水系综合整治工程，任务主要包括：河道扩挖长度 488.7km，其中松滋河 148.7km、虎渡河 123.2km、藕池河 131.5km、华容河 54.1km、华洪运河 31.2km；松滋口闸工程；支汉水资源综合利用工程，包括鲇鱼须河、陈家岭河及藕池河西支 3 处控制工程，其中支汉控制闸 6 座、堤防防渗处理 114.7km；引水补水工程，包括南闸增建深水闸、调弦口闸拆除重建工程、华洪运河洪水港闸站、大通湖补水工程、沱江补水工程、闸站改造工程；河湖连通工程；护岸工程 277.4km；苏支河潜坝工程。

（2）“河湖连通”——增强“六水”与洞庭湖的连通性。对淤积严重的湘江、资水、沅江、澧水、汨罗江、新墙河“六水”尾闾洪道进行扫障、扩卡和清淤，增强“六水”与洞庭湖的连通性。

（3）“湖湖连通”——扩充纯湖区水体交换能力。通过对东洞庭湖、南洞庭湖、西洞庭湖的疏浚工程加快洞庭湖洪水下泄速度，减少东南洞庭湖淤积，通过扩大水面和水体容量，达到改善洞庭湖水环境、增强水环境容量，扩充湖湖水体交换能力的目的。

（4）“区位连通”——保障重点片区水系连通。建设 6 大片 24 个河湖库渠连通、水流自如、余缺互补、水质达标、水清岸绿的相对独立的水网工程，其中，益阳地区 7 个，常德地区 6 个，岳阳地区 11 个。

## 6.3　水系连通工程规划与实施方案

### 6.3.1　江湖连通

洞庭湖“四口”水系综合整治关系到长江与洞庭湖的江湖关系，对于长江中游和“四口”水系地区防洪和水资源开发、利用与保护均具有重要意义，是洞庭湖区和长江中游综合治理的重要内容。洞庭湖“四口”水系地区存在的水资源、水生态环境、防洪等方面的问题长期受到党和国家的高度重视。2018 年 4 月 26 日，在深入推动长江经济带发展座谈会上，习近平总书记指出，流域生态功能退化依然严重，长江“双肾”洞庭湖、鄱阳湖频频干旱见底，强调抓湿地等重大生态修复工程，要从生态系统的整体性，特别是从江湖关系的角度出发，从源头上查找原因。

洞庭湖“四口”水系综合整治工程以保障区域供水灌溉安全、提高区域防洪能力、保障区域水生态安全和促进航运发展为总体目标，按照“疏-控-引-蓄”相结合的工程总体布局对“四口”水系进行整治。根据《洞庭湖“四口”水系综合整治工程项目建议书》，工程建设内容主要包括河道扩挖工程（松滋河、虎渡河、藕池河、华容河、华洪运河）、松滋口闸工程、支汉水资源利用工程（藕池西支、鲇鱼须河、陈家岭河）、引水补水工程（增建南闸深水闸、改建调弦口闸、华洪运河洪水港闸站、大通湖补水、沱江补水、闸

站改造工程)、河湖连通工程、堤防加固及护岸工程和苏支河控制工程等。

"四口"水系是长江与洞庭湖的重要生态廊道和连接通道，其生态廊道建设是构建湖南省绿色生态安全屏障和完善生态网络空间的重要基础，是促进生态文明和生态强省建设的重要载体。"四口"水系综合整治事关长江生态保护和长江经济带发展大局，根据"四口"水系综合整治的任务及目标，顺应江湖关系变化的趋势，通过水资源利用工程、防洪治理工程方案的技术经济综合论证，拟定综合整治工程总体布局为疏通"四口"骨干河道，维持现状水系格局，"疏-控-引-蓄"相结合，综合解决区域的水资源及水生态环境等问题。整治工程方案包括河道扩挖、松滋建闸、引江补湖和河湖连通等。

1. 松滋河水系

顺应河道冲刷的趋势，通过松滋河水系骨干水道（松滋口-松滋西河-自治局河-松虎合流段-澧水洪道）和松滋东河上段河道的扩挖，统筹灌溉、供水、防洪、水生态环境保护等多方面需求，增加枯水期河道进流量，提供区域供水、灌溉所需的水源，满足供水、灌溉需求；维持河道全年不断流，满足最小生态流量要求，恢复江湖水生生物通道；沟通小南海湖、王家大湖、牛奶湖、淤泥湖、牛浪湖、珊泊湖、濠口湖、马公湖等湖泊与松滋河、涴水、庙河等区域水系的水力联系；结合河道整治，改善航道水深条件。建设松滋口闸，实现松滋口洪水与澧水洪水的错峰，提高松澧地区防洪能力，缓解西洞庭湖区防洪压力；建设苏支河潜坝，控制苏支河分流，控制其分流增加，促进松滋西河主干河道发育；改造沿河闸站，加强堤防加固和崩岸治理。

2. 虎渡河水系

通过河道扩挖和南闸增建深水闸，增加太平口分流，保障河道长年不断流，为两岸提供供水、灌溉水源，满足河道最小生态流量的要求，维持河道过流能力；改造沿河闸站，增强湖北省北部灌区引江能力，治理崩岸；沟通玉湖，将荆江分洪区内的崇湖、陆逊湖、北湖、杨马水库等与虎渡河和长江相连通；改造沿河闸站。

3. 藕池河水系

对藕池河主干河道（藕池口—管家铺—梅田湖—注滋口—东洞庭湖）进行扩挖，维持藕池河东支主干河道全年通流，为藕池河水系提供供水、灌溉水源，保证藕池河主干河道的生态流量需求；通过藕池河中支扩挖与南洞庭湖相通，加之陈家岭河控制和藕池河西支控制，提供藕池河中支、西支沿岸供水灌溉水源；通过鲇鱼须河控制工程、沱江补水工程、大通湖引水工程增加调洪补枯能力。沟通上车湾湖、下车湾湖、沙河水库、大通湖、东湖、西湖、塌西湖与藕池河及南洞庭湖的水力联系；治理河道崩岸，改造沿河闸站。

4. 华容河水系

改建调弦口闸，降低六门闸的闸门底板高程，增建洪山头闸站，结合华容河及华洪运河河道扩挖，从华容河及华洪运河引水，满足沿岸灌溉及水生态环境改善需求；增强湖北省调东灌区和管家铺灌区的引江能力；通过华容河沟通上津湖、白莲湖、三菱湖与长江的联系，通过华洪运河沟通板桥湖、采桑湖、团湖等。

### 6.3.2 河湖连通

湘江、资水、沅江、澧水及汨罗江、新墙河等6河为洞庭湖水系一级支流。这些河流尾闾地区存在的主要问题是：河道内存在各类阻水建筑，个别河段卡口阻水严重，河道连通不畅；河口湿地萎缩退化，缺少河口生态缓冲区；自然岸线、生态岸线占比低，自然环境遭受破坏。河湖连通主要针对以上问题，以增强河湖连通性、恢复河口湿地、修复自然岸线为目标，以现有岸滩堤防为载体，以保护优先、自然恢复为主，于“六水”入湖尾闾地区构建河湖连通生态水系。具体工程布局为：实施生态清淤以增强河湖连通性；开展退田退林还湖还湿，推进湿地保护与修复；实施生态护岸与岸线改造，恢复岸线自然形态。

1. 湘江尾闾生态连通整治

湘江尾闾洪道范围自株洲县渌口镇以下，干流洪道总长 218.11km。湘江尾闾生态连通整治工程包括：退林还湖（河），清除苇柳 1.07 万亩；清除废堤 30km，拆除矶头、丁坝、码头等 12 处，改建码头 17 处；拆除阻水房屋 27.74 万 $m^2$ 并实施复绿；疏挖阻水高洲 11 处 41.106km，拓宽大石围、丁字湾两处卡口；刨除原有矶头、丁坝改为自然生态护岸 5 处共 8.78km；对崩岸严重的 38.85km 岸段采取生态护岸措施。

2. 资水尾闾生态连通整治

资水尾闾洪道从桃江至杨柳潭全长 72.9km。资水尾闾生态连通整治工程包括：拓宽益阳市二中、沙头 2 处天然卡口，刨毁矶头 23 个，废堤 3.0km，拆除或改建码头 8 处，清除岸边堆场 5 处，拆迁房屋 800 栋并实施复绿，退林还湖（河），扫除苇柳 0.81 万亩，疏挖淤积严重的阻水洲滩 10 处 26.19km；对 34.2km 崩岸段采取生态护岸措施。

3. 沅江尾闾生态连通整治

沅江尾闾洪道上起桃源水文站，下到坡头，全长 104.56km。沅江尾闾生态连通整治工程主要有：退林还湖（河），扫除苇柳 2.83 万亩，拆除阻水房屋 20.48 万 $m^2$，拆除或改建码头 8 个、矶头 18 个，刨毁废堤 9 处 26.3km 并实施复绿；疏挖淤积严重的阻水洲滩 8 处 33.88km；对 13 处 26.1km 崩岸段采取生态护岸措施。

4. 澧水尾闾生态连通整治

澧水从津市小渡口以下至南咀为澧水尾闾，全长 87.8km。澧水洪道与松滋河串通，因此洪道下段同时承泄澧水、松滋河、虎渡河来水。澧水尾闾生态连通整治工程为：退林还湖（河），清扫芦柳面积 4.64 万亩；疏浚阻水洲滩 14 处 49.87km；削除 8 处挑流矶头改为平护，改建阻水码头 1 处，刨毁阻水废堤 8 处 5.99km；对 25.96km 崩岸段实施生态护岸。

5. 汨罗江尾闾生态连通整治

汨罗江下游洪道从京珠高速公路桥至磊石山出口，全长 50.02km。汨罗江尾闾生态连通整治工程包括：疏挖京珠高速公路桥—南渡桥、翁家港—周家垅进口和周家垅出口—磊石山 3 段洪道；削平挑流矶头 12 处改为生态护岸，刨毁废堤 4.01km，废弃围堰拆除 1 处，铲除杂柳 0.15 万亩。

6. 新墙河尾闾生态连通整治

新墙河洪道从筻口至岳武咀，全长 26.8km，洪道宽 300～400m。新墙河尾闾生态连通整治工程为：拆除阻水房屋 1.4 万 $m^2$，砍矶头 5 处，旧铁路桥清除，拆除 3 处巴垸，疏挖边滩 10 处 6.77km。

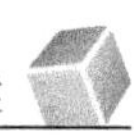

### 6.3.3　湖湖连通

工程总体布局：洞庭湖通常分为三大部分：以赤山为界，赤山以西称为西洞庭湖，包括七里湖和目平湖；赤山以东至磊石山为南洞庭湖；磊石山以北称为东洞庭湖。

目前西洞庭湖、南洞庭湖、东洞庭湖及沟通三大湖泊的水道主要存在的问题是：湖区枯水位降低、枯水持续时间延长，湖泊淤积加大、水环境容量下降；湿地面积萎缩，湿地功能退化，生态风险加剧；部分区域开发利用强度大，水域岸线被侵占，生态环境遭受破坏。本次河湖连通主要针对以上问题，以增强洞庭湖水环境承载能力、保护河湖湿地生态系统、恢复河湖生态空间及自然岸线为目标，以保护优先、自然恢复为主，于西洞庭湖、南洞庭湖、东洞庭湖及三大湖体之间的连接水道构建湖湖连通生态水系。

具体工程布局为：对西洞庭湖、南洞庭湖、东洞庭湖及其连通河道实施生态清淤，增加湖体容积，增强河湖连通性，提升水环境承载能力；开展退田退林还湖还湿，退出人工开发利用设施并实施复绿，推进湿地保护与修复；实施生态护岸与人工岸线改造工程，恢复岸线自然形态。

河道清淤疏浚工程：范围包括南洞庭湖以及东洞庭湖。南洞庭湖近期考虑黄土包河附山洲、航标洲、拐棍洲疏挖，共计29.91km；东洞庭湖考虑对黄土包河及草尾河出口芦林潭—下草洲段疏挖，疏挖河道长50.65km，宽度按1000m控制；另外还考虑对岳阳楼—城陵矶河段清淤，清淤河长6.41km，疏浚长度共计86.97km。

生态护岸工程：主要位于南洞庭湖黄土包河，护岸范围为三洲嘴段、苏湖头段以及附山洲段，共计2.9km。

废堤刨毁及复绿工程：位于东洞庭湖原漉湖垸以及君山垸。其中对原漉湖垸废堤刨毁20km，君山垸废堤刨毁3km。

### 6.3.4　区位连通

区位连通是水循环和水资源形成的主要载体，是流域生态环境的重要组成部分，是区域经济社会发展的基础支撑。但是随着水文情势变化与人类活动影响，洞庭湖垸内、垸外水体交换减少，垸内水系不畅。水体不活导致水环境质量、水体降解能力下降，水污染严重，制约水生态系统健康发展。本次区位连通方案以全面推进洞庭湖区水环境综合治理为契机，依托洞庭湖垸内、外水系整体格局，以提升内湖、垸内水体自净能力和环境容量为目标，以“区位连通、垸内垸外连通、主要内湖连通”为重点，综合采取拦污、截污、引流、清淤、修复等措施，探索湖区河湖水系连通模式，确保洞庭湖“生态水量有保障、湿地不萎缩、水质有改善、生态不退化”，建成在全国有示范效应的大湖区域水系连通模式。为改善湖区水质和修复生态环境，保障河湖健康，本次在洞庭湖区“蓄泄兼筹、引排自如、丰枯调剂、多源互补、生态健康”的河湖水系连通格局的基础上，提出“6片区，24网”连通的生态水网布局，见图6.1。

1. 片区连通

为加快洞庭湖生态经济区建设，加强洞庭湖综合治理和保护，打造紧密协作的水运网络，加快湘江、沅江等高等级航道建设，推动松滋河、虎渡河航道整治，改善支流通航条件，湖南省近期提出了洞庭湖大水脉建设方案。

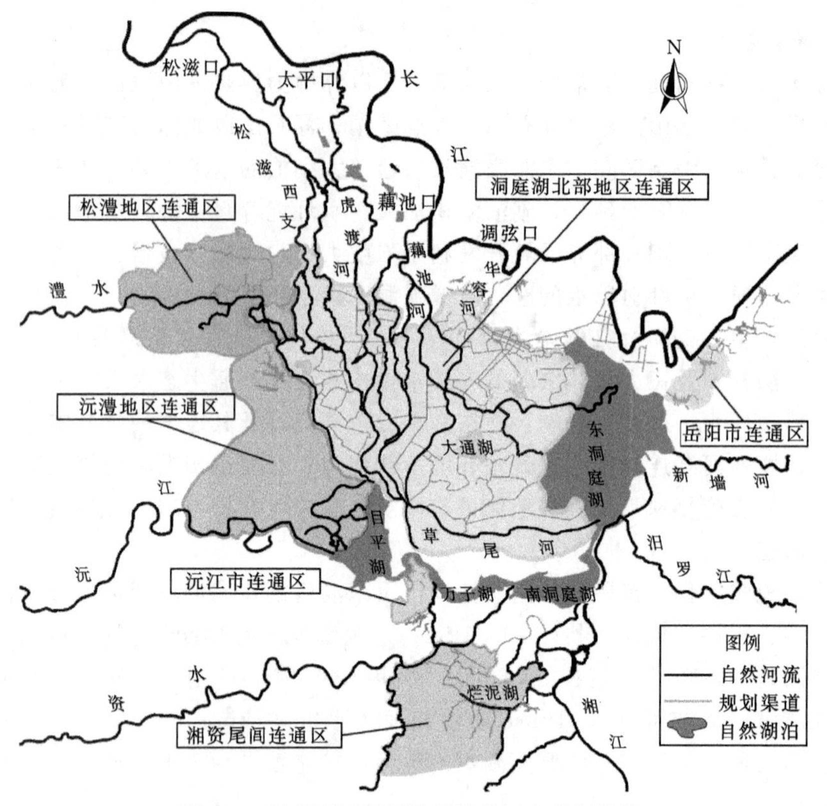


图 6.1　洞庭湖区规划片区及片区内规划渠道

洞庭湖大水脉由一条主脉和 6 条支脉构成，形成“一主三纵三横”的格局。主脉起于松滋口枢纽，湖北境内顺松滋河西支南下，湖南境内沿自治局河入松虎洪道，经南咀，沿草尾河，至东洞庭湖，顺湘江航道至洞庭湖水利综合枢纽为止。6 条支脉由湘江、虎渡河、藕池河“三纵”和沅江、澧水、资水“三横”组成。

本次整体方案依托洞庭湖区大水脉“一主三纵三横”的建设思路，将洞庭湖区分为洞庭湖北部地区片、松澧地区片、湘资尾闾片、沅澧地区片、岳阳市六湖连通及沅江市五湖连通等 6 大片区，分区实施河湖连通生态水网工程。通过畅通江、湖、河、渠的水力联系，打造湖区经济社会发展的资源通道和资源保护的绿色生态廊道，辐射带动洞庭湖生态经济区发展。

(1) 洞庭湖北部地区河湖连通生态水网工程。构建洞庭湖北部地区“三横三纵”的生态水网体系，“三横”——建设松滋河水系连通片、大湖口-陈家岭平原水库群水系连通片、藕池河东支水系连通片 3 个东西向的主水道生态水网；“三纵”——草尾河水系南北向的大通湖垸连通片、沱江-南茅运河连通片和共山茶垸连通片。

工程范围：东洞庭湖以西、南洞庭湖以北、澧水洪道以西地区，涉及 3 市 7 个县（市、区）。

建设内容：①垸内建设主水道，引松滋河、华洪运河所引长江水，及松滋、藕池水系平原水库截蓄汛末洪水入垸内。包括新开渠道 48 条总长 185km，改扩建渠道 786 条总长 834km，主水道新（重）建及改造节制闸 860 处，新建及改扩建泵站 355 处、涵洞 130 处。

②实施垸内内湖、撇洪河清淤整治、堤防加固工程。内湖清淤整治28处，撇洪河清淤整治2处，堤防加固总长度284.2km。③堤垸进水闸站建设、垸内灌排泵站更新改造、灌排渠系清淤疏浚及建筑物整治等。

(2) 松澧地区河湖连通生态水网工程。规划形成以澧水艳洲水库、澹水、涔水为主水道，以北民湖、杨家湖、马公湖、观音港哑河为辅水道，以与王家厂水库及其垸内主要灌排渠为支水道的"一带""两厢""三园""四环""多点"的生态水网体系。

工程范围：主要为松澧垸，涉及澧县、津市。

建设内容：①垸内建设主水道，新开渠道2条总长5.7km，改扩建渠道6条总长75.7km，新（重）建及改造节制闸7处、提水泵站3处、倒虹吸2处。②实施垸内内湖、撇洪河清淤整治、堤防加固工程。内湖清淤整治3处，撇洪河清淤整治1处，堤防加固总长度29.1km。③堤垸进水闸站建设、垸内灌排泵站更新改造、灌排渠系清淤疏浚及建筑物整治等。

(3) 湘资尾闾地区河湖连通生态水网工程。规划形成以兰溪河、张芦渠河、柳林江连成的主水道，以烂泥湖的撇洪河为辅水道，以与渔形山水库相连的王田塅河和谭家桥河为支水道，以向阳渠、贺利渠、八易渠、南北干渠为连通线的"二横二纵四渠"的水网体系。

工程范围：主要为烂泥湖垸，涉及益阳市赫山区、岳阳市湘阴县和长沙市望城区。

建设内容：①建设垸内主水道，新开渠道1条总长7.5km，改扩建渠道4条总长35.4km，新（重）建及改造节制闸2处，提水泵站1处。②实施垸内内湖、撇洪河清淤整治、堤防加固工程。内湖清淤整治2处，撇洪河清淤整治1处，堤防加固总长度69.6km。③实施堤垸进水闸站建设、垸内灌排泵站更新改造、灌排渠系清淤疏浚及建筑物整治等。

(4) 沅澧地区河湖连通生态水网工程。规划形成以澧水、沅江、西毛里湖、沾天湖为主水道，以大圈内的渐河、冲柳高低水、西湖高水等水系为辅水道，以柳叶湖、牛屎湖、白芷湖等内湖及垸内渠系为支水道的水网连通体系。

工程范围：主要为沅澧垸，涉及汉寿县、津市、鼎城区、武陵区。

建设内容：①垸内建设主水道，新开渠道2条总长5.2km，改扩建渠道8条总长78.9km，主水道新（重）建及改造节制闸17处，提水泵站3处。②实施垸内内湖、撇洪河清淤整治、堤防加固工程。内湖清淤整治3处，撇洪河清淤整治2处，堤防加固总长度88.4km。③堤垸进水闸站建设、垸内灌排泵站更新改造、灌排渠系清淤疏浚及建筑物整治等。

(5) 东洞庭湖岳阳片区六湖连通工程。规划以芭蕉湖与南湖连通，芭蕉湖与东风湖、吉家湖、月形湖、关门湖连通，实现中心城区"一环两区三廊三片四带"的水系格局。

建设内容：①新开河道3条总长15.7km，改扩建渠道4条总长24.7km，主水道新（重）建及改造节制闸10处、提水泵站4处、涵洞2处。②内湖清淤整治3处，撇洪河清淤整治1处，堤防加固总长度28.4km。

(6) 沅江市五湖连通工程。规划连通沅江市蓼叶湖、后江湖、上琼湖、下琼湖、石矶湖等五湖，打造城中有湖、五湖绕城的环湖生态长廊，通过开挖人工运河，建设地下涵闸实现“五湖连通”，形成一个循环水系。

建设内容：①新开河道 3 条总长 3.3km，改扩建渠道 15 条总长 30.6km，主水道新（重）建及改造节制闸 8 处、涵洞 3 处。②内湖清淤整治 1 处，堤防加固总长度 6.0km。

针对洞庭湖区城镇居民生活饮水、灌溉用水及水环境、水生态等方面存在问题较为突出的洞庭湖北部地区、湘资尾闾地区、松澧地区、沅澧地区、洞庭湖东部岳阳片区以及沅江片区 6 个片区，组成洞庭湖水系生态连通的系统框架，进行总体目标为改善洞庭湖区水生态环境但功能相对独立的分片规划、利用和控制。

2. 垸内外连通

在区位连通大格局的基础上，从水质改善、资源调配、水灾害防御以及综合治理等规划思路考虑，具化成更为细致的 24 网，即大通湖区、沅江市城区、沅江市共双茶垸、益阳市赫山区、资阳区民主垸、资阳区长春垸、南县西水东调、岳阳市两湖连通、云溪区永济垸、云溪区陆城垸、临湘市、华容县、君山区君山垸、君山区华洪运河、汨罗江古罗城、岳阳县中洲垸、湘阴白水江下游（县城）、湘阴湘滨南湖垸、澧县平原地区、汉寿县沅南垸、安乡县安保垸、安乡县深柳镇、安乡县松虎藕、常德市沅澧大圈。24 网均考虑从外河引水，取水水源涉及长江、洞庭湖、松滋河、虎渡河、澧水、沅江、汨罗江、白水江等，实现垸内垸外水系连通，形成 24 个动态水网，使每片水网生态环境得以改善。

3. 内湖连通

通过对大通湖、珊珀湖、烂泥湖、西毛里湖、冲天湖、柳叶湖、沅江五湖等垸内较大内湖进行重点分析策划，让垸内主要内湖连通，对 24 网水系空间连通进行补充，突出重点。以点带面，从局部至整体，最终使得“6 片区，24 网”连通整体发挥生态服务功能。

4. 洞庭湖北部地区分散补水工程

洞庭湖北部地区分散补水一期工程选择了安乡县珊珀湖补水工程等 8 个应急项目先行实施。8 个工程总投资 15.7 亿元，涉及常德市澧县、安乡县，益阳市南县、沅江市、大通湖区，岳阳市华容县、君山区，共 3 市 7 个县（市、区），工程实施后可基本解决洞庭湖北部地区 200 万亩耕地灌溉水源问题和 168 万人的供水水源问题，改善大通湖、珊珀湖、三仙湖水库、华容河等水体水质。目前，8 个应急项目均已完成主体工程建设。考虑到洞庭湖北部地区分散补水一期工程完成后，洞庭湖北部地区仍有约 100 万亩耕地灌溉问题和 100 万人的供水水源问题无法解决，且这些区域引流补水难度较大。本次二期工程立足于总规划“澧水东调，北连长江，南引草尾，分区配置，分散补水”的总体思路，结合一期已实施项目的经验，本次二期方案制定原则：一是在一期已完成的补水工程基础上，加强续建配套，提升补水工程水源的统一调度，延伸补水路线；二是充分考虑各县（市、区）需求，优先解决群众安全饮水及灌溉用水迫切要求；三是考虑各县（市、区）筹集建设资金以及运行管理的难度，项目尽量不跨县。结合各市（县、区）的实际情况，针对存在的突出问题，通过现场调查和相关分析，规划在澧县、安乡、华容、君山区、沅江市实施 8 大补水工程，包括澧县梦溪片区补水工程、安乡县安昌安造垸补水工程、华容县护城垸补水工程、君山区钱北垸补水工程、沅江南大河补水工程、沅江大通湖垸集中供水工程。洞庭湖区“6 片区，24 网”的水网结构和连通方案具体见表 6.1。

**表6.1　　“6片区，24网”河湖连通生态水网结构和连通方案**

| 片区名称 | 规划思路 | 水网名称 | 水网功能 | 外河取水水源 | 重点连通内湖 |
|---|---|---|---|---|---|
| 洞庭湖北部片区 | 提高洞庭湖北部地区水资源承载能力和水环境承载能力，以水资源可持续利用促进区域经济社会与生态环境保护协调发展，保障洞庭湖北部地区用水安全 | 1. 大通湖河湖连通工程 | 综合治理型工程，主要包含排涝、供水、灌溉、水生态修复 | 澧水、草尾河、藕池河东支 | 大通湖 |
| | | 2. 沅江市共双茶垸河湖连通工程 | 资源调配型工程，主要功能为保证农业灌溉 | 草尾河、南洞庭湖 | |
| | | 3. 南县西水东调工程 | 资源调配型工程，主要保证旱季农田灌溉用水 | 松滋河、虎渡河 | |
| | | 4. 华容县河湖连通工程 | 资源调配型工程，主要功能为保证安全饮水和灌溉用水 | 华容河、鲇鱼须河 | |
| | | 5. 君山区君山垸河湖连通工程 | 水灾害防御型工程，主要功能为洪水防御、城市除涝、应急供水 | 长江 | |
| | | 6. 君山区华洪运河连通工程 | 水灾害防御型工程，主要功能为洪水防御、城市除涝、应急供水 | 长江、华容河 | |
| | | 7. 安乡县安保垸河湖连通工程 | 资源调配型工程，主要功能为解决垸内安全饮水，进行水生态修复等 | 澧水、松滋河 | |
| | | 8. 安乡县深柳镇河湖连通工程 | 水灾害防御型工程，主要功能为防洪排涝、城市供水等 | 松滋河、虎渡河 | |
| | | 9. 安乡县松虎藕河湖连通工程 | 资源调配型工程，主要功能为保证饮水安全、灌溉用水以及防洪排涝等 | 松滋河东支 | |
| 湘资尾闾地区 | 增强水体流动性，改善水环境 | 1. 赫山区河湖连通工程 | 资源调配型工程，主要功能为保证农业灌溉、安全饮水、水环境治理等 | 新河 | 烂泥湖、鹿角湖 |
| | | 2. 资阳区民主垸河湖连通工程 | 资源调配型工程，主要功能为解决垸内安全饮水和灌溉用水等 | 资水干流、甘溪港河、万子湖 | |
| | | 3. 资阳区长春垸河湖连通工程 | 资源调配型工程，主要功能为保证农业生产用水以及水环境治理等 | 资水干流、甘溪港河 | |
| | | 4. 湘阴县湘滨南湖河湖连通工程 | 水质改善型工程，主要功能为水质改善、生态修复 | 资水、湘江 | |
| | | 5. 湘阴县白水江河湖连通工程 | 水灾害防御型工程，主要功能为防洪排涝，确保生态安全 | 白水江 | |
| 松澧地区 | 在洞庭湖平原区，打造一个以生态环境为主体目标，兼有区域水资源优化配置、城乡供水、防洪治涝、农田灌溉等多目标，发挥综合效益的相互连通、水体连续流动、水清岸绿、科学调度、统一管理的生态水网 | 澧县平原地区河湖连通工程 | 综合治理型工程，主要包含排涝、供水、灌溉、水生态修复 | 澧水 | |

续表

| 片区名称 | 规划思路 | 水网名称 | 水网功能 | 外河取水水源 | 重点连通内湖 |
|---|---|---|---|---|---|
| 沅澧地区 | 通过水利调度，恢复垸内河湖水系连通 | 1. 常德市沅澧大圈河湖连通工程 | 综合治理型工程，主要包含排涝、供水、灌溉、水生态修复 | 沅江 | 冲天湖、柳叶湖、西毛里湖 |
| | | 2. 汉寿县河湖连通工程 | 资源调配型工程，主要功能为解决垸内安全饮水和灌溉用水等 | 沅江、甘溪港河 | |
| 洞庭湖东部岳阳片区 | 以保障水安全、改善水环境、保护水资源、打造水景观为目标，以现有河湖为基础，实施水系相通、河湖相连、提档升级、生态修复的城市水系治理工程 | 1. 岳阳市主城区两湖连通工程 | 水质改善型工程，主要包含水质改善、水生态修复、景观维护 | 长江 | |
| | | 2. 云溪区永济垸河湖连通工程 | 水灾害防御型工程，主要功能包含洪水防御、城市除涝等 | 长江 | |
| | | 3. 云溪区陆城垸河湖连通工程 | 水灾害防御型工程，主要功能包含洪水防御、城市除涝等 | 长江 | |
| | | 4. 汨罗江古罗城河湖连通工程 | 综合治理型工程，主要包含排涝、供水、灌溉、水生态修复等功能 | 汨罗江 | |
| | | 5. 临湘市河湖连通工程 | 水灾害防御型工程，主要功能为防洪排涝，兼顾灌溉用水和水生态修复等 | 长江 | |
| | | 6. 岳阳县中洲垸河湖连通工程 | 水灾害防御型工程，主要功能为防洪排涝等 | 东洞庭湖 | |
| 沅江片区 | 统筹规划区排涝、供水、生态水系建设，建立以沅江市城区为中心的生态水网体系 | 沅江市城区河湖连通工程 | 水质改善型工程，主要包含水生态修复、景观维护等 | 沅江、甘溪港河 | 蓼叶湖、后江湖、上琼湖、下琼湖、石矶湖 |

主要建设内容：构建洞庭湖区“6 片区，24 网”生态水网系统，主要有三部分建设内容。第一部分是针对河湖水网连通工程；第二部分是针对水环境、水生态治理，解决垸内内源污染的工程；第三部分是针对垸内水资源配置工程。具体表现为主水道新开渠道、改扩建渠道、改造节制闸、新建及改扩建泵站、涵洞改建，内湖、撇洪河清淤整治及堤防加固工程，渠系配套工程等。本次拟新开河道及渠道 57 条总长 217.05km，改扩建渠道 815 条总长 1000.28km，主水道新（重）建及改造节制闸 887 处，新建及改扩建泵站 363 处、涵洞 135 处，内湖清淤整治 37 处，撇洪河清淤整治 5 处，堤防加固总长度 417.29km。

## 6.4　工程总投资估算

本次整体方案在洞庭湖现有河流、湖泊、沟渠等水系的基础上，为实现区域水生态功能、水资源配置能力、水资源水生态管理水平的明显提升等目标，结合各市（县）的实际情况，针对存在的突出问题，通过现场调查和相关分析，规划在洞庭湖平原地区内（湖南省部分）布置江湖连通、河湖连通、湖湖连通和区位连通 4 大块建设内容。洞庭湖区河湖连通生态建设规划全部实施后，洞庭湖区可新增供水量 10%，新增湿地面积 10%，建设

生态护坡护岸长度210km，各规划区域水资源、水环境承载能力将得到明显提升。经估算，本工程总投资533.55亿元，其中，江湖连通项目投资为127.05亿元，河湖连通项目投资为59.50亿元，湖湖连通项目投资为158.50亿元，区位连通项目投资为188.50亿元。区位连通为近期实施方案，江湖、河湖、湖湖连通为远期实施方案。

## 6.5　本章小节

洞庭湖区重点建设"1-2-4"工程。"1"就是以"健康生态百湖连通"为主线，守护好洞庭湖"一江碧水"；"2"就是突出体现"生态防洪""水资源与水生态"两个重点，维护洞庭湖区的防洪安全、供水安全、生态安全；"4"就是形成以"区位连通""江湖连通""河湖连通""湖湖连通"四大工程为依托的洞庭湖区百湖连通框架体系，沟通连接分散的生态单位，统筹构建区域"山水林田湖草"一体化保护与修复的生态廊道。

通过建设"1-2-4"工程对洞庭湖这个"大肾脏"进行保护与修复，恢复"肾小球"（内湖）的净化和调蓄功能，重启"肾小管"（河道、渠道）的连通和传导作用，内外兼顾、系统治理，形成湖南省洞庭湖区"丰水自流，枯水引流，畅通河湖，保障用水"的连通大格局，确保洞庭湖区"水量有保障、水质有改善、生态单位有连接、结构功能有恢复"，建成在全国具有示范效应的大湖区域水系连通模式，构建安澜、幸福河湖。

# 第7章　洞庭湖区水系连通工程与水资源-社会经济的关联性与适配性

洞庭湖区的水资源在时空分布不均匀，经济快速发展使得需水量持续增长，以及不科学的用水方式与水环境污染，造成局部地区出现资源型和水质型缺水现象，导致农业灌溉需水、生态需水和生活用水供应不足。通过各种水资源配置的工程措施（如水系连通工程）与非工程措施（如水权分配、水价调控），可合理控制水资源在不同需水地区的适配（李原园等，2010）。本章在水资源配置（钟鸣等，2018；王丽珍等，2017；冷曼曼等，2017）、最严格水资源管理制度（梁士奎等，2013）、“水-能源-粮食”和“社会-经济-自然”关联（张宗勇等，2020；支彦玲等，2020）的前人研究基础上，结合洞庭湖区水系连通工程规划与实例的特点及其与其他水工程的区别，描述一般水系连通工程的沿程关联路径，提出目标函数并设定约束条件，对工程的适配性进行定量分析。通过明确水系连通工程的关联途径和作用范围，定量评价工程相关效益，有助于水系连通工程的规划设计、科学决策和方案优化。

## 7.1　水系连通工程关联性与适配性的内涵

关联性是指主体与从属客体之间的有向关系，适配性是适应性和匹配性二者的集合概念，指资源在区域内部和区域之间的优化配置。将二者的内涵延伸至水系连通工程领域，定义为表征工程项目区域的结构连通路径与不同连通需求要素之间的关联，以及工程的连通功能与水量分配关系在不同时空下的效率和合理性。

经归纳和总结洞庭湖区水系连通工程的一般路径、关键节点和控制因子，可知工程通常符合“水-能源-水-连通需求”的连通机理规律和“点（涵闸和泵站）-线（沿程路径)-面（调水区和受水区）”的布置方式。采用新建渠道、清淤疏浚阻塞、断连的水体和新建、翻新涵闸与泵站的方式，适时调控能源以开启和关闭涵闸与泵站，实现人工渠道、自然河流、湖泊三者的互联互通，进而实现工程区域内水系的交流互换，达到补充生活需水、农业灌溉需水、生态需水和适时行洪排涝的水系连通需求，并由此产生社会、经济和生态效益，见图7.1。在水资源的适配上，依据调水区的可提水量确定可供水量的最大限度，根据各需水类别的具体水量值，确定水资源配置的适配时机、适宜方式和适配流量。在合理的约束条件与水资源优化配置原则上，保证水系连通工程的效益最大化，见图7.2。

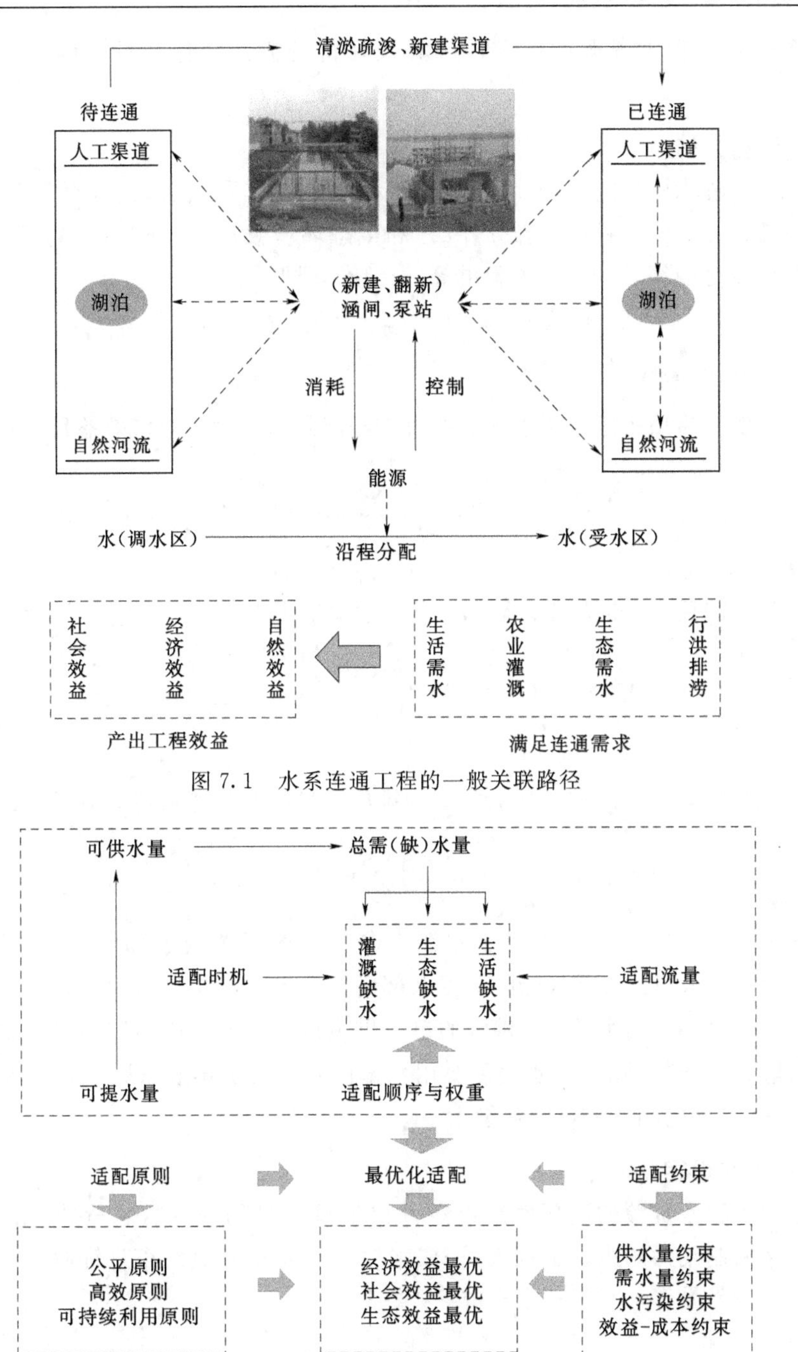


图 7.1　水系连通工程的一般关联路径

图 7.2　水系连通工程适配性逻辑框架

## 7.2　水系连通工程适配性表征

为保障水系连通工程调水区和受水区水资源的最优化配置和工程效益的最大化，构建适用于水系连通工程水资源的适配性计算及评价的方法，包括目标函数和约束条件的设置。

### 7.2.1　目标函数设定

水系连通工程水资源的适配性函数 $F(X)$ 为使工程项目区域的综合效益达到最大化，需包括经济效益 $f_1(x)$、社会效益 $f_2(x)$ 和生态环境效益 $f_3(x)$（钟鸣等，2018；王丽珍等，2017；冷曼曼等，2017；朱彩琳等，2018），即

$$F(X)=opt\{f_1(x),f_2(x),f_3(x)\} \tag{7.1}$$

1. 经济效益 $f_1(x)$

设定工程实施后项目区域用水增加的直接经济效益最大为经济效益目标：

$$\max f_1(x)=\max\sum_{j=1}^{j}\sum_{k=1}^{k}\sum_{l=1}^{l}x_{jkl}(b_{jkl}-c_{jkl}) \tag{7.2}$$

2. 社会效益 $f_2(x)$

设定工程实施后项目区域缺水量最小为社会效益目标：

$$\max f_2(x)=-\min\sum_{k=1}^{k}\sum_{l=1}^{l}\left(d_{kl}-\sum_{j=1}^{j}x_{jkl}\right) \tag{7.3}$$

3. 生态环境效益 $f_3(x)$

设定工程实施后项目区域增加的污染物排放量最小为生态环境效益目标：

$$\max f_3(x)=-\min\left(\sum_{j=1}^{j}\sum_{k=1}^{k}0.01\times p_{jk}e_{jk}\sum_{l=1}^{l}x_{jkl}\right) \tag{7.4}$$

式（7.2）～式（7.4）中：$x_{jkl}$ 为供水水源 $j$ 向需水地区 $k$ 用水部门 $l$ 提供的水资源量，万 m$^3$；$b_{jkl}$ 为供水水源 $j$ 向需水地区 $k$ 用水部门 $l$ 供水的单位供水效益，元/m$^3$；$c_{jkl}$ 为供水水源 $j$ 向需水地区 $k$ 用水部门 $l$ 供水的单位供水成本，元/m$^3$；$d_{kl}$ 为需水地区 $k$ 用水部门 $l$ 的需水量，万 m$^3$；$p_{kl}$ 为需水地区 $k$ 用水部门 $l$ 的污水排放系数；$e_{kl}$ 为需水地区 $k$ 用水部门 $l$ 排放废、污水中 COD 的含量。

### 7.2.2　约束条件设定

水系连通工程水资源的适配性约束条件包括供水量约束、需水量约束、供水能力约束、水功能区限制纳污约束、工程效益-成本约束和变量非负约束（钟鸣等，2018；王丽珍等，2017；冷曼曼等，2017；朱彩琳等，2018）。

1. 供水量约束

工程区域各水源总可供水量小于总水源的可提水量，各需水分区的供水量小于各水源的可供水量。

$$\sum_{j=1}^{j}\sum_{k=1}^{k}\sum_{l=1}^{l}x_{jkl}\leqslant W_j \tag{7.5}$$

$$\sum_{j=1}^{j}W_j\leqslant W_h \tag{7.6}$$

2. 需水量约束

工程区域各水源可引水量小于总水源的可被引水量，各需水分区的供水量小于各水源的可供水量。

$$d_{kl\min} \leqslant \sum_{j=1}^{j}\sum_{k=1}^{k}\sum_{l=1}^{l} x_{jkl} \leqslant d_{kl\max} \tag{7.7}$$

3. 供水能力约束

工程的供水流量应小于最大输水流量。

$$\sum_{l=1}^{l} Q_{jkl} \leqslant Q_{jk\max} \tag{7.8}$$

4. 水污染排放限值约束

工程区域用水排放量的 COD 含量应小于区域总用水排放量的 COD 含量控制指标。

$$\sum_{j=1}^{j}\sum_{k=1}^{k} 0.01 \times p_{jk} e_{jk} \sum_{l=1}^{l} x_{jkl} \leqslant D_o \tag{7.9}$$

5. 工程效益-成本约束

社会效益、经济效益和生态环境效益等计算单元应大于其投资成本，工程的总效益应大于工程的总投资成本。

$$f_i(x) \geqslant C_i \qquad (i=1,2,3) \tag{7.10}$$

$$F(X) \geqslant C \tag{7.11}$$

6. 变量非负约束

各函数的变量需为非负数。

$$x_{jkl} \geqslant 0 \tag{7.12}$$

式（7.5）～式（7.12）中：$W_j$ 为水源的可供水量，万 $m^3$；$W_h$ 为总水源的可提水量，万 $m^3$；$d_{kl\min}$为需水地区 $k$ 用水部门 $l$ 的最小需水量，万 $m^3$；$d_{kl\max}$为需水地区 $k$ 用水部门 $l$ 的最大需水量，万 $m^3$；$Q_{jkl}$为供水水源 $j$ 向需水地区 $k$ 用水部门 $l$ 的输水流量，$m^3/s$；$Q_{jk\max}$为供水水源 $j$ 向需水地区 $k$ 的最大输水流量，$m^3/s$；$D_o$ 为区域排放废、污水中 COD 的含量控制指标；$C_i$ 为各效益单元的工程成本，万元；$C$ 为水系连通工程实施的总成本，万元；$x_{jkl}$为供水水源 $j$ 向需水地区 $k$ 用水部门 $l$ 提供的水资源量，万 $m^3$。

### 7.2.3 灌溉水资源的适配性计算方法

洞庭湖区水系连通工程的适配性分析是通过灌溉水资源的适宜配置、电能等能源的消耗和工程成本-效益关系等三大层面的计算和定量评价来实现。本节在第 7.2.1 节和第 7.2.2 节已构建的目标函数和约束条件的基础上，提出工程灌溉水资源的适配性计算方法，具体公式和说明如下：

$$W_q = W_y + W_s - W_l \tag{7.13}$$

式中：$W_q$ 为需自引或通过提水得到的余缺水量，万 $m^3$；$W_y$ 为补水后仍需的灌溉用水量，万 $m^3$；$W_s$ 为其他因素造成的水量损失，万 $m^3$；$W_l$ 为河流自然来水量，万 $m^3$。

$$W_y = W_x - W_b \tag{7.14}$$

式中：$W_x$ 为灌溉总需水量，$m^3$；$W_b$ 为现有水库、山塘和湖泊的可补水量，万 $m^3$。

$$W_x = q_z S_z / c \tag{7.15}$$

式中：$q_z$ 为综合灌溉定额，$m^3$/亩[1]；$S_z$ 为灌溉总面积，万亩；$c$ 为灌溉水利用系数。

$$q_z = \sum_{i=1}^{n} c_i q_i \tag{7.16}$$

式中：$c_i$ 为单类农作物的灌溉水利用系数；$q_i$ 为单类农作物的灌溉定额，$m^3$/亩。

$$S_{总} = \sum_{i=1}^{n} S_i \tag{7.17}$$

式中：$S_i$ 为各片区的灌溉面积，万亩。

$$Q_t = \frac{W_q}{3600Tt} \tag{7.18}$$

式中：$Q_t$ 为非汛期需通过泵站提水的流量，$m^3/s$；$T$ 为泵站单日运用时间，h，在此取 $T=22h$；$t$ 为某缺水月份的天数，d。

$$W_1 = \frac{q_1 p_c}{1000} \times d \tag{7.19}$$

式中：$W_1$ 为城镇居民生活用水量，万 $m^3$。

$$W_2 = \frac{q_2 (p_z - p_c)}{1000} \times d \tag{7.20}$$

式中：$W_2$ 为农村居民生活用水量，万 $m^3$。

$$W_3 = \frac{q_3 p_c}{1000} \times d \tag{7.21}$$

式中：$W_3$ 为城镇公共用水量，万 $m^3$；$q_1$ 为城镇居民生活用水定额，L/(d·人)；$q_2$ 为农村居民生活用水定额，L/(d·人)；$q_3$ 为城镇公共用水定额，L/(d·人)；$p_c$ 为城镇人口数；$p_z$ 为总人口数；$d$ 为一年的天数，365d 或 366d。

$$W_g = A_z W_{gz} \tag{7.22}$$

式中：$W_g$ 为工业用水量，万 $m^3$；$A_z$ 为工业经济增加值，亿元；$W_{gz}$ 为万元工业经济增加值的用水量，$m^3$/万元。

$$W_{sc} = \frac{n_{sc} q_{sc}}{1000} \times d \tag{7.23}$$

式中：$W_{sc}$ 为牲畜用水量，万 $m^3$；$n_{sc}$ 为牲畜的数量，头；$q_{sc}$ 为牲畜的用水指标，L/(头·d)。

$$W_{lin} = S_{lin} q_{lin} \tag{7.24}$$

$$W_{yu} = S_{yu} q_{yu} \tag{7.25}$$

$$\alpha = \frac{S_b}{S_g} \tag{7.26}$$

---

[1] 1 亩 $=(10000/15)m^2 \approx 666.67m^2$。

式中：$W_{lin}$ 为林果地用水量，万 $m^3$；$W_{yu}$ 为鱼塘用水量，万 $m^3$；$S_{lin}$ 为林果地的用水面积，万亩；$q_{lin}$ 为林果地用水定额，$m^3$/亩；$S_{yu}$ 为鱼塘的用水面积，万亩；$q_{yu}$ 为鱼塘的用水定额，$m^3$/亩；$\alpha$ 为种植系数；$S_b$ 为播种面积，$10^3hm^2$；$S_g$ 为耕地灌溉面积，$10^3hm^2$。

$$W_{in}=\sum_{i=1}^{12}W_{iy} \tag{7.27}$$

式中：$W_{in}$ 为某地区第 $i$ 年的用水量，万 $m^3$；$W_{iy}$ 为某地区第 $i$ 月的用水量，万 $m^3$。

$$W_{iy}=\sum_{i=1}^{3}W_{ix} \tag{7.28}$$

式中：$W_{ix}$ 为某地区某月某旬的用水总量，万 $m^3$。

$$W_{ix}=\frac{\sum_{i=1}^{i}(\alpha_i q_i)S}{C}+\frac{W_1+W_2+W_3+W_g+W_{xm}}{d}\times d_1+W_{lin}\alpha_{lx}+W_{yu}\alpha_{yx} \tag{7.29}$$

式中：$d_1$ 为单旬的天数，d；$\alpha_{lx}$ 为林业用水分旬系数；$\alpha_{yx}$ 为渔业用水分旬系数；$\alpha_i$ 为植物 $i$ 的种植系数；$q_i$ 为植物 $i$ 的灌溉定额；$S$ 为区域的有效灌溉面积，万亩；$C$ 为灌溉水利用系数。

## 7.3　岳阳市长江补水一期工程的关联性与适配性

### 7.3.1　研究区域与工程概况

华容河是长江分流进入洞庭湖区的自然河流之一，江水从调弦口闸流入，经湖北省石首市的陈公东、西两垸以及华容县的万庾和城关两地，至治河渡，分南、北两支，在钱粮湖垸罐头尖合流后再经六门闸汇入东洞庭湖。华容河的北支长 23.7km，南支长 24.9km，流域面积为 1679.8$km^2$。1958 年冬，华容河因其南北两端堵坝建闸而成为 1 条半封闭型河流。

1958 年，为防止华容县三封寺和君山区许市等乡镇的山洪入钱粮湖农场境内，当地开挖了华洪运河，以发挥撇洪和农业灌溉的作用。华洪运河全长 32.00km，以尺八咀闸为界分为东北运河和西南运河，其中尺八咀闸东北段（简称东北运河）长 16.54km，尺八咀闸西南段（简称西南运河）长 15.46km。河流流经华容县的东山镇、三封寺镇和君山区的采桑湖、许市、广兴洲三镇及岳阳建新农场等地。华洪运河流域内共有 32 个小型水库、24 个湖泊、24 个山塘和 92 处穿堤建筑物，集雨面积为 155.46$km^2$，其中华容县占 52.74$km^2$，许市镇占 102.72$km^2$。

岳阳市君山区和华容县降雨充沛，但大部分集中在 5—9 月，非汛期缺水严重。因华容河和藕池河的水源受三峡水库的拦蓄作用影响较大，华容县在每年 3 月、4 月、11 月将发生不同程度的旱情，用水矛盾突出，群众意见较大。目前区域内以破坏生态基流为代价，自然水系和人工渠系的生态需水都难以保障。为此，当地规划并陆续实施了岳阳市长江补水一期工程。该工程通过岳阳市君山区建设垸的洪水港取长江水源，输水经华洪运河至华容河，并通过沿河道两岸的涵闸和泵站向两岸垸内供水。同时，经华容县北部的塌西湖，以及在鲇鱼须新建的倒虹吸，向华容县集成安合垸内补水。工程分为一期和二期，其中，一期工程的主要任务为自长江取水，连通长江、华洪运河和华容河，工程项目区范围涉及君山区建设垸、建新垸、许市镇、钱北垸、钱南垸以及华容县新太垸，见图 7.3。

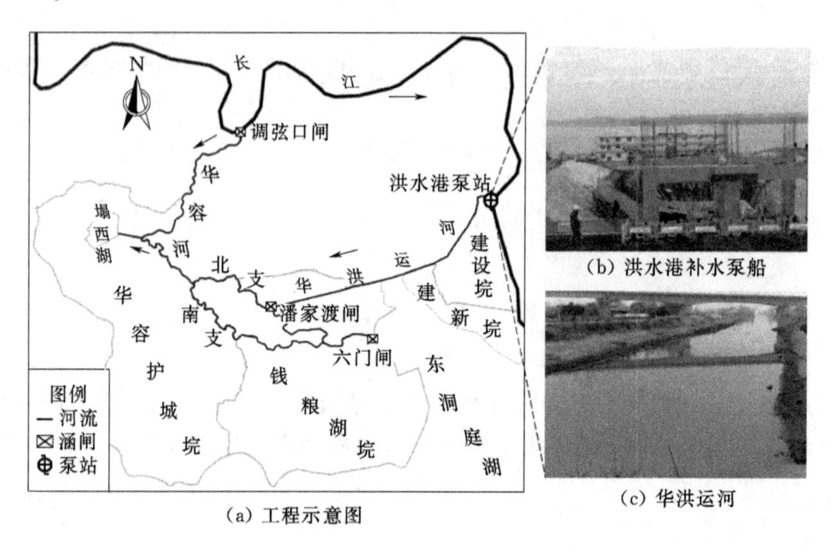

(a) 工程示意图

(b) 洪水港补水泵船

(c) 华洪运河

图 7.3　岳阳市长江补水一期工程

项目区在汛期基本可通过自流引水以满足需水要求，且华洪运河和华容河可承担一定的排涝调蓄任务，在非汛期（10 月至翌年 4 月）华洪运河排涝压力不大时，考虑通过长江补水至华洪运河调蓄，将华洪运河水位抬高至 27.28m，再通过潘家渡运河大闸自流入华容河，同时对华容河及华洪运河的周边地区进行灌溉补水。在用水量不大的时间段，考虑优先对周边大型的湖泊进行补水，同时保障湖泊周边地区的灌溉用水需求。

### 7.3.2　工程关联性分析

该水系连通工程主要通过洪水港泵站从长江提水，经华洪运河至华容河，通过涵闸与泵站的开启和关闭，适配适宜的流量以满足工程沿线地区的需水要求。采用以华洪运河、华容河为线，垸为面，涵闸、泵站等水利工程为点，通过点、线、面结合的方式将长江、华洪运河、华容河与各需水区连通。工程在提升农业灌溉效益的同时，对生态环境、防洪以及社会经济效益也有促进作用，见图 7.4。项目区的总灌溉面积为 95.89 万亩，其中华洪运河流域的灌溉面积为 20.21 万亩，华容河流域的灌溉

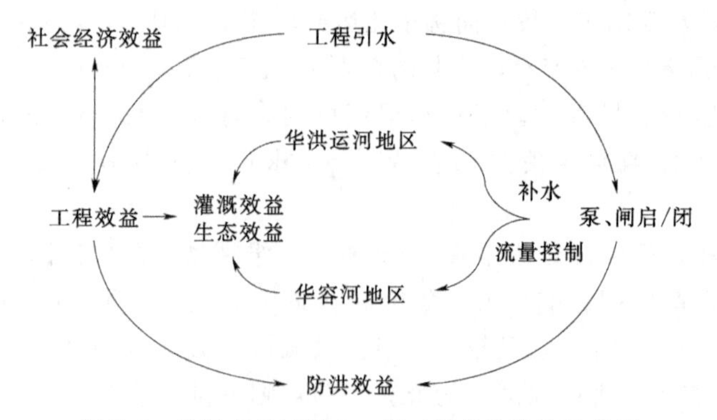

图 7.4　岳阳市长江补水一期工程的关联性示意图

面积为 75.68 万亩，各片区的灌溉面积见表 7.1。

**表 7.1　　岳阳市长江补水一期工程项目区的灌溉面积**　　单位：万亩

| 流　域 | 流经地区 | 灌溉总面积 | 水田面积 | 旱地面积 |
|---|---|---|---|---|
| 华洪运河 | 许市镇 | 5.90 | 4.30 | 1.60 |
| | 建设垸 | 6.80 | 3.00 | 3.80 |
| | 钱粮湖北垸 | 3.91 | 2.50 | 1.41 |
| | 建新垸 | 3.60 | 1.80 | 1.80 |
| 华容河 | 护城垸 | 34.30 | 25.99 | 8.31 |
| | 人民垸 | 2.21 | 1.79 | 0.42 |
| | 新生垸 | 4.94 | 2.66 | 2.28 |
| | 新华垸 | 4.36 | 3.34 | 1.02 |
| | 新太垸 | 4.42 | 4.02 | 0.40 |
| | 团洲垸 | 5.03 | 2.89 | 2.14 |
| | 集成安合垸 | 9.52 | 8.65 | 0.87 |
| | 钱粮湖南垸 | 10.91 | 4.11 | 6.80 |

### 7.3.3 工程灌溉适配性分析

从《岳阳市长江补水工程（一期工程）初步设计报告》（岳阳市水利水电勘测设计院，2018）和岳阳市水资源相关年鉴中，获取适配性模型计算所需的参数。在研究岳阳市长江补水一期工程的适配性时，由于缺乏工程项目改善水环境和防洪能力的具体定量数据，因此对于以上两个层面主要通过直接计算其效益以评估适配的合理性，着重对工程实施中农业灌溉水资源的适配、能源的消耗进行研究探讨。

对于工程灌溉水资源的适配性研究，首先需计算灌溉总需水量 $W$。本项目区主要灌溉为水田和旱地，各灌区灌溉面积均为 1 万～30 万亩，经查阅相关设计规范，渠系利用系数取 0.65，旱地田间水利用系数取 0.90。二期工程将会对项目区的华容河及华洪运河引水至田间的渠系进行改造，综合考虑后，一期工程的设计灌溉水利用系数取 0.6。因工程的主要任务和目标是提高项目区的灌溉保证率，因此在计算灌溉水资源配置量时取较高的灌溉保证率（$P=85\%$）。其次，计算需由该工程引水的灌溉缺水量，灌区灌溉需水优先采用流域内的水库、山塘和湖泊等现有水体进行灌溉，缺水的部分由华洪运河、华容河及该项目的长江提水进行补充。

#### 7.3.3.1 灌溉水资源适配性计算

本项目区由于缺乏灌溉用水统计资料，因此无法统计历年灌区的灌溉定额，且华容县其他灌区暂无成系列的灌溉统计资料。根据调查，项目区多年平均年降雨量为 1352.0mm，多年平均年蒸发量为 1446.6mm；根据汨罗气象站实测资料，汨罗多年平均年降水量为 1367.4mm，多年平均年蒸发量为 1361.0mm。二者降水量、蒸发量较为接近。该区域 1976 年和 1977 年灌溉定额分别为 300.12m$^3$/亩和 261.09m$^3$/亩，向兰灌区

1976 年、1977 年灌溉定额分别为 290.23m³/亩和 253.12m³/亩，二者灌溉定额较为接近。此外，项目区与向兰灌区作物种类和种植比例相近。综合考虑上述情况，将汨罗向兰灌区的综合灌溉定额移用至该项目区。通过灌区灌溉定额频率计算来确定典型年，求得灌溉保证率 $P=85\%$ 时的典型年为 2013 年，年灌溉定额为 369.32m³/亩。经计算，各片区逐月的灌溉需水量见表 7.2 和表 7.3。

**表 7.2　　项目区华洪运河片区的灌溉需水量　　单位：万 m³**

| 月份 | 许市镇 | 建设垸 | 钱粮湖北垸 | 建新垸 |
|---|---|---|---|---|
| 1 | 118.0 | 136.0 | 78.2 | 72.0 |
| 2 | 118.0 | 136.0 | 78.2 | 72.0 |
| 3 | 177.0 | 204.0 | 117.3 | 108.0 |
| 4 | 179.2 | 164.0 | 111.1 | 91.4 |
| 5 | 137.8 | 126.1 | 85.4 | 70.3 |
| 6 | 355.3 | 325.1 | 220.2 | 181.3 |
| 7 | 789.0 | 722.0 | 488.9 | 402.5 |
| 8 | 586.6 | 536.7 | 363.5 | 299.2 |
| 9 | 475.2 | 434.8 | 294.4 | 242.4 |
| 10 | 365.5 | 334.4 | 226.5 | 186.5 |
| 11 | 177.0 | 204.0 | 117.3 | 108.0 |
| 12 | 59.0 | 68.0 | 39.1 | 36.0 |
| 合计 | 3537.7 | 3391.1 | 2219.8 | 1869.6 |

**表 7.3　　项目区华容河片区的灌溉需水量　　单位：万 m³**

| 月份 | 护城垸 | 人民垸 | 新生垸 | 新华垸 | 新太垸 | 团洲垸 | 集成安合垸 | 钱粮湖南垸 |
|---|---|---|---|---|---|---|---|---|
| 1 | 685.9 | 44.2 | 98.7 | 87.3 | 88.5 | 100.7 | 190.4 | 218.0 |
| 2 | 685.9 | 44.2 | 98.7 | 87.3 | 88.5 | 100.7 | 190.4 | 218.0 |
| 3 | 1028.8 | 66.3 | 148.0 | 130.9 | 132.7 | 151.0 | 285.5 | 327.0 |
| 4 | 1063.6 | 71.0 | 129.4 | 136.1 | 151.8 | 136.0 | 326.5 | 247.6 |
| 5 | 817.5 | 54.6 | 99.5 | 104.6 | 116.7 | 104.5 | 250.9 | 190.3 |
| 6 | 2108.3 | 140.7 | 256.6 | 269.7 | 301.0 | 269.6 | 647.1 | 490.9 |
| 7 | 4681.7 | 312.4 | 569.8 | 598.9 | 668.3 | 598.7 | 1437.0 | 1090.0 |
| 8 | 3480.5 | 232.3 | 423.6 | 445.3 | 496.8 | 445.1 | 1068.3 | 810.3 |
| 9 | 2819.5 | 188.1 | 343.2 | 360.7 | 402.5 | 360.6 | 865.4 | 656.4 |
| 10 | 2168.8 | 144.7 | 264.0 | 277.5 | 309.6 | 277.4 | 665.7 | 504.9 |
| 11 | 1028.8 | 66.3 | 148.0 | 130.9 | 132.7 | 151.0 | 285.5 | 327.0 |
| 12 | 342.9 | 22.1 | 49.3 | 43.6 | 44.2 | 50.3 | 95.2 | 109.0 |
| 合计 | 20912.4 | 1386.9 | 2628.9 | 2672.8 | 2933.2 | 2745.6 | 6308.0 | 5189.7 |

区域内小型水库、山塘和湖泊的灌溉可供用水量采用复蓄系数法进行计算。复蓄系数采用历年年降雨量进行排频计算，取保证率 $P=75\%$年份（2000 年）的复蓄系数为 1，其余年份复蓄系数为年降雨量与 2000 年年降雨量的比值。根据计算，典型年 2013 年复蓄系数为 1.093。可供水时段为 4—10 月，各月分配系数分别为 0.1、0.1、0.1、0.2、0.2、0.2、0.1。各片区具体的可供水量见表 7.4，需引水量见表 7.5 和表 7.6。

**表 7.4　典型年（2013 年）其他水源的可供水量**　单位：万 $m^3$

| 河流 | 流经地 | 可灌溉水量 | 4 月 | 5 月 | 6 月 | 7 月 | 8 月 | 9 月 | 10 月 |
|---|---|---|---|---|---|---|---|---|---|
| 华洪运河 | 许市镇 | 2251.55 | 225.16 | 225.16 | 225.16 | 450.31 | 450.31 | 450.31 | 225.16 |
| | 建设垸 | 197.94 | 19.79 | 19.79 | 19.79 | 39.59 | 39.59 | 39.59 | 19.79 |
| | 钱粮湖北垸 | 165.90 | 16.59 | 16.59 | 16.59 | 33.18 | 33.18 | 33.18 | 16.59 |
| | 建新垸 | 0 | 0 | 0 | 0 | 0 | 0 | 0 | 0 |
| 华容河 | 护城垸 | 3058.34 | 305.83 | 305.83 | 305.83 | 611.67 | 611.67 | 611.67 | 305.83 |
| | 人民垸 | 205.65 | 20.57 | 20.57 | 20.57 | 41.13 | 41.13 | 41.13 | 20.57 |
| | 新生垸 | 4415.86 | 441.59 | 441.59 | 441.59 | 883.17 | 883.17 | 883.17 | 441.59 |
| | 新华垸 | 0 | 0 | 0 | 0 | 0 | 0 | 0 | 0 |
| | 新太垸 | 559.44 | 55.94 | 55.94 | 55.94 | 111.89 | 111.89 | 111.89 | 55.94 |
| | 团洲垸 | 0 | 0 | 0 | 0 | 0 | 0 | 0 | 0 |
| | 集成安合垸 | 131.03 | 13.10 | 13.10 | 13.10 | 26.21 | 26.21 | 26.21 | 13.10 |
| | 钱粮湖南垸 | 583.97 | 58.40 | 58.40 | 58.40 | 116.79 | 116.79 | 116.79 | 58.40 |

**表 7.5　典型年（2013 年）项目区华洪运河片区的灌溉需引水量**　单位：万 $m^3$

| 月份 | 许市镇 | 建设垸 | 钱粮湖北垸 | 建新垸 |
|---|---|---|---|---|
| 1 | 118.0 | 136.0 | 78.2 | 72.0 |
| 2 | 118.0 | 136.0 | 78.2 | 72.0 |
| 3 | 177.0 | 204.0 | 117.3 | 108.0 |
| 4 | 0 | 144.2 | 94.5 | 91.4 |
| 5 | 0 | 106.3 | 68.8 | 70.3 |
| 6 | 130.2 | 305.3 | 203.6 | 181.3 |
| 7 | 338.7 | 682.4 | 455.7 | 402.5 |
| 8 | 136.3 | 497.1 | 330.3 | 299.2 |
| 9 | 24.9 | 395.2 | 261.2 | 242.4 |
| 10 | 140.4 | 314.7 | 209.9 | 186.5 |
| 11 | 177.0 | 204.0 | 117.3 | 108.0 |
| 12 | 59.0 | 68.0 | 39.1 | 36.0 |
| 合计 | 1419.4 | 3193.1 | 2053.9 | 1869.6 |

**表 7.6　　典型年（2013 年）项目区华容河片区的灌溉需引水量　　单位：万 m³**

| 月份 | 护城垸 | 人民垸 | 新生垸 | 新华垸 | 新太垸 | 团洲垸 | 集成安合垸 | 钱粮湖南垸 |
| --- | --- | --- | --- | --- | --- | --- | --- | --- |
| 1 | 685.9 | 44.2 | 98.7 | 87.3 | 88.5 | 100.7 | 190.4 | 218.0 |
| 2 | 685.9 | 44.2 | 98.7 | 87.3 | 88.5 | 100.7 | 190.4 | 218.0 |
| 3 | 1028.8 | 66.3 | 148.0 | 130.9 | 132.7 | 151.0 | 285.5 | 327.0 |
| 4 | 757.7 | 50.4 | 0 | 136.1 | 95.9 | 136.0 | 313.3 | 189.2 |
| 5 | 511.6 | 34.0 | 0 | 104.6 | 60.7 | 104.5 | 237.8 | 131.9 |
| 6 | 1802.5 | 120.1 | 0 | 269.7 | 245.0 | 269.6 | 634.0 | 432.5 |
| 7 | 4070.1 | 271.3 | 0 | 598.9 | 556.4 | 598.7 | 1410.8 | 973.2 |
| 8 | 2868.9 | 191.1 | 0 | 445.3 | 384.9 | 445.1 | 1042.1 | 693.5 |
| 9 | 2207.8 | 147.0 | 0 | 360.7 | 290.6 | 360.6 | 839.2 | 539.6 |
| 10 | 1863.0 | 124.2 | 0 | 277.5 | 253.6 | 277.4 | 652.6 | 446.5 |
| 11 | 1028.8 | 66.3 | 148.0 | 130.9 | 132.7 | 151.0 | 285.5 | 327.0 |
| 12 | 342.9 | 22.1 | 49.3 | 43.6 | 44.2 | 50.3 | 95.2 | 109.0 |
| 合计 | 17854.0 | 1181.2 | 542.8 | 2672.8 | 2373.8 | 2745.6 | 6176.9 | 4605.7 |

该两个片区在汛期（4—9 月）可通过自引来满足缺水需求，在非汛期（10 月至翌年 3 月）需通过洪水港泵站提水。根据式（7.18）计算提水流量，结果见表 7.7 和表 7.8。根据水量平衡分析，典型年华洪运河流域内月最大缺水量为 860.15 万 m³，华容河流域内月最大缺水量为 3936.83 万 m³，合计最大月缺水量为 4796.98 万 m³。不同月需提水的总流量见图 7.5，项目最大月平均提水流量 $Q_t=19.54\mathrm{m^3/s}$，未超过该工程设计提水流量（$Q=19.54\mathrm{m^3/s}$），可知该工程的灌溉适配性较好，能保证灌溉地区的水资源需求，达到项目的灌溉目标。

**表 7.7　　项目区华洪运河片区典型年（2013 年）的水量平衡计算结果**

| 月份 | 来水量/万 m³ | 灌溉用水量/万 m³ | 损失水量/万 m³ | 缺水量/万 m³ | 自引水量/万 m³ | 提水量/万 m³ | 提水流量/(m³/s) |
| --- | --- | --- | --- | --- | --- | --- | --- |
| 1 | 12.78 | 404.18 | 8.95 | 400.35 | 0 | 400.35 | 1.63 |
| 2 | 32.30 | 404.18 | 8.95 | 380.83 | 0 | 380.83 | 1.72 |
| 3 | 28.34 | 606.27 | 8.95 | 586.88 | 0 | 586.88 | 2.39 |
| 4 | 23.29 | 330.12 | 8.95 | 315.78 | 315.78 | 0 | 0 |
| 5 | 52.66 | 245.32 | 8.95 | 201.61 | 201.61 | 0 | 0 |
| 6 | 53.75 | 820.33 | 8.95 | 775.53 | 775.53 | 0 | 0 |
| 7 | 30.14 | 1879.30 | 8.95 | 1858.11 | 1858.11 | 0 | 0 |
| 8 | 27.35 | 1262.92 | 8.95 | 1244.52 | 1244.52 | 0 | 0 |
| 9 | 50.67 | 923.70 | 8.95 | 881.98 | 881.98 | 0 | 0 |
| 10 | 0.16 | 851.37 | 8.95 | 860.15 | 0 | 860.15 | 3.50 |
| 11 | 28.91 | 606.27 | 8.95 | 586.31 | 0 | 586.31 | 2.47 |
| 12 | 0.35 | 202.09 | 8.95 | 210.68 | 0 | 210.68 | 0.86 |

表 7.8　　项目区华容河片区典型年（2013年）的水量平衡计算结果

| 月份 | 来水量/万 $m^3$ | 灌溉用水量/万 $m^3$ | 损失水量/万 $m^3$ | 缺水量/万 $m^3$ | 自引水量/万 $m^3$ | 提水量/万 $m^3$ | 提水流量/($m^3$/s) |
|---|---|---|---|---|---|---|---|
| 1 | 39.78 | 1513.63 | 42.60 | 1516.45 | 0 | 1516.45 | 6.18 |
| 2 | 100.56 | 1513.63 | 42.60 | 1455.68 | 0 | 1455.68 | 6.56 |
| 3 | 88.23 | 2270.45 | 42.60 | 2224.82 | 0 | 2224.82 | 9.06 |
| 4 | 72.51 | 1678.64 | 42.60 | 1648.73 | 1648.73 | 0 | 0 |
| 5 | 163.97 | 1185.24 | 42.60 | 1063.87 | 1063.87 | 0 | 0 |
| 6 | 167.37 | 3773.48 | 42.60 | 3648.72 | 3648.72 | 0 | 0 |
| 7 | 93.84 | 8479.40 | 42.60 | 8428.16 | 8428.16 | 0 | 0 |
| 8 | 85.17 | 6070.96 | 42.60 | 6028.39 | 6028.39 | 0 | 0 |
| 9 | 157.76 | 4745.47 | 42.60 | 4630.31 | 4630.31 | 0 | 0 |
| 10 | 0.51 | 3894.74 | 42.60 | 3936.83 | 0 | 3936.83 | 16.04 |
| 11 | 90.02 | 2270.45 | 42.60 | 2223.03 | 0 | 2223.03 | 9.36 |
| 12 | 1.11 | 756.82 | 42.60 | 798.31 | 0 | 798.31 | 3.25 |

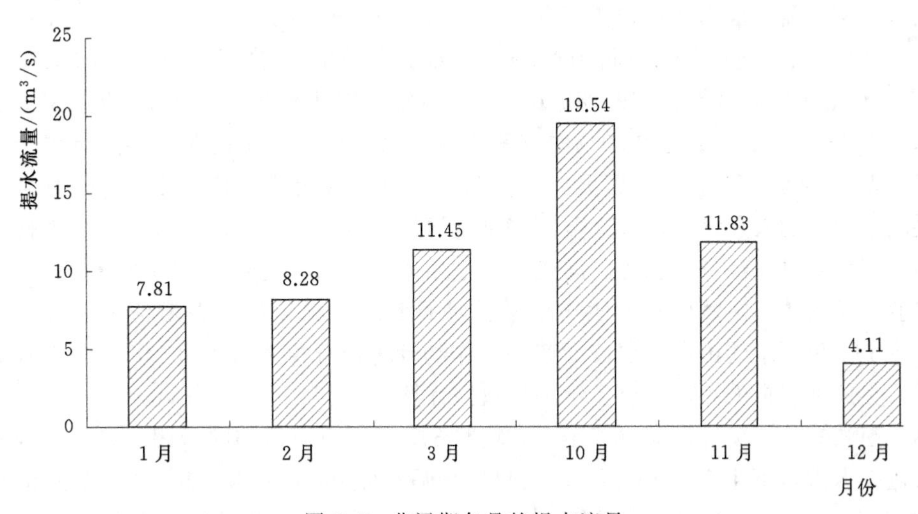


图 7.5　非汛期各月的提水流量

#### 7.3.3.2 能源消耗适配性分析

岳阳市长江补水一期工程需借助电能的消耗控制涵闸和泵站的启闭，以合理适配灌溉水资源。能源的消耗主要在建设期内，运行期内的能源消耗较小。工程建成后的能源消耗涉及启闭设备、泵站和交通设备的日常运行。该工程在建设期内消耗柴油 1797.57t、汽油 23.72t、电能 1.53 万 kW・h。按 1kg 柴油等价 1.46kg 标准煤、1kg 汽油等价 1.47kg 标准煤、1 万 kW・h 电能等价 4.04t 标准煤计算，结果见表 7.9。运行期内电能年消耗量一般，结果见表 7.10。

**表 7.9　　建设期内总能耗折算标准煤**

| 能耗种类 | 能耗量 | 折合系数 | 标准煤折合量/t | 占比/% |
|---|---|---|---|---|
| 电量 | 1.53 万 kW·h | 4.04t/(万 kW·h) | 6.18 | 0.23 |
| 柴油 | 1797.57t | 1.46kg/kg | 2624.45 | 98.46 |
| 汽油 | 23.72t | 1.47kg/kg | 34.87 | 1.31 |
| 合计 | — | — | 2665.50 | 100.00 |

**表 7.10　　运行期内泵站和涵闸的年能耗**

| 涵闸/泵站 | 电机总功率/kW | 年耗能总量/(万 kW·h) | 标准煤折合量/t | 占比/% |
|---|---|---|---|---|
| 涵闸 | 138 | 0.83 | 3.35 | 0.25 |
| 泵站 | 4162 | 332.96 | 1345.16 | 99.75 |
| 合计 | — | 333.79 | 1348.51 | 100 |

按工程设计寿命为 40 年计算，该工程在其经济寿命内的总消耗能源相当于 17021.76t 标准煤，产出效益分为灌溉效益、防洪效益和生态环境效益，相当于 2803.5 万元 GDP/a。根据该工程经济寿命期内能源消耗总量和产生的经济效益分析计算，该项目万元 GDP 能耗约为 0.152t 标准煤，低于 2017 年 0.78t 标准煤/万元 GDP 的能耗标准，属于节能工程。

#### 7.3.3.3　成本-效益适配性分析

工程投资所需的成本费用包括工程总投资费用和年运行费用。该水系连通工程总投资为 35735.22 万元，剔除投资中属国民经济内部转移支付的费用，调整后的工程投资为 32055.96 万元，基本预备费 1596.83 万元，项目资金按湖南省、岳阳市、华容县、君山区分别承担 20%、20%、30%和 30%的方案进行筹措。该项目建设期内年运行费为 314 万元，运行期内年运行费为 1261 万元。工程效益可分为直接效益和间接效益，直接效益包括解决灌溉带来的农业增产增收效益、华洪运河加固带来的蓄洪防旱效益、生态修复措施带来的生态效益以及经济效益等。间接效益包括调节径流、气候，控制土壤侵蚀以及带动周边产业的发展等。灌溉效益和生态效益按项目实施后获得的效益增值乘以分摊系数计算，考虑上半年雨水较丰富，仅按增产一季作物计算，分摊系数取 0.505。防洪效益按照项目可减免的洪涝损失计算，以多年平均效益计算。

(1) 灌溉效益。项目近期可满足 5 个垸共 31.93 万亩农田的灌溉用水，项目未实施前同一农业技术措施下生产 400kg/亩，项目实施后产量达到 500kg/亩。31.93 万亩农田增产 3193 万 kg，按 1kg 粮食 1 元计算，效益增加 3193 万元，考虑分摊系数后为 1612.465 万元。

(2) 蓄洪防洪效益。洪涝损失以工程实施之前区域洪涝灾害的平均损失为依据，即 1000 万元。

(3) 生态环境效益。实现华洪运河沿线地区水资源配置后，区域内生态需水量得以保证，净化水域面积 300 万 $m^2$，有无项目对比效益增值为 1200 万元，考虑分摊系数后的生态效益值为 606 万元。

(4) 社会经济效益。工程实施后新增绿化面积 57 万 $m^2$，滨河绿化率达 75%，渠系绿化率达 90%，团湖绿化率达 85%。同时，提升了沿河、沿湖周边 7.8 万居民的宜居环境。

有无项目对比并考虑分摊系数后的社会效益值为 1200 万元。该工程可盘活周边闲置土地资源，提高沿线土地及周边房产价值，预测土地价值增加 53.4 万元/(亩·a)，计算得到土地增值效益为 170.51 万元/a。

依据上述工程费用、工程效益，考虑资金的时间价值，对费用和效益进行敏感性分析。计算得经济内部收益率为 9.11%，净现值为 11835.44 万元，经济效益费用比为 1.25。该工程的经济内部收益率大于社会折现率（8%），经济净现值大于 0，经济效益费用比大于 1，工程效益好，具备较强的综合适配能力，见表 7.11。

**表 7.11　　工程经济的敏感性分析**

| 变化因素 | 经济内部收益率/% | 净现值/万元 | 经济效益费用比 |
|---|---|---|---|
| 基本费用 | 9.11 | 11835.44 | 1.25 |
| 效益减少 10% | 8.66 | 5951.72 | 1.13 |
| 费用增加 10% | 8.71 | 7194.51 | 1.14 |
| 费用增加 10%，效益减少 10% | 8.16 | 1310.79 | 1.03 |

## 7.4　本章小节

（1）本章从概念和方法上定义了水系连通工程的关联性和适配性，提出和论证了关联性和适配性的科学意义与工程价值。总结和归纳了水系连通工程的关联性的一般路径与关键节点及控制因子，提出了洞庭湖区水系连通工程水资源适配性的计算方法。

（2）选取岳阳市长江补水一期工程作为典型应用案例，开展典型水系连通工程的关联性与适配性的应用研究。该工程的沿程关联性和水资源的适配性较好，可满足项目区预计的农业灌溉目标，属于低能消耗工程，可发挥较大的社会、经济和生态环境效益。

# 第8章　洞庭湖区典型水系连通工程水量-水动力-水质数值模拟与预测

河湖作为城市与农村水系的重要组成部分，是城市防洪排涝和水域景观及农村灌溉排水的主要载体，在调蓄洪水、水资源配置和维持生态平衡等方面发挥重要作用（赵军凯等，2015）。大通湖位于益阳市南县与沅江市交界处，是洞庭湖重要湿地保护圈的核心地带，是湖中之湖，具有防洪、灌溉、生态渔业和旅游等多种服务功能。近年来，由于人工渔业养殖、农业面源污染加剧和水体交换艰难，使得大通湖水质急剧恶化，于2016年降至劣Ⅴ类，主要污染指标为总氮（TN）和总磷（TP），已经对当地居民的健康和水源安全产生严重威胁。

河湖水系连通作为我国近期一种治水新策略，已经在全国各地得到广泛运用（李原园等，2014）。河湖水系连通是指采取一系列人工或自然措施连通水系，在河道之间实现水力联系，通过以动制静、以清释污，使得水流畅通，改善水质，从而增强湖泊自循环更新能力和水生态自我修复能力，提高水资源承载能力与水环境容量，是维持人水关系和谐、构建健康河湖关系和提高水生态文明水平的有效举措（王中根等，2011）。对于河湖水系连通，主要在连通类型与模式（陈吟等，2020）、连通性优化与评价（黄草等，2019；高玉琴等，2018；马栋等，2018）、连通方案的分析比选（孙静月等，2018；窦明等，2020）和对水环境的改善（杨卫等，2018；练继建等，2017）等方面展开研究。利用水系连通调控水资源是改善水环境的一种重要措施。柴朝晖等（2020）通过对长江中下游通江湖泊进行数值模拟，表明利用涵闸进行水资源调度可有效改善湖泊水质。湖南澧县通过构建河湖水网连通生态水利工程（万杰等，2018），水体交换自如、水流动态连续，极大改善了当地水质和水生态。也有不少外国学者通过对河湖进行水系连通模拟（Kazmi et al.，1997；Chubarenko et al.，2001），并利用换水率（冯丹等，2019）和湖体水龄（Li et al.，2013）等指标来对连通后水质改善效果进行评估。

## 8.1　大通湖区水系连通工程数值模拟与预测

### 8.1.1　研究区域与工程概况

大通湖位于湖南省益阳市北部，地处洞庭湖区腹地，是湖中湖，地理范围位于北纬29°04′～29°22′、东经112°17′～112°42′，东西长15.75km，南北宽13.7km，湖泊形状呈三角形，平均水深为2.5m，湖泊面积达89.9km$^2$，是湖南省最大的内陆淡水湖之一，兼有灌溉、养殖、航运及备用水源等多种功能。采用1985国家高程基准面，大通湖水位控制在25.28～27.08m。2013年，大通湖被列入国家水质良好湖泊保护范围，2015年12月监测湖泊水质为劣Ⅴ类，2016年1月至2017年8月，湖体国控断面水质TP指标超标

2.66～6.72 倍，部分月份石油类、TN 指标超标，水体富营养化，生物多样性低，水生态功能脆弱，水质为劣Ⅴ类。

大通湖垸内河湖水系繁多，主要由大通湖、瓦岗湖与五七河、金盆河、塞阳运河等河湖组成。五七运河连贯草尾河与大通湖，是引流洞庭湖活水交换大通湖的重要通道，初期设计时因条件限制，未能实现水系连通。经过多年运行，河道淤积严重，航运、灌溉、排涝等功能皆逐渐丧失的同时，也影响大通湖的水体流动效率与自净能力。针对大通湖的水环境污染问题，益阳市于 2017 年提出实施河湖水系连通工程改善大通湖水质恶化状况，在结合五七河治理的情况下，在五七河与草尾河相接位置新建五七闸，从草尾河引水经五七河、大通湖、塞阳运河和金盆河后，从大东口闸排入东洞庭湖，使大通湖垸水系与外河水系自然连通，见图 8.1。

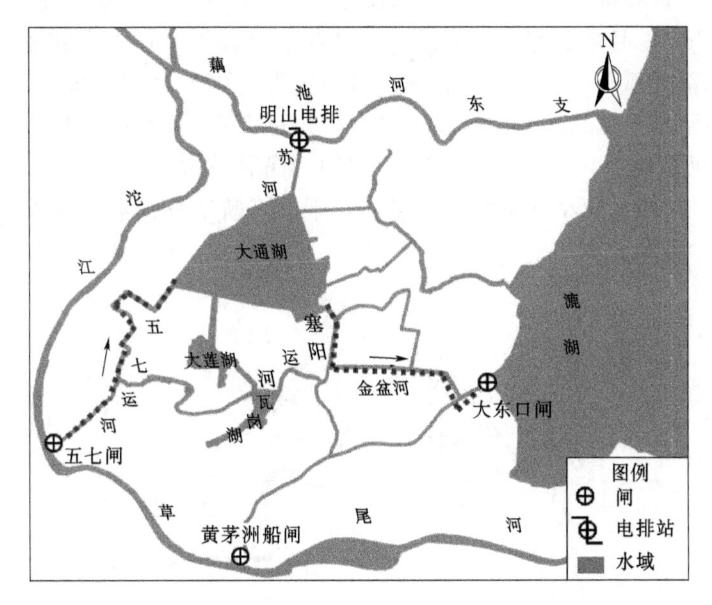


图 8.1　大通湖区水系连通图

为改善大通湖垸内的水生态环境与河湖连通情况，通过开挖清淤及修建五七闸的方式恢复五七运河现有功能，实现大通湖-五七河-草尾河的水系连通。该工程自草尾镇起综合整治长度达 10.2km，河底原设计高程为 24.28m，设计从草尾河通过五七闸引水流经大通湖、塞阳运河和金盆河后于大东口闸排入漉湖，构建东西向连通水道，实现大通湖垸内与外湖水系的自然连通。工程旨在非汛期时能够维持垸内生态用水，解决湖内生态需水。非汛期期间，外湖水位较低，可将大通湖水通过大东口闸排入洞庭湖内，以此来增强水体自净能力，改善垸内河湖水质，并在汛期时既保障垸内灌溉用水的同时也不增加垸内排涝负担。

以洞庭湖区内部的大通湖为研究对象，基于 MIKE 21 建立大通湖区水系连通的水量-水动力-水质数值模型，结合总氮和总磷的实测数据，采用滞水区面积比例、水质浓度改善率、浓度变化指数和换水率来评估水系连通方案实施效果，为浅水湖泊开展水系连通工程提供借鉴。

### 8.1.2 数据来源与研究方法

本小节所采用的水位流量及风速风向数据来自《湖南省五七河一期治理工程初步设计报告》，降雨蒸发资料来自于长江中游水文水资源勘测局的实测数据，根据现有的实测地形和遥感影像资料，利用 MIKE 21 工具进行插值得到大通湖地形数据。

1. 基于 MIKE 21 水系连通的水动力模型建立

根据模型实际情况选取，进口边界采用流量边界，设定在五七闸自草尾河引入固定生态水量进入五七运河处，出口边界设定在大东口闸，主要作用是控制大通湖水位，因此采用水位边界。由于大通湖面积较大，根据模型模拟结果，从引水至整体水位平稳需要较长时间，因此模拟步长设为600s，模拟步数为25380步。水位流量数据参考《湖南省五七河一期治理工程初步设计报告》，分多种工况设定。由于大通湖最低水位在25.28m，将初始水位设定为25.28m，且假定整个模拟区域均从静止条件下开始，即初始流速为0；大通湖地形平坦，底部无孤石，根据湖底情况，糙率定为0.03（卢少为等，2009），考虑工程规划中五七运河新修河道底部采用的土质情况，五七运河最终糙率定为0.02，塞阳河糙率为0.046，金盆河糙率为0.036（刘咏梅，2016）；涡黏系数采用 Smagorinsky 公式计算，$C_s$ 取值为0.28；为防止模型在干涸地区溢出，干湿判断中将干水深设置为0.01m，湿水深设置为0.1m，见图8.2。

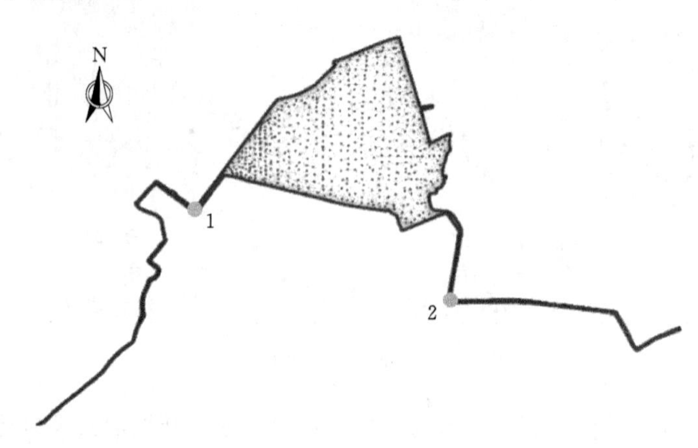


图8.2　大通湖水系网格

由于该资料来源于已实施的工程案例，缺少实测数据对未实施工程部分进行模型率定（徐慧，2007）。选取两个观测点，见图8.2，将这两个点的实测水位数据分别作为进、出口边界控制水位，进、出口水位确定后，将实际流量数据作为其边界条件输入该模型，流量取3.9m³/s，并对部分河道的糙率值进行修正，由此得到理论上该两点在水体稳定时的流速，与该两点的实测流速进行对比，结果见表8.1。

**表8.1　流速模拟值与实测值对比**

| 观测点序号 | 水位实测值/m | 流速实测值/(m/s) | 流速模拟值/(m/s) | 相对误差/% |
|---|---|---|---|---|
| 1 | 26.50 | 0.07 | 0.0732 | 4.5 |
| 2 | 26.49 | 0.10 | 0.0976 | 2.4 |

由于汛期五七闸引水主要是为了灌溉排水，需要通过五七运河沿岸泵闸排水，流量变化不单一，因此应考虑该工程对大通湖非汛期水系连通性的影响。根据五七运河治理工程的规划，连通后的大通湖非汛期水位控制在25.48～26.08m。非汛期不考虑各径流以及其他泵站、电排、闸门的影响，五七闸最大引水流量为28.92$m^3/s$，根据大通湖垸非汛期所需生态水量，五七闸设置3种引水流量，分别是10$m^3/s$、20$m^3/s$和30$m^3/s$，控制大东口出口水位，分别为25.48m和26.08m，见表8.2。

**表8.2　　水动力模拟的不同工况**

| 大东口出口水位/m | 五七闸引水流量/($m^3/s$) | 工况 | 大东口出口水位/m | 五七闸引水流量/($m^3/s$) | 工况 |
|---|---|---|---|---|---|
| 26.08 | 10 | 1 | 25.48 | 10 | 4 |
| | 20 | 2 | | 20 | 5 |
| | 30 | 3 | | 30 | 6 |

2. 水力连通性评价方法

水系连通工程的连通性主要是指综合考虑水利工程调度方式对水系连通性的影响。引水流量表达为$Q$($m^3/s$)；连通时间表达为$t$(s)。大通湖或南湖稳定时平均水位和初始水位之差与水面面积的乘积视为流体稳定时湖体增蓄水量，表达为$W$($m^3$)。将水系连通工程的连通性定义为通过引排水提高的水体换水效率，即进水总量占水体平衡时湖体增蓄水量的比值，为连通程度，得到以提升水体自净能力为目标的水系连通度，用无量纲常数$C$表征水系连通程度。$C<1$时，引水调度过程中无法实现换水目的；$C>1$时，引水过程中可达到换水提高水体自净目的。其计算式为

$$C=\frac{Qt}{W} \tag{8.1}$$

式中：$C$为连通度；$Q$表示引水流量；$t$为连通时间；$W$表示稳定时湖体增蓄水量。

通过引水调度模式可以在一定时间内达到换水净水的目的，稳定时湖体增蓄水量与日引水流量的比值为水体的换水周期，其计算式为

$$T=\frac{W}{(24\times3600)Q} \tag{8.2}$$

式中：$T$为换水周期，d。

3. 基于MIKE 21水系连通的二维水动力-水质模型建立

由于大通湖面积较大、水深较浅（平均2.5m），因此选用MIKE 21的水动力学模块（HD）和对流扩散模块（AD）模拟了不同方案下大通湖的水动力及水质变化情况。利用Google Earth遥感影像画出大通湖边界，并用ArcGIS进行边界矢量化，通过MIKE ZERO生成大通湖边界，再利用网格生成器生成大通湖区域内部地形的非结构化网格，能较好地拟合大通湖的边界，见图8.3。

大通湖是典型的宽浅型湖泊，其水流运动受到湖面风场影响，风速取年平均值2.75m/s，风向取频率最高的北风。总氮（TN）和总磷（TP）的初始浓度取2018年实测

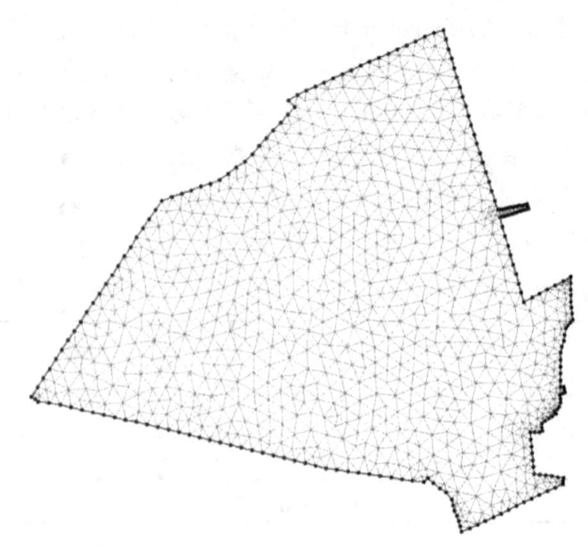

图 8.3　大通湖水动力和水质模型构建的计算网格

平均值，见表 8.3。边界条件包括引水口、出水口以及面源的输入。入流边界采用流量条件控制，出流边界采用水位条件控制。从草尾河引水水质设定为大通湖改善后的目标水质，为Ⅲ类水质，根据《地表水环境质量标准》（GB/T 3838—2002）所规定的Ⅲ类水质标准，总氮和总磷浓度分别为 1.0mg/L 和 0.05mg/L。

大通湖面源污染主要来自农业面源污染，总氮和总磷面源污染物平均年入湖总量分别为 725.7t/a 和 65.9t/a。结合大通湖流域地形资料，对降雨径流的汇流路径进行分析，将大通湖流域划分成 12 个子汇水区，每个子汇水区概化成 1 个汇水入流口，位置见图 8.4。

**表 8.3　2018 年大通湖不同月份总氮和总磷浓度的实测数据**　　单位：mg/L

| 测量时间 | 总氮 | 总磷 | 测量时间 | 总氮 | 总磷 |
| --- | --- | --- | --- | --- | --- |
| 2018 年 2 月 | 2.05 | 0.20 | 2018 年 8 月 | 1.14 | 0.31 |
| 2018 年 4 月 | 1.95 | 0.22 | 2018 年 10 月 | 0.58 | 0.33 |
| 2018 年 6 月 | 1.89 | 0.32 | 2018 年 12 月 | 0.98 | 0.24 |

由于缺乏面源污染实测数据，各汇水区面源污染根据大通湖年入湖面源总量进行平均分配。根据大通湖水质超标情况选取总氮和总磷浓度作为水质模拟指标。根据实际情况参考《湖南省五七河一期治理工程初步设计报告》引水流量数据及出口水位设置，故设置以下 6 种不同的引水调度方案，见表 8.4。

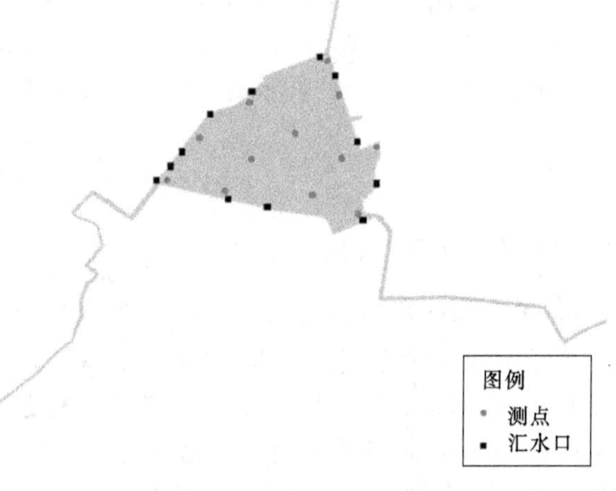


图 8.4　大通湖流域监测点及面源汇水口分布

大通湖地势平坦，无孤石，故根据湖底情况，糙率取值为 0.03，涡黏系数采用 Smagorin sky 公式计算，$C_s$ 取值为 0.28。为避免模型在干湿边交替区溢出而使计算出现不稳定性，设定干水深为 0.01m，湿水深为 0.10m。根据文献（刘咏梅，2016）将 TN 降解系数取为 0.008/d，TP 降解系数取为 0.010/d。根据文献（孙静月等，2018；柴朝晖等，2020）将扩散系数取为 0.800$m^2$/s。风阻力系数按照文献（李畅游等，2007）

中经验公式 $C_a = 10^{-3} \times (1.1 + 0.0536 v_a)$ 计算，得 0.0012474，式中，$v_a$ 为湖面以上 10m 处的平均风速，取 $v_a = 2.75$m/s。参数选取结果见表 8.5。

**表 8.4　大通湖区水系连通的引水调度方案**

| 工况 | 五七闸引水流量/($m^3$/s) | 大东口出口水位/m | 工况 | 五七闸引水流量/($m^3$/s) | 大东口出口水位/m |
|---|---|---|---|---|---|
| 1 | 20 | 25.48 | 4 | 20 | 25.88 |
| 2 | 25 | 25.48 | 5 | 25 | 25.88 |
| 3 | 30 | 25.48 | 6 | 30 | 25.88 |

**表 8.5　模型水动力和水质参数**

| 参数名称 | 数值 | 参数名称 | 数值 |
|---|---|---|---|
| 糙率 | 0.03 | 风阻力系数 | 0.0012474 |
| 涡黏系数 | 0.28 | 横向扩散系数/($m^2$/s) | 0.800 |
| 干水深/m | 0.01 | TN 降解系数/$d^{-1}$ | 0.008 |
| 湿水深/m | 0.10 | TP 降解系数/$d^{-1}$ | 0.010 |

4. 水环境改善的评价指标

大通湖水环境改善效果评估主要是对水动力改善效果和水质改善效果两方面进行综合分析，提出湖泊流速、滞水区面积比例和流场分布作为对水动力状况进行评估的主要参数。通过水质浓度改善率、浓度变化指数和换水率对水质改善效果进行评估。

(1) 滞水区面积比例 $\alpha$：

$$\alpha = \frac{S_1}{S_2} \times 100\% \tag{8.3}$$

式中：$S_1$ 为滞水区（流速 $v < 0.002$m/s）区域面积；$S_2$ 为整体水域面积。

$\alpha$ 用来反映滞水区占全部水体面积的比例，$\alpha$ 越小表明水体流动性越强，整体置换程度越好。

(2) 水质浓度改善率：

$$R_i = \frac{C_{bi} - C_{ai}}{C_{bi}} \times 100\% \tag{8.4}$$

式中：$R_i$ 为第 $i$ 种水质指标的浓度改善率；$C_{bi}$ 为引水前第 $i$ 种污染物的平均浓度；$C_{ai}$ 为引水后第 $i$ 种污染物的平均浓度。

$R_i > 0$，说明引水后水质得到改善；$R_i < 0$，说明引水后水质恶化。$R_i$ 越大，说明水质改善程度越大。

(3) 浓度变化指数：

$$P = \frac{2}{n} \sum_{i=1}^{n} \frac{C_{bi} - C_{ai}}{C_{bi} + C_{ai}} \tag{8.5}$$

式中：$P$ 为浓度变化指数；$n$ 为参加评估因子的数目；$C_{bi}$、$C_{ai}$ 意义同前。

$P$ 用来综合反映多种水质指标的变化趋势和变化程度，$P>0$，说明引水后水质得到改善；$P<0$，说明引水后水质恶化。$P$ 越大，说明水质改善程度越大。

（4）换水率：

$$\gamma_i=\frac{C_{0i}-C_{ti}}{C_{0i}-C_{di}} \tag{8.6}$$

式中：$\gamma_i$ 为第 $i$ 种水质指标换水率；$C_{0i}$ 为第 $i$ 种污染物的初始浓度；$C_{ti}$ 为第 $i$ 种污染物在某时刻的浓度；$C_{di}$ 为第 $i$ 种污染物的引水浓度。

$\gamma$ 越大，说明水体流动情况越好，水体循环程度越高，水质改善程度越大。

### 8.1.3　水动力数值模拟分析

经过模拟计算，选取大通湖内均匀分布的 7 个点进行水位分析。由于大通湖较大，内部流速变化不明显，因此选取金盆河出口断面 6 个点进行流速分析，并计算非汛期各工况下的平均水位和平均流速，见图 8.5 和图 8.6。

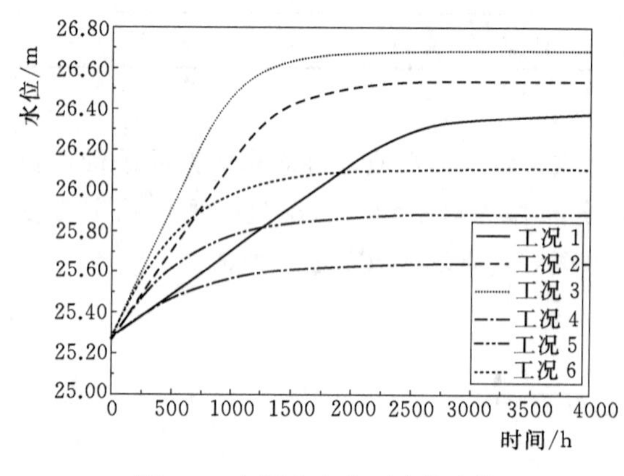


图 8.5　各调度方案下水位变化

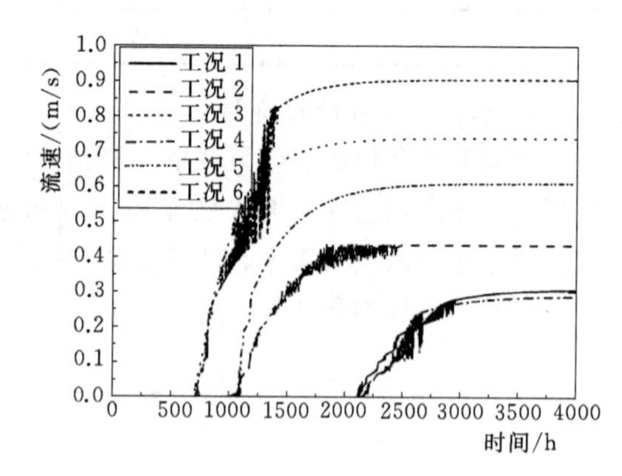


图 8.6　各调度方案下流速变化

引水期水位随连通时间增加而抬升至一定高度后处于稳定状态，见图 8.5。稳定前，水自五七运河自流至大通湖抬高水位，前期水位涌高速度较快，至控制水位时开始输出流量，大通湖出口水位由金盆河出口处的大东口闸限制在 25.48～26.08m。由于水体要一直保持流动状态，大通湖水位处于平衡时，湖区水位与出口存在水位差 0.13～0.61m。排除中间误差，水位-时间曲线的斜率为 0 的情况下视为流体稳定。

考虑连通动态性，从引水开始至图 8.5 曲线斜率为 0 时（即流体稳定）视为连通时间。后期水位仍以极小幅度提升，直至最终稳定，这一部分由于提升量小至万分之一，可忽略不计。流体趋于稳定的过程中，进水总量和出水总量存在差异，稳定时流体进水总量和出水总量基本保持一致，主要考虑流体稳定过程中的换水效率。

流体自五七运河引水至大通湖需要一定时间，引水初期流速几乎为 0m/s，见图 8.7（b），当水体流经出口流速开始增大。其间，大通湖内水位抬升且断面不变之时，流速处于急剧增长状态。当湖体水位达到控制水位时出口输出流量，见图 8.7（c）；引水量与出水量差值逐渐减小的过程中流速增长速度减缓，引水量与出水量相等时流速达最大值，见图 8.7（d），此时的平均流速可视为换水效率。达到平衡状态时水体流速基本趋于稳定，各引水条件下流速变化趋势基本一致。引水流量越大，断面不变的情况下流速越早趋于稳定，稳定时流速越大。

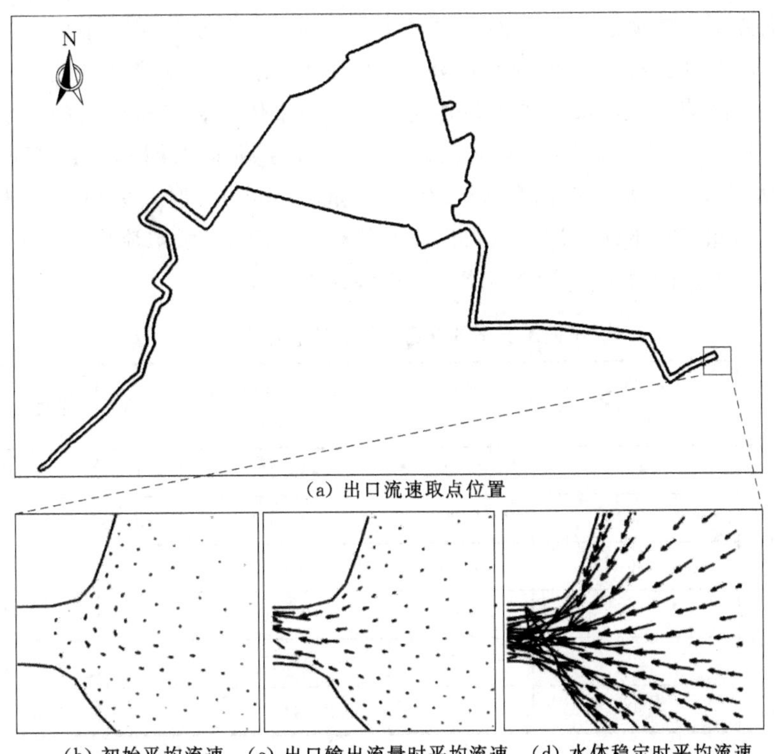


(a) 出口流速取点位置

(b) 初始平均流速　(c) 出口输出流量时平均流速　(d) 水体稳定时平均流速

图 8.7　大通湖出口流速分布

非汛期大通湖出口控制水位相同的情况下，随着引水流量的增大，连通至稳定所需时间缩短，稳定时大通湖水位升高，出口平均流速显著增大，换水效率提高。对比工况 1 和工况 4、工况 2 和工况 5、工况 3 和工况 6，引水流量相同，大东口出口控制水位处于 26.08m 时，稳定时大通湖的水位更高；但控制水位处于 25.48m 时，稳定时出口处平均流速更大。相较引水流量，出口水位的不同对稳定时的换水效率影响稍小，两者相差分别为 6.68%、29.84%和 35.56%，随着引水流量加大，这种差距更加明显，见表 8.6。

**表 8.6　不同工况下稳定时的平均水位和平均流速**

| 大东口出口水位 /m | 五七闸引水流量 /($m^3$/s) | 连通时间 /(×$10^6$s) | 平衡时大通湖水位 /m | 工况 | 平均流速 /(m/s) |
|---|---|---|---|---|---|
| 26.08 | 10 | 11.20 | 26.35 | 1 | 0.28 |
| | 20 | 8.21 | 26.52 | 2 | 0.42 |
| | 30 | 7.35 | 26.67 | 3 | 0.52 |
| 25.48 | 10 | 5.63 | 25.61 | 4 | 0.30 |
| | 20 | 6.75 | 25.86 | 5 | 0.54 |
| | 30 | 7.19 | 26.09 | 6 | 0.69 |

1. 水动力连通性分析

表 8.7 中，相同水位情况下，随着引水流量的增大，工况 1、工况 2、工况 3 与工况 4、工况 5、工况 6 的连通性指数逐渐增大，且换水周期缩短。这是由于相同断面下，引水流量的增大提高了水体流速，使得换水效率加快。同时，引水流量取最大，出口水位控制在 25.48m 时，连通度最大，换水时间最短。主要是大东口水位控制越低，进出口水位差越大，导致水体流速变大，加快了水系连通，稳定后水体一直保持最高的换水效率，出口处流速达 0.69m/s。但根据五七运河治理规划，大通湖非汛期水位应控制在 25.48～26.08m，当大东口出口水位控制在 25.48m、流量取 $30m^3/s$ 时，大通湖湖体水位已超过需控制水位。因此，非汛期控制大东口出口水位在 25.48m、引水流量取 $20m^3/s$ 时，既符合该区生态需水量，同时水体自循环能力也得到最大提高。

**表 8.7　　不同工况下的连通度计算值和换水周期**

| 大东口出口水位 /m | 五七闸引水流量 /($m^3$/s) | 连通时间 /($\times10^6$s) | 平衡时大通湖水量 /($\times10^6m^3$) | 工况 | 连通度 | 换水周期 /d |
|---|---|---|---|---|---|---|
| 26.08 | 10 | 11.20 | 85.31 | 1 | 1.31 | 98.74 |
| | 20 | 8.21 | 98.65 | 2 | 1.67 | 57.09 |
| | 30 | 7.35 | 110.73 | 3 | 1.99 | 42.72 |
| 25.48 | 10 | 5.63 | 26.45 | 4 | 2.13 | 30.62 |
| | 20 | 6.75 | 46.45 | 5 | 2.91 | 26.88 |
| | 30 | 7.19 | 64.29 | 6 | 3.35 | 24.80 |

2. 水动力流场分析

通过上述选取的数值模型模拟大通湖进行水系连通后的流场和水质变化情况。各工况引水后大通湖水动力情况见表 8.8。在引水流量相同的情况下，当大东口出口水位处于较低的 25.48m 时，引水稳定后对于湖内最大流速工况 1、工况 2 和工况 3 比工况 4、工况 5 和工况 6 分别增大了 20.00％、19.20％和 19.15％，对于滞水区面积比例两者分别相差 3.29％、2.40％和 3.00％。而在出口水位相同的情况下，引水流量增大，对比工况 1 和工况 2、工况 2 和工况 3、工况 1 和工况 3，湖内最大流速分别增大了 16.68％、14.86％和 29.06％，滞水区面积比例分别减少了 1.63％、1.44％和 3.04％。由此可知，降低出口水位对水动力改善的影响比增大引水流量对水动力改善的影响大，但引水流量高可以降低出口水位对水动力改善的影响。对于滞水区面积比例，增大引水流量和降低出口水位的改善效果均不大，可考虑增设出入水口来减少滞水区面积。最大流速出现在出水口处，这是由于出口水位降低，水位差增大，加速了湖泊水体的流动，改善其流动性。

大通湖是典型的宽浅型湖泊，水深远远小于水面面积，风场是其流体运动的主要驱动力。大通湖补水来源主要来自降雨径流，在非汛期及无人工补水的情况下，水体仅在风场的作用下流动，湖内流速整体较低。由于各工况出入水口及风场不变，仅引水流量大小和出口水位不同，故选取流量最大 $30m^3/s$、出口水位较低 25.48m 的工况 3 进行流场分析，

见图 8.8。

**表 8.8　　大通湖引水后水动力模拟情况**

| 工况 | 五七闸引水流量/($m^3$/s) | 大东口出口水位/m | 平均流速/(m/s) | 最大流速/(m/s) | 滞水区面积比例/% |
|---|---|---|---|---|---|
| 1 | 20 | 25.48 | 0.0063 | 0.1010 | 27.60 |
| 2 | 25 | | 0.0065 | 0.1212 | 27.15 |
| 3 | 30 | | 0.0066 | 0.1423 | 26.76 |
| 4 | 20 | 25.88 | 0.0061 | 0.0807 | 28.54 |
| 5 | 25 | | 0.0062 | 0.0979 | 27.82 |
| 6 | 30 | | 0.0063 | 0.1151 | 27.59 |

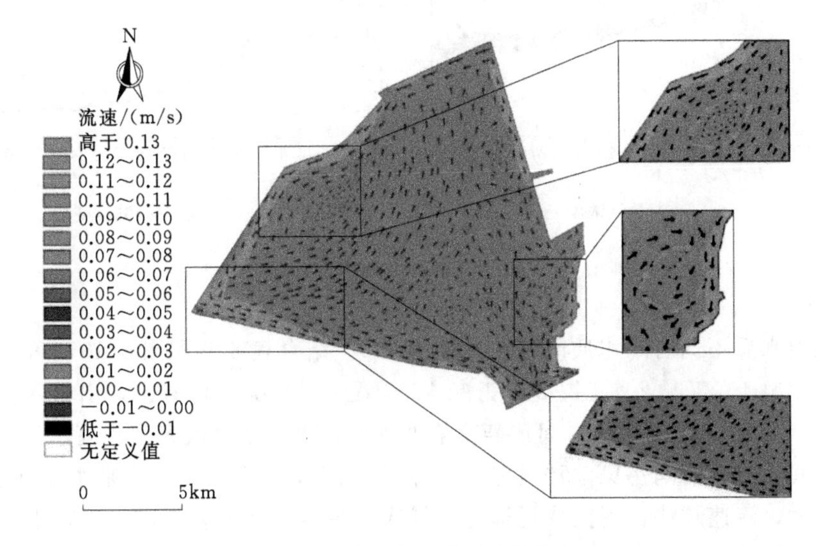


图 8.8　大通湖引水后流场分布

引水稳定后，受地形要素影响，在大通湖北部区域沿湖岸线形成了顺时针的环流，流速由外向内减小，靠近岸边的流速最大为 0.023m/s，环流中心的流速基本低于 0.002 m/s。这是由于北部区域远离引水主路线，引水水流难以到达，故北部区域流场的主要影响因素仍然是风场，在北风的影响下形成顺时针的环流。引水入大通湖后，水流分为两股（图 8.8），一股往出水口方向流动，呈现定向运动；一股往湖中心流动，水流流到湖中心后，流速逐渐减小，故在风场作用下形成逆时针的环流（图 8.8）。在东部区域有个单独的局部小环流（图 8.8），这是由于边界地形为圆弧形，且在径流汇水口周围。整体流场由引水口至出水口的东南向水流以及北部、西部两个大环流和东部一个小环流形成，结合以上水动力和流场分析，出入水口处和径流汇水口处的流速较大，远离引水主路线的区域流速仍然较小，故可考虑结合实际情况适当增加引水口和出水口加强水体循环，改善换水效果。

### 8.1.4　水质改善效果分析

由图8.9可知，在进行水系连通引水调度后，6种工况都能有效地降低总氮和总磷的浓度，但不同的工况改善水质的效果也略有差别。对各方案引水稳定后的总氮及总磷空间分布进行分析，各工况引水后总氮和总磷浓度随着引水时间的增长逐渐下降，在0～90d水质浓度显著下降，90d后下降幅度逐渐减小，总氮浓度在150d后处于基本稳定状态，总磷浓度在210d后处于基本稳定状态。

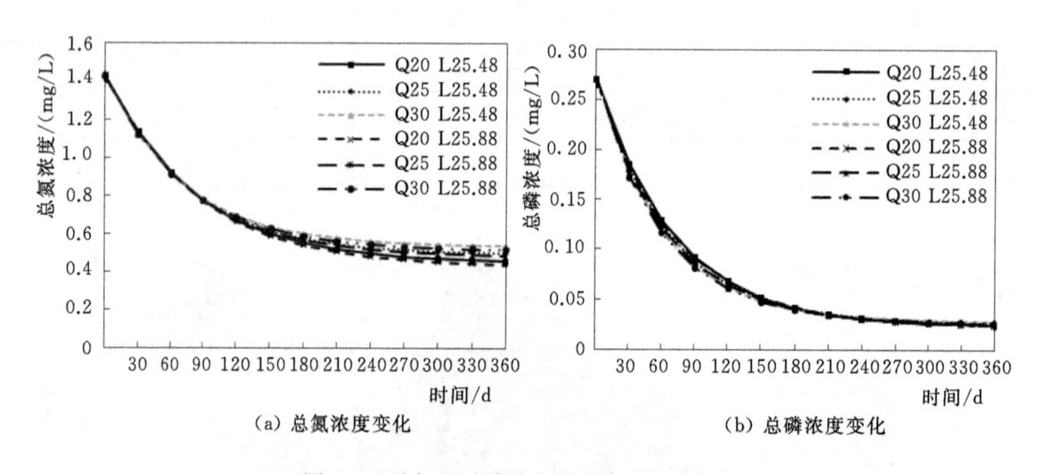


图8.9　总氮和总磷浓度随引水时间的变化

各工况引水后不同时间水质改善情况见表8.9。结合表8.9和图8.10、图8.11，对于总氮，对比工况1、工况2、工况3和工况4、工况5、工况6可看出，出口水位相同，引水流量越大，在0～60d，同一时间污染物浓度越低，水质浓度改善率越高。从60d开始至引水稳定时间，同一时间污染物浓度越高，水质浓度改善率降低。这是由于在引水前期，引水流量越大，流速越快，污染物迁移速度越快，污染物越容易扩散；而在引水后期，由于输入的污染物总量超过湖内自净能力，引水流量的增大代表携带的污染物总量越多，故在60d至引水稳定，水质浓度改善率随流量的增大而减小。

**表8.9　各工况引水不同时间总氮和总磷浓度改善率**

| 工况 | 水质指标 | 总氮和总磷浓度改善率/% | | | | | | |
|---|---|---|---|---|---|---|---|---|
| | | 30d | 60d | 90d | 120d | 150d | 180d | 210d |
| 1 | 总氮 | 20.67 | 35.69 | 46.15 | 53.33 | 58.25 | 61.62 | 63.92 |
| | 总磷 | 31.33 | 52.13 | 65.98 | 74.92 | 80.69 | 84.41 | 86.81 |
| 2 | 总氮 | 21.23 | 35.87 | 45.80 | 52.41 | 56.81 | 59.74 | 61.69 |
| | 总磷 | 33.65 | 54.39 | 67.83 | 76.26 | 81.54 | 84.86 | 86.93 |
| 3 | 总氮 | 21.75 | 36.10 | 45.56 | 51.67 | 55.62 | 58.17 | 58.81 |
| | 总磷 | 35.56 | 56.36 | 69.47 | 77.44 | 82.29 | 85.24 | 87.03 |

续表

| 工况 | 水质指标 | 总氮和总磷浓度改善率/% | | | | | | |
|---|---|---|---|---|---|---|---|---|
| | | 30d | 60d | 90d | 120d | 150d | 180d | 210d |
| 4 | 总氮 | 20.55 | 35.64 | 46.26 | 53.62 | 58.72 | 62.24 | 64.68 |
| | 总磷 | 33.10 | 53.24 | 66.48 | 75.19 | 80.87 | 84.58 | 87.00 |
| 5 | 总氮 | 21.07 | 35.88 | 46.05 | 52.89 | 57.50 | 60.59 | 62.68 |
| | 总磷 | 34.81 | 55.05 | 68.09 | 76.41 | 81.69 | 85.04 | 87.16 |
| 6 | 总氮 | 21.58 | 36.11 | 45.81 | 52.16 | 56.31 | 59.03 | 60.80 |
| | 总磷 | 36.47 | 56.77 | 69.55 | 77.47 | 82.36 | 85.38 | 87.23 |

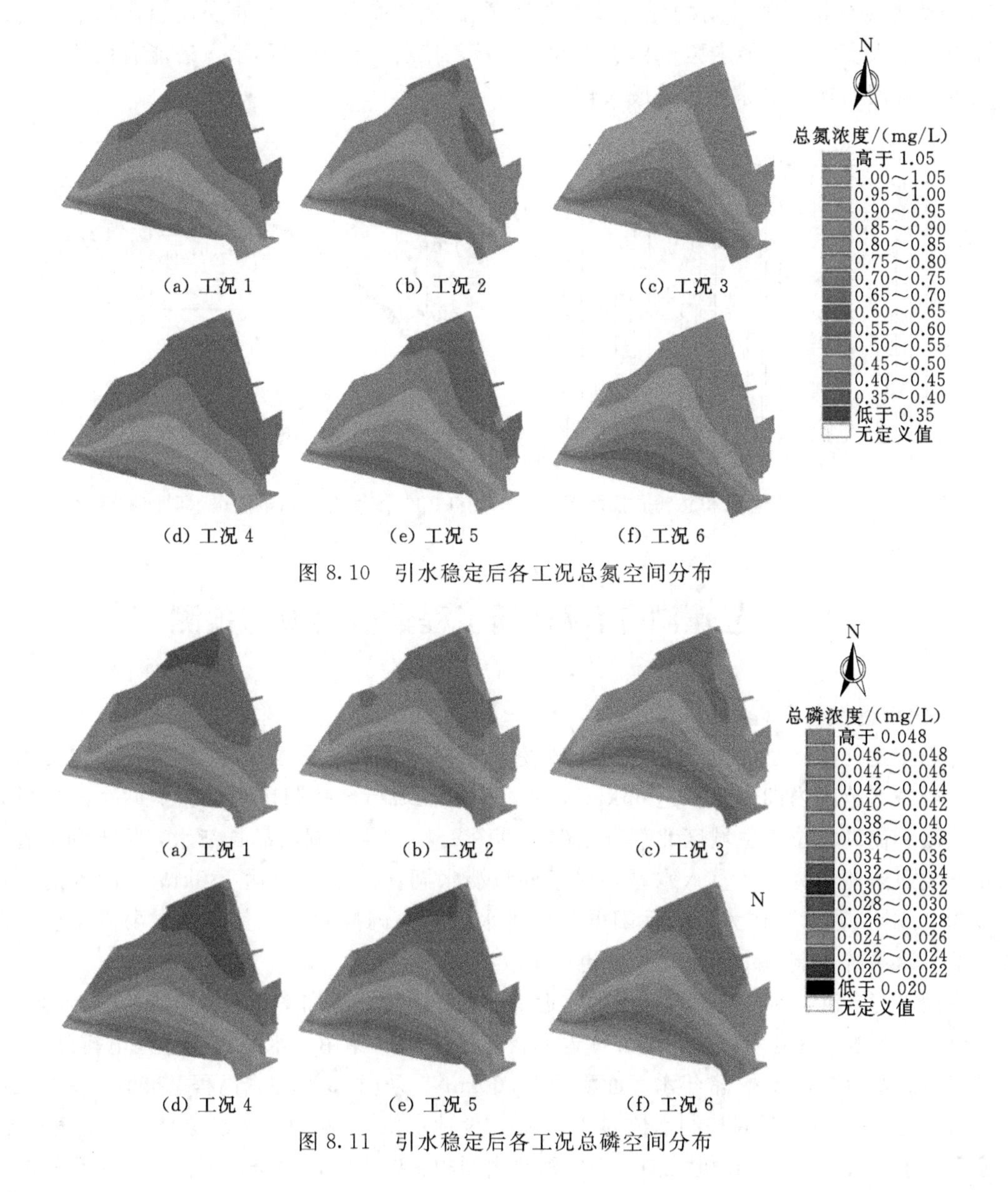


(a) 工况 1　(b) 工况 2　(c) 工况 3

(d) 工况 4　(e) 工况 5　(f) 工况 6

图 8.10　引水稳定后各工况总氮空间分布

(a) 工况 1　(b) 工况 2　(c) 工况 3

(d) 工况 4　(e) 工况 5　(f) 工况 6

图 8.11　引水稳定后各工况总磷空间分布

对比工况 1 和工况 4、工况 2 和工况 5 以及工况 3 和工况 6，引水流量相同，在 0～60d，大东口出口水位处于较低的 25.48m 时，同一时间污染物浓度越低，水质浓度改善率越高。从 60d 开始至引水稳定时间，大东口水位处于较高的 25.88m 时，同一时间污染物浓度越低，水质浓度改善率越高。这是由于在引水前期，出口水位降低增大了水位差，从而增加了湖内水流运动的速度，也加快污染物扩散速度，而在引水后期，当引水逐渐稳定，引水流量相同即携带的污染物总量相同，出口水位越高说明湖内水量越大，污染物被稀释的越多，故在出口水位较高时同一时间水质浓度改善率越高。

对于换水率（图 8.12）各工况之间的差异并不大，说明引水流量和出口水位并非其主要影响因素，与滞水区面积比例相同，可考虑适当增加引水通道来提高换水率。参考图 8.13 中浓度变化指数随时间的变化趋势与水质浓度改善率随时间的变化趋势相似，合理有效地调度水资源不仅能增强水体流动性，稀释污染物，改善水环境，还能有效地节省引水成本，从而实现引水综合效益最大化。

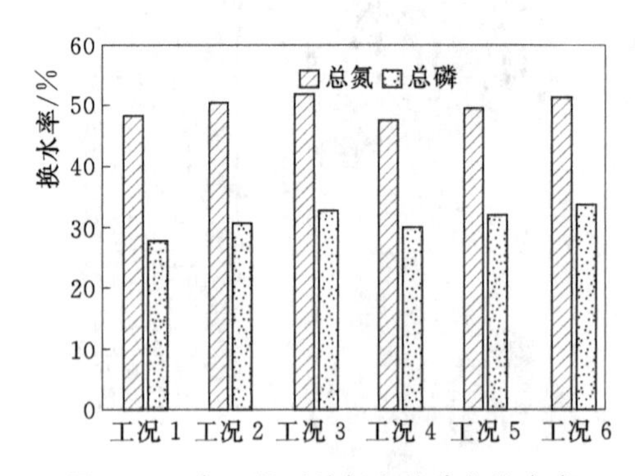


图 8.12　各工况下总氮和总磷的换水率

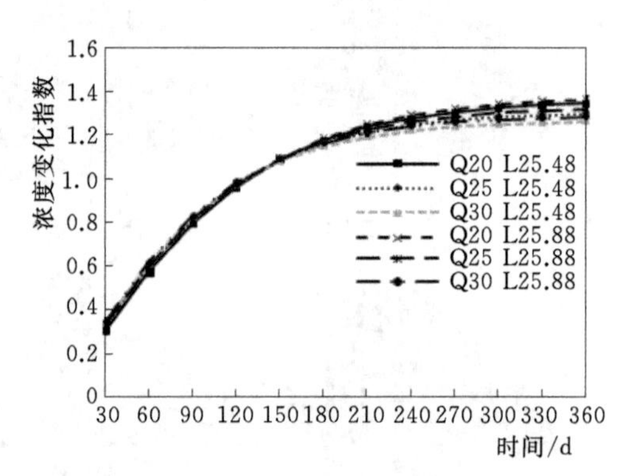


图 8.13　浓度变化指数随引水时间的变化趋势

## 8.2　芭蕉湖-南湖连通工程数值模拟与预测

### 8.2.1　研究区域与工程概况

岳阳市地处湖南省东北部，长江与洞庭湖汇集处东岸，城区水系发达，河网交织密布，中心城区范围内湖面积多达 65km$^2$，属滨湖滨江城市。岳阳市内最大的两个湖体分别是芭蕉湖和南湖，位于主城区北部与南部，见图 8.14。芭蕉湖西靠长江水，位于湖南省岳阳市城陵矶东侧，为长江直入水系，属于外流淡水湖，流域面积达 136km$^2$，湖水的平均深度为 3.5m。芭蕉湖作为华能岳阳电厂取排水的循环调控湖泊，其水位主要受华能岳阳电厂取排水系统控制，水源来自于清港径流。

南湖多湾多汊，西接洞庭湖，东南靠近龟山和赶山，北接白鹤山和金鄂山，是调蓄洪水的出口。作为城市内湖水体，南湖发挥着调控城区暴雨的作用，水位由南津港电排站控制。南湖集雨面积为 163km$^2$，常年水面面积约 15.64km$^2$。采用 1985 国家高程基准面，南湖最低控制水位为 25.86m，最高控制水位为 27.76m，设计水位为 26.26m，水源来自于地表径流。王家河位于主城区中部，南北流向，王家河是南湖的主要支汊，它是连接南湖与芭蕉湖的重

要载体，全线水深在2～3m。流域总面积达285km²，干流总长48.2km，水源以地表径流为主。

近年来，王家河流域因环境污染导致水生态环境质量降低。为治理该流域及南湖水质污染问题，通过水库、沟渠、闸坝、泵站等一系列水利工程，以“明渠＋隧洞”的形式连通芭蕉湖和南湖。连通段全长5.1km，其中明渠3.2km，隧洞1.9km，形成长江-芭蕉湖-王家河-南湖-洞庭湖的环城水系，见图8.14。工程北起芭蕉湖，经王家河南至南湖的螺丝岛，全长11km，部分低洼地形采用开挖河道方式解决，新开挖河道通航部分采用2.0m水深，其余地段采用0.5～1.0m水深。工程利用芭蕉湖自北向南先高后低的地势，通过华能岳阳电厂冷却循环水系统从长江取水，流入芭蕉湖，抬高芭蕉湖水位，形成与王家河、南湖的水位差，使水能经王家河自流至南湖。该工程旨在改变湖泊水动力条件，使原有水体加速流动，增强连通性，提升换水效率和水体自循环能力，以强化该区域水资源承载能力。

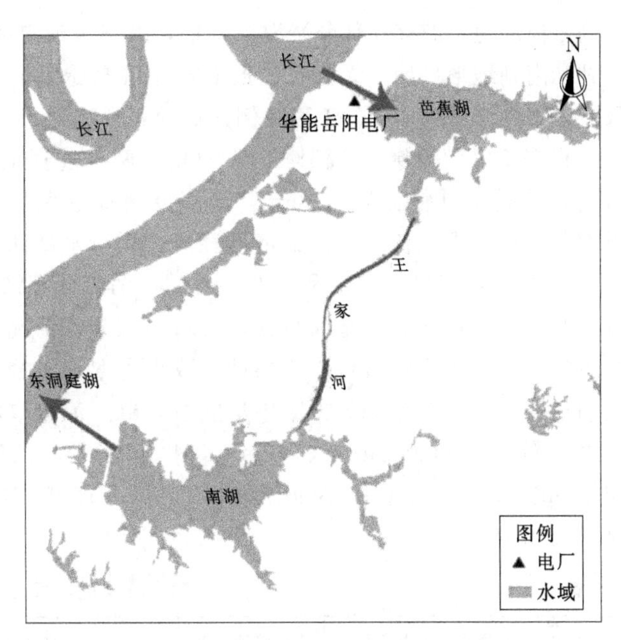


图8.14　岳阳市城区芭蕉湖-南湖连通水系示意图

### 8.2.2　水动力数值模型建立

由于工程尚未实施完工，结合实际情况概化王家河新开河道，见图8.15。根据模型实际情况选取进口边界设定在华能岳阳电厂取水入芭蕉湖处及清港径流汇入处。华能岳阳电厂取水采用泵站抽取形式，采用流量边界，清港径流汇入芭蕉湖入口处根据实测年流量值也采用流量边界。出口边界设定在南湖西侧南津港电排站，南湖的南津港电排站主要作用是控制南湖水位，采用水位边界。模型结合水系实际情况经多次调试，得出适合芭蕉湖和南湖的二维水动力模型参数。

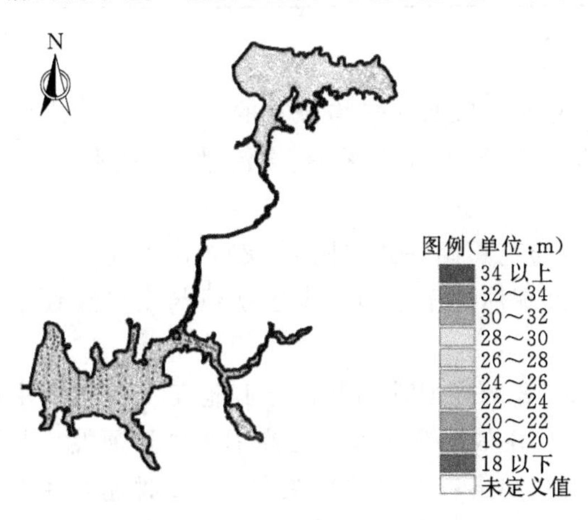


图8.15　芭蕉湖和南湖的水系网格

根据模拟结果，整体水位均在60d内达稳定效果，因此模拟时间步长为600s，模拟步数为8640步。水位流量数据参考《岳阳市中心城区河湖水系连通综合规划》分几种不同工况进行设定。水体从芭蕉湖自流至南湖的最低水位为25.46m，预降城区整体水系水位至25.46m。由于王家河流域治理工程尚在实施中，根据工程规划，河道内做疏浚、护砌处理，经修整后断面规划较好，水流顺畅。但河道下游存在部分淤滩、草地，故王家河糙率参考天然河道糙率表定为0.045。芭蕉湖和南湖地形平坦，无孤石，根据湖底情况糙率定为0.03，其他参数均与大通湖模型一致。该案例来源已实施的工程案例，缺少实测数据。

根据王家河流域综合治理工程规划，两湖连通前南湖最低控制水位为26.06m，连通后南湖最低控制水位为25.86m，最高控制水位为27.56m，对应的水面面积为14.32$m^2$。汛期芭蕉湖主要径流来源考虑清港径流。用清水站和螺岭桥水文站计算芭蕉湖多年平均年径流量分别为8752万$m^3$和9299万$m^3$，两者计算结果相差近5%。相较于清水站，螺岭桥水文站集雨面积、下垫面特征、流域植被分布情况及取耗水在控制面积上的情况更接近芭蕉湖。因此采用螺岭桥水文站计算成果，取清港径流流量值为3$m^3/s$，非汛期不考虑芭蕉湖径流影响。根据规划方案中华能岳阳电厂流量取水情况，华能岳阳电厂模拟设置3种取水流量，分别为6$m^3/s$、12$m^3/s$和24$m^3/s$，控制南湖出口水位分别为25.86m和26.06m。其中工况1～6为非汛期，工况7～12考虑汛期情况下的引水调度方案，具体工况见表8.10。

**表8.10　　　　水动力模拟的不同工况**

| 南湖出口水位/m | 华能岳阳电厂取水流量/($m^3/s$) | 清港径流流量/($m^3/s$) | 工况 | 南湖出口水位/m | 华能岳阳电厂取水流量/($m^3/s$) | 清港径流流量/($m^3/s$) | 工况 |
|---|---|---|---|---|---|---|---|
| 26.06 | 6 | 0 | 1 | 26.06 | 6 | 3 | 7 |
| | 12 | 0 | 2 | | 12 | 3 | 8 |
| | 24 | 0 | 3 | | 24 | 3 | 9 |
| 25.86 | 6 | 0 | 4 | 25.86 | 6 | 3 | 10 |
| | 12 | 0 | 5 | | 12 | 3 | 11 |
| | 24 | 0 | 6 | | 24 | 3 | 12 |

### 8.2.3　水动力数值模拟分析

选取南湖内均匀分布的6个点以及靠近南湖出口断面平均分布的5个点进行水位与流速分析，分别计算非汛期和汛期各工况下的平均水位和平均流速，见图8.16和图8.17。

引水期南湖湖体水位和流速变化情况基本与芭蕉湖一致（图8.18），南湖出口水位通过南津港电排站限制在26.06m和25.86m，且湖体处于平衡时湖区水位与出口存在水位差0.18～0.44m，较芭蕉湖处水位差偏小。

表8.11中工况3、工况6、工况9和工况12的连通性指数高于其他工况，且换水周期显著缩短，主要是引水流量增大对连通性的作用效果较明显，提高了水体连通性。非汛期情况下，参考连通性指数和换水周期，连通初期出口水位控制在25.86m时连通性有优势，可以在最短时间内达到换水目的。当水体处于平衡时考虑将出口水位改为控制在26.06m，在此水位下水体达到平衡时的换水效率比在25.86m时的换水效率提升20%。汛期情况下，当出口最低控制水位在25.86m时，连通度最高，稳定后水体换水效率也最高，为0.30m/s，大大提升水体自循环能力。

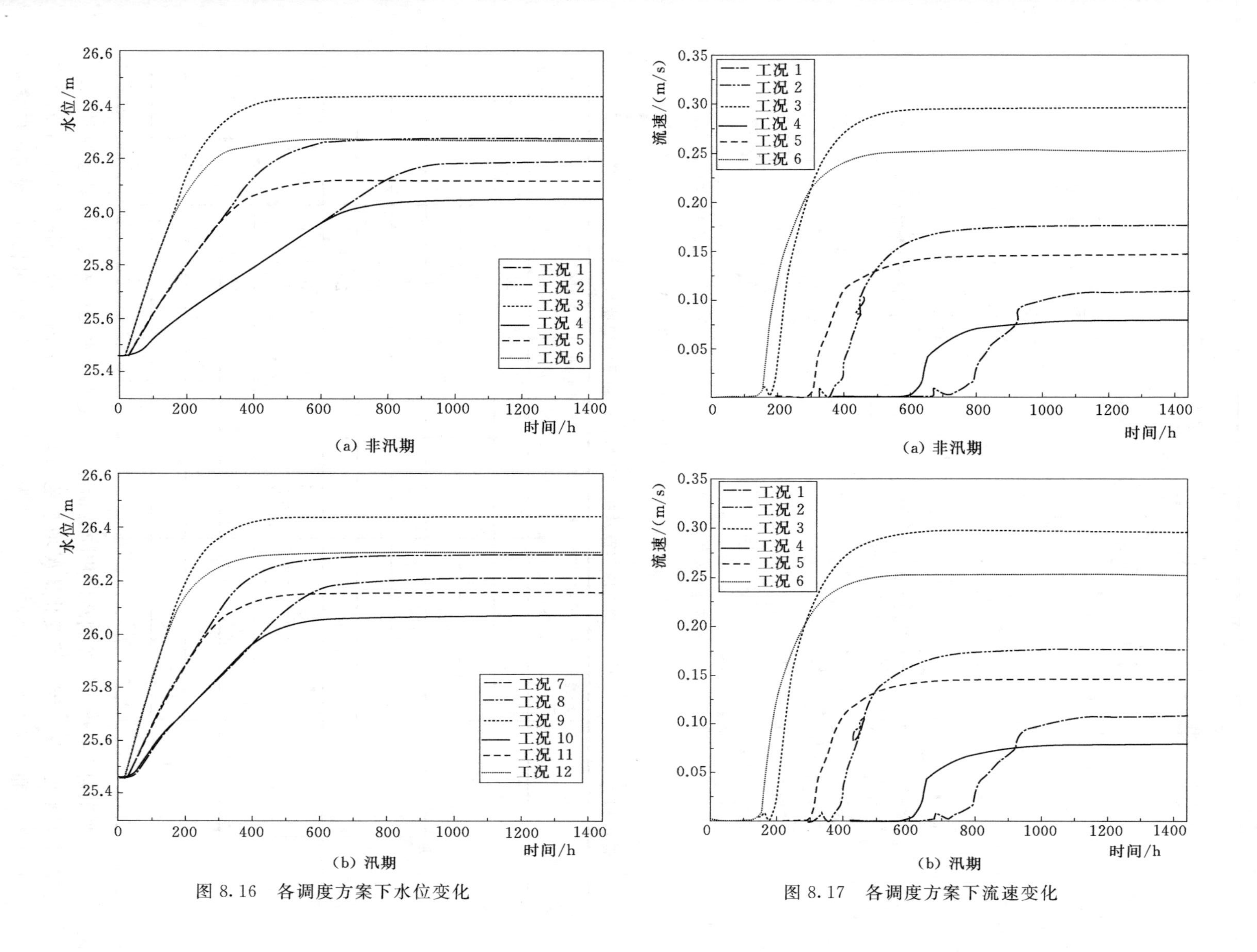


(a) 非汛期

(b) 汛期

图 8.16 各调度方案下水位变化

(a) 非汛期

(b) 汛期

图 8.17 各调度方案下流速变化

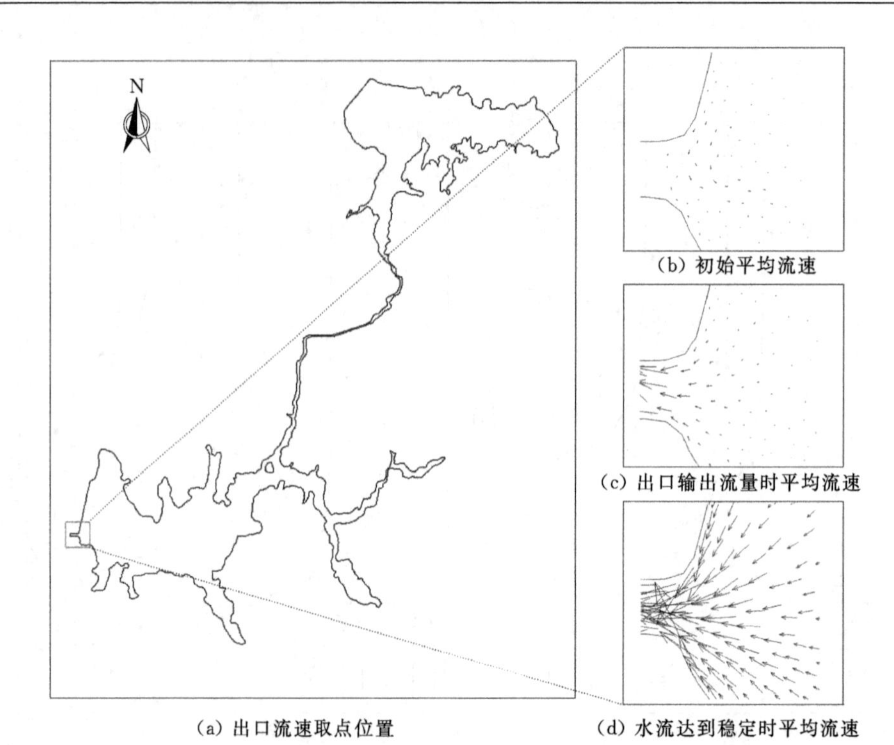


图 8.18　引水期南湖湖体水位和流速变化情况

**表 8.11　　不同工况下稳定时的平均水位和平均流速**

| 时期 | 南湖出口水位 /m | 华能岳阳电厂取水流量 /($m^3$/s) | 清港径流量 /($m^3$/s) | 连通时间 /(×$10^6$s) | 平衡时南湖水位 /m | 工况 | 平均流速 /(m/s) |
|---|---|---|---|---|---|---|---|
| 非汛期 | 26.06 | 6 | — | 4.05 | 26.19 | 1 | 0.11 |
| | | 12 | — | 2.80 | 26.27 | 2 | 0.17 |
| | | 24 | — | 2.25 | 26.43 | 3 | 0.30 |
| | 25.86 | 6 | — | 3.23 | 26.04 | 4 | 0.08 |
| | | 12 | — | 2.44 | 26.11 | 5 | 0.14 |
| | | 24 | — | 2.07 | 26.27 | 6 | 0.25 |
| 汛期 | 26.06 | 6 | 3 | 2.69 | 26.20 | 7 | 0.10 |
| | | 12 | 3 | 2.26 | 26.29 | 8 | 0.15 |
| | | 24 | 3 | 1.95 | 26.43 | 9 | 0.25 |
| | 25.86 | 6 | 3 | 2.37 | 26.06 | 10 | 0.12 |
| | | 12 | 3 | 2.04 | 26.15 | 11 | 0.19 |
| | | 24 | 3 | 1.88 | 26.30 | 12 | 0.30 |

当非汛期南湖出口的控制水位相同的情况下，随着引水流量的增大，其连通时间、稳定时南湖水位、平均流速等变化情况均与芭蕉湖一致，见图 8.17 和图 8.18。不同的是，对比工况 1 和工况 4、工况 2 和工况 5、工况 3 和工况 6，引水流量相同，南湖出口控制水位越高，稳定时南湖水位和湖面平均流速越大。出口水位的不同对稳定时的换水效率影响

偏小，两者相差分别为41.33％、20.98％和17.06％，该工程下大的引水流量可以降低出口水位对换水效率的影响。

汛期随着引水流量增大，稳定时南湖水位升高，湖面平均流速增大，换水效率提高。相较于非汛期，从引水到稳定的时长显著缩短，南湖整体稳定时的平均水位升高0.15％，出口平均流速升高6.70％，水动力条件获得明显改善。这是由于汛期时入湖总流量增大，在断面不变的情况下水体流动加快。对比工况7和工况10、工况8和工况11、工况9和工况12，整体变化情况和非汛期基本一致，不同出口水位换水效率影响各相差22.00％、26.67％、20.80％，引水流量增大不能改变出口水位对换水效率的影响。但汛期南湖出口控制水位的降低可以提高水体换水效率，见表8.11。

## 8.3　本　章　小　节

基于MIKE 21构建大通湖区二维水动力水质模型，对6种不同水系连通的调度方案下大通湖的水动力和水质进行了数值模拟，并且采用了滞水区面积比例、浓度变化指数、换水率和水质浓度改善率等4个评价指标来对引水调度前后大通湖水动力和水质改善情况进行分析评估，得到如下主要结论：

（1）实施河湖连通引水调度后，大通湖水体流动性明显增强，水动力条件得到改善，有利于总氮和总磷的稀释和降解，从而有效改善水环境。引水前期，湖泊水动力和水质状况得到显著改善，但随着引水时间的增长，改善幅度逐渐减小，最终趋于稳定。

（2）在引水前期0～60d引水流量控制在30$m^3/s$，大东口出口控制水位在25.48m。在60d至引水稳定期间，引水流量降低至生态补水流量20$m^3/s$，大东口出口水位调整至25.88m，水环境改善效果最佳。

（3）由于大通湖为半封闭湖泊，湖泊面积大，水体流动性差，根据上述模拟西南角五七河一侧补水结果表明，仅湖泊南部的水体交换较为快速有效，北部水体交换较慢效果不太理想，难以实现全湖水体置换，其滞水区面积比例和换水率与引水流量和出口水位的关系并不大，故建议在北部区域新增补水通道，实现水体快速整体置换。

（4）在引水条件下，非汛期和汛期河湖连通性均受引水流量和南湖出口控制水位共同作用，初期增大引水流量和降低南湖出口控制水位均可提高河湖连通性。引水初期流量取24$m^3/s$和控制南湖出口最低水位为25.86m时，汛期和非汛期连通性均达到最佳状态，此时换水周期分别缩短至5.59d、5.17d。从连通性指数的变化来看，“引江济湖”和“两湖连通”促进了水系连通，可提高水体自循环能力。

# 第9章 洞庭湖区典型水系连通工程的综合评价

洞庭湖区湖南省部分规划和在建24个水系连通工程，以改善当前河湖的亚健康状况（湖南省洞庭湖水利工程管理局，2017）。这些工程虽已通过前期的工程规划和可行性研究论证，但由于投资额度较大，对工程区域也将产生较大影响，其科学性和合理性应得到更多定量评价。通过构建与洞庭湖区社会经济发展和生态文明建设要求相适应的水系连通工程指标体系与评价方法，并应用于水系连通示范工程，评价其对水系格局、水资源配置、水生态环境和社会经济发展的综合影响，可为现有水系连通工程的评估提供定量方法，也为实施新的水系连通工程提供指导。

## 9.1 洞庭湖区水系连通工程评价指标体系

### 9.1.1 指标体系构建的基本原则

已有理论研究中有诸多关于水系连通性评价的指标，如何从中筛选适宜数量且能够描述关键特征的指标尤为重要。水系连通工程评价指标体系的构建应遵守适用性、层次性、关键性、定性和定量结合等4大原则，合理选择关键指标以满足实际工程评价和优化的需求。

（1）适用性。指标体系的构建最终服务于洞庭湖区水系连通工程评价，不仅要考虑目前已规划和在建的水系连通工程，还应符合洞庭湖区社会经济发展和生态文明建设要求，适用于洞庭湖区未来新的水系连通工程评价。

（2）层次性。指标体系应由主到次，逐层细化，采用清晰明了的方式呈现。

（3）关键性。选取的指标应能描述水系连通工程的关键特点和主要实施效果。

（4）定性和定量结合。指标体系应包含定量评价指标，既保证结果的客观性，又能将难以量化的指标通过定性分析予以评价。

### 9.1.2 指标选取与体系形成

充分参考已有成果中的指标，综合考虑洞庭湖区已有水系连通工程的性质、特征和目的，寻找其中的共性和差异，最终确定4个主要评价要素，共12个指标，构建指标体系（张磊等，2018；窦明等，2015；冯顺新等，2014），见表9.1。该4大要素包含了展示水系宏观格局与结构联系的结构连通性、河流水动力条件的水力连通性，以及水系连通工程实施后所发挥的生态环境和社会经济效益，既考虑了水系自身的连通性评价，又可评估区域实施水系连通工程后的作用和综合效益。

表 9.1 洞庭湖区水系连通工程指标体系

| 要素 | 指标 | 指标权重 | 计算方法 | 指标说明 |
| --- | --- | --- | --- | --- |
| 结构连通性 $A$ | 河网密度 $D_R$ | 0.3 | $D_R=\sum_{i=1}^{n}L_i/A_r$ | 描述区域内水系的通达程度和发育水平。<br>$L_i$—单条水系长度；$n$—水系数量；$A_r$—区域面积 |
| | 水系环度 $\alpha$ | 0.4 | $\alpha=\frac{n-v+1}{2v-5}$ | 区域内水系连接成环的水平，与水体循环交换的程度成正比。<br>$v$—节点个数 |
| | 网络连接度 $\gamma$ | 0.3 | $\gamma=\frac{n}{3(v-2)}$ | 水系之间形成连通通道，实现互联互通的能力 |
| 水力连通性 $B$ | 换水周期 | 0.4 | $T=365M/W$ | 污染物被新水置换出某一区域所需要的时间。<br>$M$—河湖纳污能力；$W$—排入河湖的污染量 |
| | 河道流速 | 0.3 | 工程河道的水流流速 | 反映水体流通快慢的指标 |
| | 河道流量 | 0.3 | 工程河道的水流流量 | 反映河道的生活、生产供水能力 |
| 生态环境效益 $C$ | 水体纳污能力 | 0.4 | $M=(C_s-C_0)V$ | 满足特定水质要求，河（渠）能容纳某种污染物的最大数量。<br>$C_s$—水质目标浓度；$C_0$—水质初始浓度；$V$—河（渠）容积 |
| | 最小生态流量 | 0.2 | 河道生态保护所需的最小流量 | 为达到特定生态环境要求所需的最小流量 |
| | 水功能区达标率 | 0.4 | 水质达标的水功能区数目（河长）/水功能区总数目（总河长） | 工程实施后水体达到水质目标的程度 |
| 社会经济效益 $D$ | 土地增值效益 | 0.3 | 每年土地价值增加额 | 工程实施后的土地升值水平 |
| | 防洪效益 | 0.4 | 工程相关洪涝收益估算值 | 工程实施后可减少的洪水灾害损失 |
| | 灌溉效益 | 0.3 | 工程相关灌溉收益估算值 | 工程实施增加灌溉面积及农作物带来的收益 |

## 9.2 水系连通工程综合评价方法

### 9.2.1 指标权重的确定

洞庭湖区水系连通工程主要有城市水系连通工程、跨水系跨垸连通工程、垸内水系连通工程等3类。城市水系连通工程通常会新增连通渠道，应将表征水系形态格局的结构连通性纳入综合评价中。跨水系跨垸连通工程主要通过长距离水资源调度进行定向补水，垸内水系连通工程主要通过清淤疏浚的方式加强水体流通，二者都未新增连通渠道，因此在综合评价中不考虑结构连通性。根据4类指标与各类水系连通工程实施目标的相关性及其重要程度，确定单类指标权重，见表9.2。依据单个指标在单类指标评价中的重要程度，确定单类指标中单个指标的权重。

表9.2　洞庭湖区水系连通工程单类指标权重

| 工程类型 | 结构连通性 | 水力连通性 | 生态环境效益 | 社会经济效益 |
|---|---|---|---|---|
| 城市水系连通工程 | 0.1 | 0.2 | 0.4 | 0.3 |
| 跨水系跨垸连通工程 | — | 0.2 | 0.35 | 0.45 |
| 垸内水系连通工程 | — | 0.4 | 0.3 | 0.3 |

### 9.2.2　指标量化方法的制定

总结相关已有研究，制定适用于洞庭湖区水系连通工程定量指标的评分标准（黄草等，2019；靳梦等，2013；窦明等，2013；李普林等，2018），见表9.3。对于定性指标的评价，首先分析该水系连通工程的实施是否符合洞庭湖生态经济区规划的总体要求，其次是否符合当地独有的社会经济发展要求，最后考量符合要求的程度，同样分好、良、中和差4个等级，依次计10分、8分、6分和4分。

表9.3　定量指标评分标准

| 定量评价指标 | | 10分（好） | 8分（良） | 6分（中） | 4分（差） |
|---|---|---|---|---|---|
| $A_1$ | 河网密度 $D_R$ | (2.5，+∞) | (1.5，2.5] | (1，1.5] | (0，1] |
| $A_2$ | 水系环度 $\alpha$ | (0.5，1] | (0.3，0.5] | (0，0.3] | (−1，0] |
| $A_3$ | 网络连接度 $\gamma$ | [0.7，1) | [0.5，0.7) | [0.3，0.5) | (0，0.3) |
| $C_1$ | 河流水质达标率 $C$/% | (90，100] | (75，90] | (60，75] | (0，60] |

### 9.2.3　综合评分方法的确定

从水系连通工程相关报告中提取基础数据，依据相应计算方法得到指标值，并对照表9.3的指标评分标准进行指标计分。单个工程若局限于数据完整性，遇到难以评价的指标时，可适当采用相似指标进行替代评价（冯顺新等，2014）。单类指标得分 $A$（$B$、$C$、$D$）和综合评价得分 $Z$ 的计算公式为

$$A=\beta_{A1}A_1+\beta_{A2}A_2+\beta_{A3}A_3 \tag{9.1}$$

$$Z=\beta_1 A+\beta_2 B+\beta_3 C+\beta_4 D \tag{9.2}$$

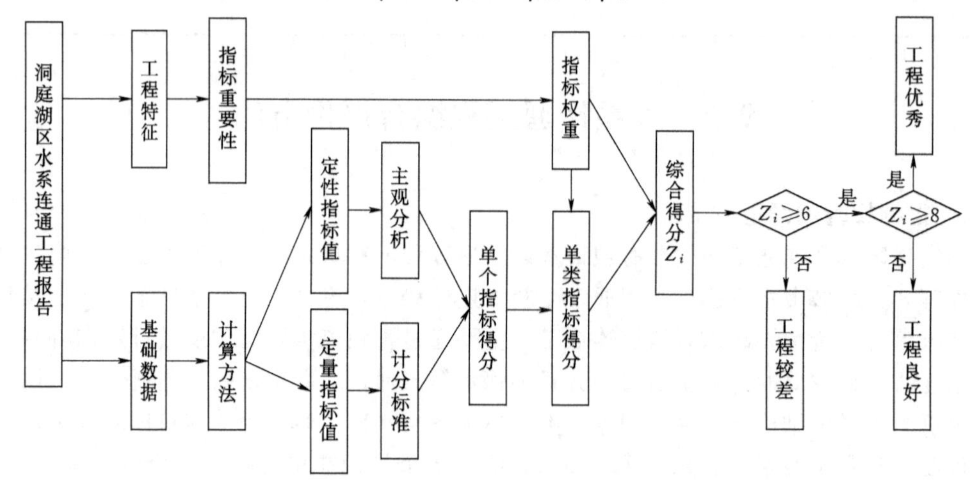


图9.1　水系连通工程评价逻辑流程

式中：$A_n$ 为 $A$ 类指标中单个指标得分；$\beta_{An}$ 为单个指标在 $A$ 类评价指标中所占权重；$\beta_n$ 为单类指标在综合评价中所占权重。

若 $Z<6$，认为工程合理性较差；若 $6\leqslant Z<8$，认为工程合理性良好；若 $Z\geqslant 8$，则可评定为优秀工程。水系连通工程评价逻辑流程见图 9.1。

## 9.3 澧县水系连通工程的综合评价

### 9.3.1 研究区域与工程概况

湖南省澧县城区水资源总量丰富，但水系未整体连通，加之部分工业废水和生活污水汇入其中，导致局部水环境恶化。尤其是在枯水干旱季节，澹水、栗河、襄阳河及部分灌排沟渠污染严重，制约了城区社会经济发展。为适应洞庭湖区城市发展和治水理念，创造良好的生态环境，满足澧县海绵城市发展和社会公众的水环境需要，保护和修复现有水系格局，满足生态需水要求，澧县提出了充分发挥自身水系优势，打造水域靓城的战略目标，将水安全保障格局融合至基础生态设施之中，并由此带动城市开发。为此，当地启动了澧县城区水系连通工程，对规划区内水系（河、湖、库、渠）进行连通整治，结合湿地修复和其他环保工程提高城市品位，力争成为湖南省内生态文明城市建设的示范。该水系工程规划了引澧济澹济涔片、老城区 3 线活水片和新城区活水片等 3 个项目分片，共 5 条引水线路，见图 9.2。其中，老城区活水南线分为东、西两段，西是回水渠渡槽出口—栗河凤凰堰段，东是栗河凤凰堰—黄沙湾自排闸引水渠段。

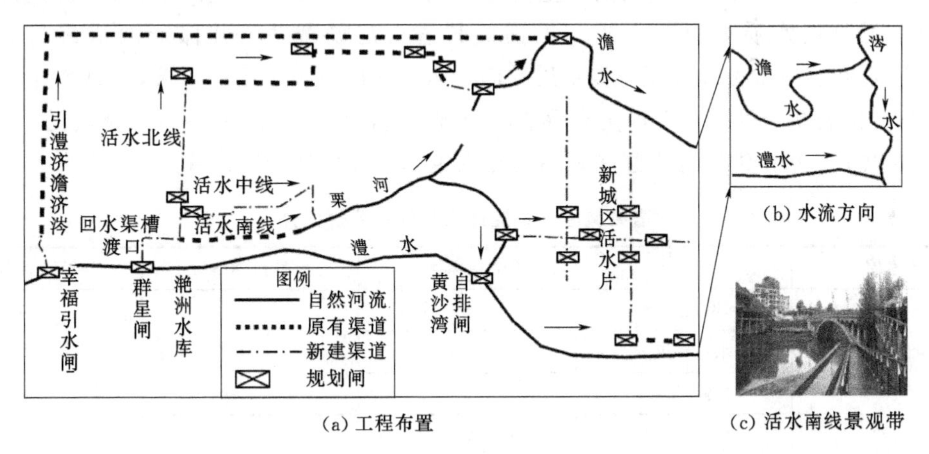


(a) 工程布置 (b) 水流方向 (c) 活水南线景观带

图 9.2 澧县城区水系连通工程

### 9.3.2 工程实施综合评价分析

经计算结构连通性评价指标，河网密度 $D_R=1.85$，水系环度 $\alpha=0.06$，水系连通度 $\gamma=0.38$。工程实施后，区域内每 $1\text{km}^2$ 面积上分布河、渠约 2km，水系发育水平和通达情况较好，但水系之间仍未能形成较好的连通通道，连接成环的水平一般。

通过幸福引水闸从澧水干流引流（河道流量 $Q=9.00\text{m}^3/\text{s}$）进入澹水，可解决引澧济澹济涔活水线路水源问题。澹水流经涔水后又汇入澧水，以循环利用区域的水资源。由表

9.4 可知，工程实施后澧县新、老城区各活水路线的换水周期都大幅度缩短，特别是老城区活水中线的换水周期缩短至工程前的 1/8，表明工程实施后水体置换效率提高。各路线常年保证 2.00～5.00$m^3/s$ 的适宜河道流量和 0.30～0.50m/s 的适宜河道流速。老城区活水南线的栗河及襄阳河水面宽、水深大，因此其河道流速维持在 0.02～0.03m/s，可较好实现交换自如和余缺互补的水力连通。

**表 9.4　　澧县城区水系连通工程部分指标值**

| 引水区间 | 水力连通性评价指标 | | | | 生态环境效益评价指标 | | |
|---|---|---|---|---|---|---|---|
| | 换水周期 /d | | 河道流速 /(m/s) | 河道流量 /($m^3$/s) | 水体纳污能力 /t | 最小生态流量 /($m^3$/s) | |
| | 工程前 | 工程后 | 工程后 | 工程后 | 工程后 | 工程前 | 工程后 |
| 老城区活水北线 | 14.72 | 4.92 | 0.30～0.50 | 2.00 | 0.35 | 0.10 | 0.30 |
| 老城区活水中线 | 8.44 | 1.04 | 0.30～0.50 | 3.00 | 0.05 | 0.05 | 0.37 |
| 老城区活水南线西段 | 22.08 | 6.49 | 0.02～0.03 | 5.00（总） | 1.25 | 0.43 | 1.47 |
| 老城区活水南线东段 | 21.73 | 5.59 | 0.02～0.03 | | 1.32 | 0.54 | 2.11 |
| 新城区引水线 | 15.31 | 4.45 | 0.30～0.50 | 4.00 | 0.18 | 0.10 | 0.34 |

栗河和襄阳河是贯穿澧县城区的主要排涝内河，《澧县水功能区划》仅对澧县的该 2 条内河作了Ⅲ类水质的目标要求。工程对其进行清淤截污，并保证河道流量为 $Q=5.00m^3/s$，在实际中可提升原Ⅲ类水质并满足水功能区Ⅲ类水质的要求，水功能区达标率为 100%。由表 9.5 可得，工程实施后新、老城区各活水路线的最小生态流量提升至工程前的 3 倍以上，水体纳污能力强，表明河流水生态环境得到较好改善。

**表 9.5　　澧县城区水系连通工程综合评价评分**

| 要素层 | 指标层 | 单个指标得分 | 单类指标得分 | 综合评分 |
|---|---|---|---|---|
| 结构连通性 $A$ | 河网密度 $D_R$ | 8 | 6.6 | 9.4 |
| | 水系环度 $\alpha$ | 6 | | |
| | 网络连接度 $\gamma$ | 6 | | |
| 水力连通性 $B$ | 换水周期 | 10 | 10 | |
| | 河道流速 | 10 | | |
| | 河道流量 | 10 | | |
| 生态环境效益 $C$ | 水体纳污能力 | 10 | 10 | |
| | 最小生态流量 | 10 | | |
| | 水功能区达标率 | 10 | | |
| 社会经济效益 $D$ | 土地增值效益 | 10 | 9.2 | |
| | 防洪效益 | 8 | | |
| | 灌溉效益 | 10 | | |

工程实施后项目区周边土地预计升值2.7亿元，按50年正常使用期计算，年化收益为1466万元。工程实施前灌溉保证率低，导致粮食减产约80kg/亩，按2.5元/kg计算，年损失6810万元，工程实施后可为耕地提供灌溉需水，增加灌溉效益2724万元（万杰等，2018）。栗河和襄阳河同时也是城区的主要防洪内河，但二者在实际中主要用于打造水生态休闲景观，尚未见明显的防洪效益。

将定量指标值对比表9.3的评价标准，以洞庭湖区和澧县当地对生态经济区和特定工程区域的规划要求为定性评价依据，综合工程实施的实际效果，按照9.2节提出的评分规则和计算方法进行计分。其中，单类指标的权重是以表9.2中的城市水系连通工程为准。如表9.5所示，综合得分$Z=9.4>8$，可评定为优秀等级。该工程主要是由幸福引水闸和群星闸从澧水干流引水，分别对新、老城区及澹水进行水资源调配，以创造良好的生态环境，因此水力连通性和生态环境效益评分最高，各项评价结果符合工程实际。在未来应以提高水系环度$\alpha$和网络连接度$\gamma$为重点，继续优化水系连通格局设计，并促进生态效益转化为社会经济效益。

## 9.4　本章小节

（1）选取了结构连通性、水力连通性、生态环境效益和社会经济效益等4大要素的12个评价指标，构建评价指标体系。根据实际工程类型不同，对单类指标赋相应权值，并确定了单个指标在单类指标评价中的权重。制定了综合评价方法，可用于评价洞庭湖区水系连通工程实施的综合影响，也为其他区域的水系连通工程综合评价提供参考。

（2）澧县城区水系连通工程可评定为优秀等级，其评价结果与规划设计目标和工程实际情况相符。该区域的水系结构连通性较差，未来应调整水系的整体规划布局，并逐渐将生态效益转化为社会经济效益。

（3）采用的指标加权计算方法具有较好的可操作性和适用性，但计算过程较为简单，下一步仍需结合水系连通工程实践，提取更科学的计算方法。

# 第10章 结论与展望

## 10.1 主要结论

（1）洞庭湖区各个片区水系格局及连通性存在空间不均衡的特点。湘资尾闾现状水系格局与结构均处于较合理水平，松澧地区、沅澧地区、岳阳市城区、北部地区水系格局及连通性较差。规划条件下，洞庭湖区各片区河频率及河网密度均有所提高。松澧地区在规划方案下水系连通性有较大改善，但北部地区、沅澧地区的水系环度、节点连接率及网络连接度并未提高，即不合理的人工渠道规划反而会削弱河网水系的结构连通性。优化后，北部地区水系环度、节点连接率和水系连通度均提高明显，3个指标较规划前分别提高13.2%、6.9%和4.7%，较规划后分别提高26.0%、9.4%和9.4%，北部地区水系连通性得到了有效优化和改善。该优化方案为洞庭湖北部地区河湖连通工程的优化与实施提供了一定的技术支持和理论依据。

（2）考虑口门区水位下降对“三口”分流量的影响，根据堰流水力学基本公式，利用2003—2018年“三口”水系5个水文站的日平均水位与流量，建立分流量经验公式。1984—2000年藕池口从散乱洲滩逐渐淤积发展为整体，随后往北冲刷斜长发展；东支尾闾段南北两分支封堵之后，尾闾段淤积区不断淤积发展且逐年递增，1984—2015年增长速率为8.10$m^2$/a。1987—2018年松滋河口门区平面形态变化相对较小。2003—2011年藕池河口门区及局部支流分流河段均为冲刷，松滋河中支-西支、东支-西支分水局部河段以淤积为主。2006—2009年藕池河共冲刷40.2万$m^3$。松滋河整体淤积682.7万$m^3$，西支河段淤积量较大，达到总淤积量的89%。考虑口门区水位下降，根据水位-流量关系建立“三口”河道分流量经验公式，2017—2018年实测日平均水位值与流量值验证“三口”水系5个水文站的计算经验公式，相对误差值能满足精度要求，符合实际情况，以此得到荆江“三口”河道分水量变化规律。“三口”水系的生态连通率排序为松滋河最高，虎渡河和藕池河依次递减，藕池河最难达到生态水文连通的要求。

（3）采用河网密度、水系环度、节点连接率和网络连接度，定量评价洞庭湖区20个蓄洪垸内水系的连通现状。对重要蓄洪垸、一般蓄洪垸和蓄滞洪保留区提出不同的农田渠系连通工程策略，重点分析钱粮湖垸、屈原垸和安澧垸的水系连通性，提出优化思路。洞庭湖区20个蓄洪垸的总体河网密度、节点连接率和网络连接度良好，水系环度偏低。钱粮湖垸、屈原垸和安澧垸这3个蓄洪垸优化后，河网密度分别提高5.09%、7.32%和10.63%，水系环度分别提高0.66%、16.67%和4.55%，节点连接率分别提高0.25%、3.99%和2.16%，网络连接度分别提高0.19%、4.35%和2.08%。

（4）洞庭湖区湖南省部分重点建设“1-2-4”水系连通工程规划布局，以“健康生

态百湖连通”为主线，守护好洞庭湖“一江碧水”，突出体现“生态防洪”“水资源与水生态”两个重点，维护洞庭湖区的防洪安全、供水安全和生态安全，形成以“区位连通”“江湖连通”“河湖连通”“湖湖连通”4大类型工程为依托的洞庭湖区百湖连通框架体系。工程沟通连接分散的生态单位，统筹构建区域“山水林田湖草”一体化保护修复的生态廊道。

(5) 从概念和方法上定义了水系连通工程的关联性和适配性，提出和论证了关联性和适配性的科学意义与工程价值。总结和归纳了水系连通工程的关联性的一般路径与关键节点及控制因子，提出了洞庭湖区水系连通工程水资源适配性的计算方法。选取岳阳市长江补水一期工程作为典型应用案例，开展典型水系连通工程的关联性与适配性的应用研究。该工程的沿程关联性和水资源的适配性较好，可满足项目区预计的农业灌溉目标，属低能消耗工程，可发挥较大的社会效益、经济效益和生态环境效益。

(6) 实施河湖连通引水调度后，大通湖水体流动性明显增强，水动力条件得到改善，有利于总氮和总磷浓度的稀释和降解，从而有效改善水环境。引水前期，湖泊水动力和水质状况得到显著改善，但随着引水时间的增长，改善幅度逐渐减小，最终趋于稳定。在引水前期0～60d，引水流量控制在$30m^3/s$，大东口出口控制水位在25.48m。在60d至引水稳定期间，引水流量降低至生态补水流量$20m^3/s$，大东口出口水位调整至25.88m，水环境改善效果最佳。在引水条件下，非汛期和汛期河湖连通性均受引水流量和南湖出口控制水位共同作用，初期增大引水流量和降低南湖出口控制水位均可提高河湖连通性。引水初期流量取$24m^3/s$和控制南湖出口最低水位为25.86m时，汛期和非汛期连通性均达最佳状态，此时换水周期分别缩短至5.59d、5.17d。从连通性指数的变化来看，“引江济湖”和“两湖连通”促进了水系连通，可提高水体自循环能力。

(7) 选取了结构连通性、水力连通性、生态环境效益和社会经济效益等4大要素的12个评价指标，构建了与洞庭湖区域经济社会发展和生态文明建设要求相适应的水系连通工程指标体系。根据实际工程类型不同，对单类指标赋相应权值，并确定了单个指标在单类指标评价中的权重。制定了综合评价方法，可用于评价洞庭湖区水系连通工程实施的综合影响，也为其他区域的水系连通工程综合评价提供参考。

## 10.2 研 究 展 望

(1) 研究洞庭湖区水系格局与连通性，得到了具有一定可行性的水利工程优化方案和引水调度模式，但在我国其他不同地区、不同尺度的流域开展相同的研究，结论是否相似，还有待进一步研究。水系格局与连通性指标体系需进一步完善，功能连通性除了河道输水能力之外，还应包括流向、流速和流量等水文要素，因此对功能连通性的研究还需更加深入。水系连通工程的评价方法未能从水质角度来佐证水利工程优化方案及引水调度对自净能力的提高程度，且水系连通性还与降水、周边人类活动等因素有关，具体情况还有待进一步探索和分析。

(2) 下一步需要加强对“三口”水系的水流-泥沙-地形的连续监测、数据挖掘与理论分析。由于缺乏“三口”水系口门区与荆江干流河床下切的实际数据，建立的分流量经验公式根据“三口”水系 5 个水文站断流时水位的年均下降情况进行推算，对于定量预测未来荆江河床继续下切对“三口”河道分流量的影响存在一定误差，在地形数据与水文数据继续完善的情况下，可进一步减少误差，提高“三口”河道分流量经验公式的精度。

（3）农田渠系大部分时间处于静水状态，因此，本书定量计算和评价了蓄洪垸内渠系的分布格局与结构连通性。未来可结合部分农田渠系的实测断面资料，采用合适的数值模拟软件，模拟其在汛期的动态水文过程，以展示生态连通和蓄滞洪水的能力。

（4）洞庭湖区水系连通工程指标体系中采用的指标加权计算方法具有较好的可操作性，下一步可结合水系连通工程实践，继续探索其他的科学计算方法。该指标体系和评价方法在其他地区水系连通工程综合评价的适应性，也值得采用更多的实例加以验证和改进。

# 参 考 文 献


[1] 崇璇，薛丽芳，王晓薇，等. 城市中心城区水系格局与连通性研究［J］. 能源技术与管理，2017，42（6）：8-11.

[2] 于璐. 淮河流域水系形态结构及连通性研究［D］. 郑州：郑州大学，2017.

[3] 杜丽娜. 辽河河口区河网生态修复技术空间配置方法研究［D］. 沈阳：沈阳大学，2012.

[4] 陈雷. 关于几个重大水利问题的思考——在全国水利规划计划工作会议上的讲话［J］. 中国水利，2010（4）：1-7.

[5] 夏军，高扬，左其亭，等. 河湖水系连通特征及其利弊［J］. 地理科学进展，2012，31（1）：26-31.

[6] 徐宗学，庞博. 科学认识河湖水系连通问题［J］. 中国水利，2011（16）：13-16.

[7] Amoros C，Roux A L. Interaction between water bodies within the floodplains of large rivers：function and development of connectivity［J］. Münstersche Geographische Arbeiten，1988，29（1）：125-130.

[8] Bracken L J，Croke J. The concept of hydrological connectivity and its contribution to understanding runoff-dominated geomorphic systems［J］. Hydrological Processes，2007，21（13）：1749-1763.

[9] Hooke J M. Human impacts on fluvial systems in the Mediterranean region［J］. Geomorphology，2006，79：311-355.

[10] Herron N，Wilson C. A water balance approach to assessing the hydrologic buffering potential of an alluvial fan［J］. Water Resources Research，2001，37（2）：341-351.

[11] Pringle C M. Hydrologic connectivity and the management of biological reserves：a global perspective［J］. Ecological Applications，2001，11（4）：981-998.

[12] Freeman M C，Pringle C M，Jackson C R. Hydrologic connectivity and the contribution of stream headwaters to ecological integrity at regional scales［J］. Journal of the American Water Resources Association，2007，43（1）：5-14.

[13] Gubiani E A，Gomes L C，Agostinho A A，et al. Persistence of fish populations in the upper Parana River：effects of water regulation by dams［J］. Ecology of Freshwater Fish，2007，16（2）：191-197.

[14] Lasne E，Lek S，Laffaille P. Patterns in fish assemblages in the Loire floodplain：the role of hydrological connectivity and implications for conservation［J］. Biological Conservation，2007，139（3）：258-268.

[15] Turnbull L，Wainwright J，Brazier R E. A conceptual framework for understanding semi-arid land degradation：Ecohydrological interactions across multiple-space and time scales［J］. Ecohydrology：Ecosystems，Land and Water Process Interactions，Ecohydrogeomorphology，2008，1（1）：23-34.

[16] Vannote R L，Minshall G W，Cummins K W，et al. The river continuum concept［J］. Canadian Journal of Fishery & Aquatic Science，1980，37（2）：130-137.

[17] Van Looy K，Piffady J，Cavillon C，et al. Integrated modelling of functional and structural connectivity of river corridors for European otter recovery［J］. Ecological Modelling，2014，273：228-235.

[18] Stammel B, Fischer P, Gelhaus M, et al. Restoration of ecosystem functions and efficiency control: case study of the Danube floodplain between Neuburg and Ingolstadt (Bavaria/Germany) [J]. Environmental Earth Sciences, 2016, 75 (16): 1174.

[19] Ward J V. The four - dimensional nature of lotic ecosystems [J]. Journal of the North American Benthological Society, 1989, 8 (1): 2 - 8.

[20] 陈云霞，付维军，夏军，等. 浙东沿海城镇化对河网水系的影响 [J]. 水科学进展，2007，18 (1): 68 - 73.

[21] 蔡其华. 维护健康长江 促进人水和谐 [R]. 中国水利发展报告，2005: 214 - 220.

[22] 张欧阳，熊文，丁洪亮. 长江流域水系连通特征及其影响因素分析 [J]. 人民长江，2010，41 (1): 1 - 5.

[23] 张欧阳，卜惠峰，王翠平，等. 长江流域水系连通性对河流健康的影响 [J]. 人民长江，2010，41 (2): 1 - 5.

[24] 王中根，李宗礼，刘昌明，等. 河湖水系连通的理论探讨 [J]. 自然资源学报，2011 (3): 523 - 529.

[25] 唐传利. 关于开展河湖连通研究有关问题的探讨 [J]. 中国水利，2011 (6): 86 - 89.

[26] 窦明，崔国韬，左其亭，等. 河湖水系连通的特征分析 [J]. 中国水利，2011 (16): 17 - 19.

[27] 李宗礼，李原园，王中根，等. 河湖水系连通研究：概念框架 [J]. 自然资源学，2011，26 (3): 513 - 522.

[28] 邬建国. 景观生态学：格局、过程尺度与等级 [M]. 北京：高等教育出版社，2007.

[29] Lesschen J P, Schoorl J M, Cammeraat L H. Modelling runoff and erosion for a semi - arid catchment using a multi - scale approach based on hydrological connectivity [J]. Geomorphology, 2009, 109 (3): 174 - 183.

[30] Lane S N, Reaney S M, Heathwaite A L. Representation of landscape hydrological connectivity using a topographically driven surface flow index [J]. Water Resources Research, 2009, 45 (8): 2263 - 2289.

[31] Karim F, Kinsey - Henderson A, Wallace J, et al. Modelling wetland connectivity during overbank flooding in a tropical floodplain in north Queensland, Australia [J]. Hydrological Processes, 2012, 26 (18): 2710 - 2723.

[32] Pfister L, Mcdonnell J J, Hissler C, et al. Ground - based thermal imagery as a simple, practical tool for mapping saturated area connectivity and dynamics [J]. Hydrological Processes, 2010, 24 (21): 3123 - 3132.

[33] 茹彪，陈星，张其成，等. 平原河网区水系结构连通性评价 [J]. 水电能源科学，2013 (5): 9 - 12.

[34] 刘加海. 黑龙江省河湖水系连通战略构想 [J]. 黑龙江水利科技，2011，39 (6): 1 - 5.

[35] Goodwin B J. Is landscape connectivity a dependent or independent variable? [J]. Landscape Ecology, 2003, 18 (7): 687 - 699.

[36] Kindlmann P, Burel F. Connectivity measures: a review [J]. Landscape Ecology, 2008, 23 (8): 879 - 890.

[37] Pascual - Hortal L, Saura S. Comparison and development of new graph - based connectivity indices: Towards the prioritization of habitat patches and corridors for conservation [J]. Landscape Ecology, 2006, 21 (7): 959 - 967.

[38] 岳天祥，叶庆华. 景观连通性模型及其应用沿海地区景观 [J]. 地理学报，2002 (1): 67 - 75.

[39] 徐慧，雷一帆，范颖骅，等. 太湖河湖水系连通需求评价初探 [J]. 湖泊科学，2013，25 (3): 324 - 329.

[40] 卢涛，马克明，傅伯杰，等. 三江平原沟渠网络结构对区域景观格局的影响 [J]. 生态学报，2008，28 (6)：2746 - 2752.

[41] 马爽爽. 基于河流健康的水系格局与连通性研究 [D]. 南京：南京大学，2013.

[42] Phillips R W，Spence C，Pomeroy J W. Connectivity and runoff dynamics in heterogeneous basins [J]. Hydrological Processes，2011，25 (19)：3061 - 3075.

[43] Poulter B，Goodall J L，Halpin P N. Applications of network analysis for adaptive management of artificial drainage systems in landscapes vulnerable to sea level rise [J]. Journal of Hydrology，2008，357 (3)：207 - 217.

[44] 徐光来，许有鹏，王柳艳. 基于水流阻力与图论的河网连通性评价 [J]. 水科学进展，2012，23 (6)：776 - 781.

[45] 赵进勇，董哲仁，翟正丽，等. 基于图论的河道-滩区系统连通性评价方法 [J]. 水利学报，2011，42 (5)：537 - 543.

[46] 邵玉龙，许有鹏，马爽爽. 太湖流域城市化发展下水系结构与河网连通变化分析——以苏州市中心区为例 [J]. 长江流域资源与环境，2012，21 (10)：1167 - 1172.

[47] 杨晓敏. 基于图论的水系连通性评价研究——以胶东地区为例 [D]. 济南：济南大学，2014.

[48] 赵筱青，和春兰. 外来树种桉树引种的景观生态安全格局 [J]. 生态学报，2013，33 (6)：1860 - 1871.

[49] Shaw E A，Lange E，Shucksmith J D，et al. Importance of partial barriers and temporal variation in flow when modelling connectivity in fragmented river systems [J]. Ecological Engineering，2016，91：515 - 528.

[50] 孙鹏，王琳，王晋，等. 闸坝对河流栖息地连通性的影响研究 [J]. 中国农村水利水电，2016 (2)：53 - 56.

[51] 卞鸿翔. 洞庭湖区地貌与环境变迁 [J]. 热带地理，1988，8 (3)：231 - 240.

[52] 柏道远，李长安，马铁球，等. 第四纪洞庭盆地安乡凹陷及西缘构造-沉积特征与环境演化 [J]. 地球科学与环境学报，2010，32 (2)：120 - 129.

[53] 廖梦思，郭晶. 近32年来洞庭湖流域气候变化规律分析 [J]. 衡阳师范学院学报，2014，35 (6)：109 - 114.

[54] 贺建林，杨友孝，曹明德，等. 洞庭湖区湖洲生态建设初探——以沅江市湖洲为例 [J]. 湖泊科学，1998，10 (4)：77 - 82.

[55] 彭嘉栋，廖玉芳，刘珺婷，等. 洞庭湖区近百年气温序列构建及其变化特征 [J]. 气象与环境学报，2014 (5)：62 - 68.

[56] 梁亚琳，黎昔春，郑颖. 洞庭湖径流变化特性研究 [J]. 中国农村水利水电，2015 (5)：67 - 71.

[57] 苏成，莫多闻，王辉. 洞庭湖的形成、演变与洪涝灾害 [J]. 水土保持研究，2001，8 (2)：52 - 55.

[58] 黄进良. 洞庭湖湿地的面积变化与演替 [J]. 地理研究，1999，18 (3)：297 - 304.

[59] 王秀英，邓金运，孙昭华. 人类活动对洞庭湖生态环境的影响 [J]. 武汉大学学报（工学版），2003，36 (5)：60 - 65.

[60] 周国祺，成铁生，赵守勤. 洞庭湖盆的由来和演变 [J]. 国土资源导刊，1984 (1)：58 - 69.

[61] 张晓阳，杜耘. 洞庭湖演变趋势分析 [J]. 长江流域资源与环境，1995 (1)：64 - 69.

[62] 刘璨. 洞庭湖与荆江的历史渊源及其沧桑演变 [J]. 岳阳职业技术学院学报，2006，21 (2)：32 - 35.

[63] 来红州，莫多闻，苏成. 洞庭湖演变趋势探讨 [J]. 地理研究，2004，23 (1)：78 - 86.

[64] 林承坤，高锡珍. 水利工程兴建后洞庭湖径流与泥沙的变化 [J]. 湖泊科学，1994，6 (1)：33 - 39.

[65] 陆胤昊. 洞庭湖的演变及其驱动因子研究 [D]. 武汉：华中师范大学，2009.

[66] 陈虞平. 三峡水库运用后长江与洞庭湖水沙交换的变化及响应 [D]. 中国水利水电科学研究院，2016.

[67] 李晖，尹辉，白旸，等. 近60年洞庭湖区水沙演变特征及趋势预测 [J]. 水土保持研究，2013，20 (3)：139-142.

[68] 吴作平，杨国录，甘明辉. 荆江-洞庭湖水沙关系及调整 [J]. 武汉大学学报（工学版），2002，35 (3)：5-8.

[69] 靳梦. 郑州市水系连通的城市化响应研究 [D]. 郑州：郑州大学，2014.

[70] 徐慧，徐向阳，崔广柏. 景观空间结构分析在城市水系规划中的应用分析 [J]. 水科学进展，2007 (1)：108-113.

[71] 周振民，刘俊秀，郭威. 郑州市水系格局与连通性评价 [J]. 人民黄河，2015，37 (10)：54-57.

[72] Smith M W，Bracken L J，Cox N J. Toward a dynamic representation of hydrological connectivity at the hillslope scale in semiarid areas [J]. Water Resources Research，2010，46 (12). DOI：10.1029/2009WR008496.

[73] 强盼盼. 河流廊道规划理论与应用研究 [D]. 大连：大连理工大学，2011.

[74] 刘茂松，张明娟. 景观生态学——原理与方法 [M]. 北京：化学工业出版社，2004.

[75] 岳隽，王仰麟，彭建. 城市河流的景观生态学研究：概念框架 [J]. 生态学报，2005 (6)：1422-1429.

[76] 夏敏，周震，赵海霞. 基于多指标综合的巢湖环湖区水系连通性评价 [J]. 地理与地理信息科学，2017，33 (1)：73-77.

[77] 窦明，靳梦，张彦，等. 基于城市水功能需求的水系连通指标阈值研究 [J]. 水利学报，2015，46 (9)：1089-1096.

[78] 孟慧芳. 鄞东南平原河网区水系结构与连通变化及其对调蓄能力的影响研究 [D]. 南京：南京大学，2014.

[79] 茹彪，陈星，张其成，等. 平原河网区水系结构连通性评价 [J]. 水电能源科学，2013 (5)：9-12.

[80] 舒彩文，谈广鸣. 河道冲淤量计算方法研究进展 [J]. 泥沙研究，2009 (4)：68-73.

[81] 徐涵秋. 利用改进的归一化差异水体指数（MNDWI）提取水体信息的研究 [J]. 遥感学报，2005 (5)：589-595.

[82] 窦身堂，余明辉，段文忠，等. 长江荆南三口五河水沙变化及治理规划 [J]. 武汉大学学报（工学版），2007 (4)：40-44.

[83] 彭玉明，段文忠，陈永华. 荆江三口变化及治理设想 [J]. 泥沙研究，2007 (6)：59-65.

[84] 韩剑桥，孙昭华，杨云平. 三峡水库运行后长江中游洪、枯水位变化特征 [J]. 湖泊科学，2017，29 (5)：1217-1226.

[85] 孙昭华，黄颖，曹绮欣，等. 三峡近坝段枯水位降幅的时空分异性及成因 [J]. 应用基础与工程科学学报，2015，23 (4)：694-704.

[86] 许全喜. 三峡工程蓄水运用前后长江中下游干流河道冲淤规律研究 [J]. 水力发电学报，2013，32 (2)：146-154.

[87] 卢金友，姚仕明. 水库群联合作用下长江中下游江湖关系响应机制 [J]. 水利学报，2018，49 (1)：36-46.

[88] 李义天，郭小虎，唐金武，等. 三峡建库后荆江三口分流的变化 [J]. 应用基础与工程科学学报，2009，17 (1)：21-31.

[89] 方春明，胡春宏，陈绪坚. 三峡水库运用对荆江三口分流及洞庭湖的影响 [J]. 水利学报，2014，45 (1)：36-41.

[90] 朱玲玲，杨霞，许全喜. 上荆江枯水位对河床冲刷及水库调度的综合响应 [J]. 地理学报，2017，72 (7)：1184-1194.

[91] Zhang R，Zhang S H，Xu W，et al. Flow regime of the three outlets on the south bank of Jingjiang River，China：an impact assessment of the Three Gorges Reservoir for 2003-2010 [J]. Stochastic Environmental Research and Risk Assessment，2015 (29)：2047-2060.

[92] 朱玲玲，陈剑池，袁晶，等. 洞庭湖和鄱阳湖泥沙冲淤特征及三峡水库对其影响 [J]. 水科学进展，2014，25 (3)：348-357.

[93] 徐宗学，武玮，于松延. 生态基流研究：进展与挑战 [J]. 水力发电学报，2016，35 (4)：1-11.

[94] 陈昂，隋欣，廖文根，等. 我国河流生态基流理论研究回顾 [J]. 中国水利水电科学研究院学报，2016，14 (6)：401-411.

[95] 吴喜军，李怀恩，董颖，等. 基于基流比例法的渭河生态基流计算 [J]. 农业工程学报，2011，27 (10)：154-159.

[96] Tharme R E. A global perspective on environmental flow assessment：Emerging trends in the development and application of environmental flow methodologies for rivers [J]. River Research and Application，2003，19 (5-6)：397-441.

[97] 黄康，李怀恩，成波，等. 基于 Tennant 方法的河流生态基流应用现状及改进思路 [J]. 水资源与水工程学报，2019，30 (5)：103-110.

[98] 于鲁冀，陈慧敏，王莉，等. 基于改进湿周法的贾鲁河河道内生态需水量计算 [J]. 水利水电科技进展，2016，36 (3)：5-9.

[99] 钟华平，刘恒，耿雷华，等. 河道内生态需水估算方法及其评述 [J]. 水科学进展，2006 (3)：430-434.

[100] 史方方，黄薇. 用改进湿周法计算河道内最小生态流量 [J]. 长江科学院院报，2009，26 (4)：9-12.

[101] 胡光伟，毛德华，李正最，等. 三峡工程运行对洞庭湖与荆江三口关系的影响分析 [J]. 海洋与湖沼，2014，45 (3)：453-461.

[102] 赵秋湘，付湘，孙昭华. 三峡水库运行对荆江三口分流的影响评估 [J]. 长江科学院院报，2020，37 (2)：7-14.

[103] 甘明辉，刘卡波，施勇，等. 洞庭湖四口河系水安全及综合调控 [M]. 北京：中国水利水电出版社，2013.

[104] 朱玲玲，许全喜，戴明龙. 荆江三口分流变化及三峡水库蓄水影响 [J]. 水科学进展，2016，27 (6)：822-831.

[105] Tennant D L. Instream flow regimens for fish，wildlife，recreation and related environmental resources [J]. Fisheries，1976，1 (4)：6.

[106] 于松延，徐宗学，武玮. 基于多种水文学方法估算渭河关中段生态基流 [J]. 北京师范大学学报（自然科学版），2013，49 (Z1)：175-179.

[107] Mathews R C，Bao Y. The Texas method of preliminary instream flow assessment [J]. Rivers，1991，2 (4)：295-310.

[108] 王冬，方娟娟，李义天，等. 三峡水库调度方式对洞庭湖入流的影响研究 [J]. 长江科学院院报，2016，33 (12)：10-16.

[109] 李景保，何霞，杨波，等. 长江中游荆南三口断流时间演变特征及其影响机制 [J]. 自然资源学报，2016，31 (10)：1713-1725.

[110] 张晓红. 三峡工程投运后长江蓄滞洪区规划建设建议 [J]. 人民长江，2010，41 (1)：11-13.

[111] 李宗礼，刘晓洁，田英，等. 南方河网地区河湖水系连通的实践与思考 [J]. 资源科学，2011，33 (12)：2221-2225.

[112] Van Looy K V, Piffady J, Cavillon C, et al. Integrated modelling of functional and structural connectivity of river corridors for European otter recovery [J]. Ecological Modelling, 2014, 273 (2): 228-235.

[113] Cui Baoshan, Wang Chongfang, Tao Wendong, et al. River channel network design for drought and flood control: A case study of Xiaoqinghe River basin, Jinan City, China [J]. Journal of Environmental Management, 2009, 90 (11): 3675-3686.

[114] 李普林，陈菁，孙炳香，等. 基于连通性的城镇水系规划研究 [J]. 人民黄河，2018，40 (1)：31-35.

[115] 孟慧芳，许有鹏，徐光来，等. 平原河网区河流连通性评价研究 [J]. 长江流域资源与环境，2014，23 (5)：626-631.

[116] 余启辉，要威，宁磊. 长江中下游蓄滞洪区分类调整研究 [J]. 人民长江，2013，44 (10)：48-51.

[117] 冯畅，毛德华，李志龙，等. 基于GIS的澧南垸分洪洪水三维可视化淹没模拟 [J]. 中国农村水利水电，2013 (6)：113-116.

[118] 毛德华，蒋敏，李正最，等. 洞庭湖区蓄洪垸生态补偿机制研究——以澧南垸为例 [J]. 武陵学刊，2012，37 (6)：72-78.

[119] 张嘉辉，叶长青，朱丽蓉，等. 考虑水功能需求的海口市水系连通指标阈值研究 [J]. 水资源与水工程学报，2019，30 (2)：122-129.

[120] 黄草，陈叶华，李志威，等. 洞庭湖区水系格局及连通性优化 [J]. 水科学进展，2019，30 (5)：661-672.

[121] 窦明，张远东，张亚洲，等. 淮河流域水系连通状况评估 [J]. 中国水利，2013 (9)：21-23.

[122] 李原园，杨晓茹，黄火键，等. 乡村振兴视角下农村水系综合整治思路与对策研究 [J]. 中国水利，2019 (9)：29-32.

[123] 要威. 新形势下长江蓄滞洪区建设与管理思考 [J]. 长江技术经济，2019，3 (2)：99-104.

[124] 湖南省水利水电勘测设计研究总院. 湖南省洞庭湖区河湖连通工程汇报材料 [R]. 长沙：湖南省水利水电勘测设计研究总院，2016.

[125] 湖南省洞庭湖水利工程管理局. 湖南省洞庭湖区河湖连通生态水利规划报告 [R]. 长沙：湖南省洞庭湖水利工程管理局，2017.

[126] 李原园. 水资源合理配置在实施最严格水资源管理制度中的基础性作用 [J]. 中国水利，2010 (20)：26-28.

[127] 钟鸣，范云柱，向龙，等. 最严格水资源管理与优化配置研究 [J]. 水电能源科学，2018，36 (3)：26-29.

[128] 王丽珍，黄跃飞，赵勇，等. 区域水资源以供定需优化配置模型研究 [J]. 应用基础与工程科学学报，2017，25 (6)：1160-1169.

[129] 冷曼曼，赵进勇，李庆国，等. 水网连通下山东蓝色半岛经济区水资源优化调配研究 [J]. 中国水利水电科学研究院学报，2017，15 (3)：180-186.

[130] 梁士奎，左其亭. 基于人水和谐和“三条红线”的水资源配置研究 [J]. 水利水电技术，2013，44 (7)：1-4.

[131] 张宗勇，刘俊国，王凯，等. 水-粮食-能源关联系统述评：文献计量及解析 [J]. 科学通报，2020，65 (16)：1569-1581.

[132] 支彦玲，陈军飞，王慧敏，等. 共生视角下中国区域“水-能源-粮食”复合系统适配性评估 [J]. 中国人口资源与环境，2020，30 (1)：129-139.

[133] 朱彩琳，董增川，李冰. 面向空间均衡的水资源优化配置研究 [J]. 中国农村水利水电，2018 (10)：64-68.

[134] 赵军凯，蒋陈娟，祝明霞，等. 河湖关系与河湖水系连通研究 [J]. 南水北调与水利科技，2015，13 (6)：1212-1217.

[135] 李原园，黄火键，李宗礼，等. 河湖水系连通实践经验与发展趋势 [J]. 南水北调与水利科技，2014，12 (4)：81-85.

[136] 陈吟，王延贵，陈康. 水系连通的类型及连通模式 [J]. 泥沙研究，2020，45 (3)：53-60.

[137] 高玉琴，肖璇，丁鸣鸣，等. 基于改进图论法的平原河网水系连通性评价 [J]. 水资源保护，2018，34 (1)：18-23.

[138] 马栋，张晶，赵进勇，等. 扬州市主城区水系连通性定量评价及改善措施 [J]. 水资源保护，2018，34 (5)：34-40.

[139] 孙静月，肖宜，张利平，等. 武汉市梁子湖-汤逊湖水系连通工程效果分析 [J]. 武汉大学学报（工学版），2018，51 (2)：125-131.

[140] 窦明，石亚欣，于璐，等. 基于图论的城市河网水系连通方案优选——以清潩河许昌段为例 [J]. 水利学报，2020，51 (6)：664-674.

[141] 杨卫，张利平，李宗礼，等. 基于水环境改善的城市湖泊群河湖连通方案研究 [J]. 地理学报，2018，73 (1)：115-128.

[142] 练继建，杨阳，马超. 面向水环境改善的城市河网综合调控研究进展与前沿 [J]. 天津大学学报（自然科学与工程技术版），2017，50 (8)：781-787.

[143] 柴朝晖，姚仕明，刘同宦，等. 人工通江湖泊非汛期生态调度方案研究 [J]. 长江科学院院报，2020，37 (6)：28-33.

[144] 万杰，王丽静. 湖南澧县河湖水网连通生态水利工程建设实践探讨 [J]. 中国水利，2018 (13)：10-12.

[145] Kazmi A A，Hansen I S. Numerical models in water quality management：A case study for the Yamuna River (India) [J]. Water Science & Technology，1997，36 (5)：193-200.

[146] Chubarenko I，Tchepikova I. Modelling of man-made contribution to salinity increase into the Vistula Lagoon (Baltic Sea) [J]. Ecological Modelling，2001，138 (1-3)：87-100.

[147] 冯丹，田淳，吴月勇. 引水方案对人工湖内换水率影响的数值模拟 [J]. 人民黄河，2019，41 (5)：71-76.

[148] Li Y，Tang C，Wang C，et al. Assessing and modeling impacts of different inter-basin water transfer routes on Lake Taihu and the Yangtze River，China [J]. Ecological engineering，2013，60：399-413.

[149] 刘咏梅. DYNHYD与WASP模型在复杂河网区的应用——以湖南省大通湖垸河湖连通为例 [J]. 人民长江，2016，47 (16)：14-19.

[150] 李畅游，史小红. 干旱半干旱地区湖泊二维水动力学模型 [J]. 水利学报，2007 (12)：1482-1488.

[151] 卢少为，朱勇辉，魏国远，等. 平原湖区排涝模拟研究——以大通湖垸为例 [J]. 长江科学院院报，2009，26 (7)：1-5.

[152] 张磊，潘保柱，蒋小明，等. 基于水文连通分析的江湖关系研究进展 [J]. 长江流域资源与环境，2018，27 (12)：2805-2816.

[153] 冯顺新，李海英，李翀，等. 河湖水系连通影响评价指标体系研究Ⅰ——指标体系及评价方法 [J]. 中国水利水电科学研究院学报，2014，12 (4)：386-393.

[154] 靳梦，窦明. 城市化对水系连通功能影响评价研究——以郑州市为例 [J]. 中国农村水利水电，2013 (12)：41-44.